www.tredition.de

AF196387

Das Buch

Die Digitalisierung hat ein massives Wachstum an Daten in Gang gebracht. Dies hat zur Folge, dass in immer mehr Bereichen der Wirtschaft und Gesellschaft der kompetente Umgang mit Daten an Bedeutung gewinnt. Das hierfür notwendige statistische Know-how hat seine Wurzeln in der Wahrscheinlichkeitstheorie. Diese definiert elementare Konzepte, die unentbehrlich sind, um eine geeignete *Datenkompetenz* zu entwickeln. Leider ist jedoch gerade für Anfänger die Literatur auf diesem Gebiet sehr formal und schwierig zu verstehen.

Daher stellt dieses Buch als Alternative eine visuelle Sprache der Wahrscheinlichkeitstheorie vor. Diese bietet einen grafischen Zugang zu den formalen mathematischen Konzepten. Dies ist aber nicht mit Visualisierungen von Daten durch herkömmliche Diagramme zu verwechseln, die sich meistens auf die Darstellung von Häufigkeiten beschränken. Stattdessen bildet die neue visuelle Sprache die zugrunde liegenden Konzepte selber diagrammatisch ab und eignet sich sogar für das Selbststudium. Mit vielen Beispielen werden die für die Wahrscheinlichkeitstheorie wesentlichen Grundlagen der Mengenlehre diagrammatisch erklärt sowie mehrstufige und gemischte Experimente, diskrete und stetige Verteilungen, Signifikanztests als auch die Begriffe der Abhängigkeit, Bedingtheit und vieles mehr.

Das Besondere ist, dass trotz ihrer Verschiedenheit all diese Konzepte in einem einheitlichen Rahmen dargestellt werden. Dies macht Wechselwirkungen zwischen ihnen erklärbar und der Lernende kann auf eine einheitliche Vorgehensweise bei der Bearbeitung der unterschiedlichsten Fragestellungen zurückgreifen: Man konstruiert ein Diagramm, das die Aufgabenstellung repräsentiert, erweitert dieses je nach Fragestellung und kann schließlich die Lösung aus dem Diagramm ableiten. Diese Vorgehensweise ermöglicht den Leser, eine grundlegende Kompetenz im Umgang mit Daten zu entwickeln. Denn die vorgestellten Diagramme führen zu einer neuen Vorstellung von Daten und ihren Zusammenhängen.

Der Autor

Priv. Doz. Dr. habil. Björn Gottfried, geb. 1969 in Hamburg, ist Privatdozent und seit 20 Jahren an der Universität in Forschung und Lehre tätig. Seine Hauptarbeitsgebiete umfassen die Informatik, insbesondere Künstliche Intelligenz, Bildverarbeitung, visuelle Sprachen und Kognitionswissenschaften. Er hat auf diesen Gebieten als Autor und Herausgeber über 80 internationale Veröffentlichungen herausgebracht.

MATHEMATIK IN STRICHEN

EINE DIAGRAMMATISCHE EINFÜHRUNG
IN DIE WAHRSCHEINLICHKEITSTHEORIE

BJÖRN GOTTFRIED

www.tredition.de

© 2018 Björn Gottfried

Erstausgabe: 8. Juli 2018

Diese Ausgabe wurde am 8. Juli 2018 kompiliert.

Das Buch wurde mit LaTeX gesetzt.

Verlag: tredition GmbH, Hamburg

ISBN Taschenbuch: 978-3-7439-7215-5
ISBN Hardcover: 978-3-7439-7216-2

Das Werk, einschließlich seiner Teile, ist urheberrechtlich geschützt. Jede Verwertung ist ohne Zustimmung des Verlages und des Autors unzulässig. Dies gilt insbesondere für die elektronische oder sonstige Vervielfältigung, Übersetzung, Verbreitung und öffentliche Zugänglichmachung.

Bibliografische Information der Deutschen Nationalbibliothek: Die Deutsche Nationalbibliothek verzeichnet diese Publikation in der Deutschen Nationalbibliografie; detaillierte bibliografische Daten sind im Internet über die url http://dnb.d-nb.de abrufbar.

*Ich widme dieses Buch in liebevollem
Gedenken meiner Schwester Sabine.*

Prolog

Es gibt viele Lehrbücher zur Einführung in die Wahrscheinlichkeitstheorie. Woran es dennoch fehlt, ist ein allgemein verständliches Buch für Nichtmathematiker, das die elementaren Grundlagen erklärt, ohne alles auf eine abstrakte mathematische Sprache zu reduzieren. Stattdessen bildet das vorliegende Buch diese Grundlagen auf eine konkrete bildhafte Ebene ab und unterscheidet sich so in seiner Methodik grundlegend von anderen Einführungen.

Bildhafte Darstellungen helfen, komplexe Zusammenhänge zu verdeutlichen. *Diagramme* veranschaulichen sogar abstrakte Sachverhalte und finden sich in nahezu allen Bereichen von der Psychologie über die Biologie bis hin zu den Wirtschaftswissenschaften: Sie stellen Statistiken, Abläufe, Typologien und viele andere Zusammenhänge dar. Das *diagrammatische Schließen* handelt davon, wie man Sachzusammenhänge so in Diagrammen darstellt, dass Schlussfolgerungen vereinfacht werden. Das ist vor allem dann von Nutzen, wenn es sich wie bei der Wahrscheinlichkeitstheorie um ein komplexes Gebiet handelt. Wie dieses Buch zeigt, kann das Verständnis einer derart anspruchsvollen Thematik durch geeignete Diagramme erheblich verbessert werden.

Das vorgestellte diagrammatische System basiert auf einer Idee des britischen Kognitionswissenschaftlers Peter Cheng.[1] Mit dem vorliegenden Buch wird erstmalig im deutschsprachigen Raum diese diagrammatische Darstellung der Wahrscheinlichkeitstheorie veröffentlicht. Während Cheng sich an das Fachpublikum richtet und die zugrundeliegende Idee nur grob skizziert, werden in diesem Buch die Inhalte eines vollständigen Grundkurses entwickelt, die Wahrscheinlichkeitstheorie neu systematisiert und erstmalig neue diagrammatische Darstellungen publiziert, die von der *Booleschen Algebra* bis hin zum *Zentralen Grenzwertsatz* reichen. So entsteht ein alternativer Zugang zur Wahrscheinlichkeitstheorie, der sich an das breite Publikum wendet.

Dieses Buch kann als Lehrbuch gelesen oder zum Nachschlagen hinzugezogen werden. Es ist für Schüler, Lehrer, Studierende, Praktiker und alle

---

[1] Peter C.-H. Cheng: *Probably Good Diagrams for Learning: Representational Epistemic Recodification of Probability Theory.* Topics in Cognitive Science, 3(3), 475–498, 2011.

geschrieben, die sich mit der Wahrscheinlichkeitstheorie befassen müssen oder lernen wollen, wie man abstraktes Wissen in Diagramme übersetzt, um die Lösung einer Problemstellung diagrammatisch abzuleiten. Eine neuartige Herangehensweise, die möglicherweise natürlicher ist und dem Lernenden mehr entgegenkommt als die herkömmliche mathematische Darstellung.

Danksagung

Vor allem gilt mein Dank meiner Schwester Sabine, die mir Weihnachten 1988 *Gödel, Escher, Bach* von Douglas R. Hofstadter geschenkt hat, das bei der Wahl meiner Studienrichtung mitbestimmend war. Hofstadter führt den Leser spielerisch an formale Sprachen heran. Diese bilden für die auf den folgenden Seiten entwickelten Diagramme eine wichtige Basis. Einer weiteren Zutat dieses Buches, den Kognitionswissenschaften, nährte ich mich zunächst von einer eher formalen Seite. Dass es neben dieser noch andere, nicht weniger interessante Seiten gibt, hat mir Sabine aus ihrer pädagogischen und therapeutischen Perspektive heraus gezeigt. Zusammen gehen diagrammatische Sprachen und die Kognitionswissenschaften angewandt auf die Mathematik eine ganz besondere Verbindung ein: Das neue System unterstützt den Studierenden bei der Verarbeitung komplexer mathematischer Sachverhalte. Denn die vorgestellten Diagramme dienen als externe Erweiterung kognitiver Repräsentationen bei der Lösung von Aufgaben der Wahrscheinlichkeitstheorie.

Für zahlreiche Diskussionen, Anregungen und Korrekturen danke ich in alphabetischer Reihenfolge folgenden Personen: Dirk und Peter Albertsen, Dr. Jan Gehrke, Christine Sandmaier, Dr. Arne Schuldt, Jan-Hendrik Worch sowie den Studierenden, die meine Lehrveranstaltungen besucht haben und mich durch ihr Interesse und ihren Fragen gelehrt haben, wie wenig selbstverständlich vieles ist. Ich danke Professor Dr. Peter Cheng von der University of Sussex für seine inspirierende Arbeit auf dem Gebiet der Diagrammatischen Repräsentationen. Mein Dank gilt Herrn Professor Dr. Otthein Herzog, der mir die Möglichkeit gegeben hat, eine Vorlesung neu auszuarbeiten und anzubieten, die sich ganz und gar dem Schließen mit Diagrammen widmet und in ihrer Art erstmalig an einer Universität gehalten wurde. Das im vorliegenden Buch vorgestellte System ist nur eines von mehreren Beispielen meiner Lehrveranstaltung. Schließlich danke ich Herrn Professor Dr. Michael Lawo für seine freundliche und hilfreiche Unterstützung in den vergangenen Jahren, vor allem aber auch für eine Nebenbemerkung, die er während eines Gesprächs fallen ließ: *Schreiben Sie doch einmal ein Buch.*

Im Juli 2018,
Björn Gottfried

Inhaltsverzeichnis

Kapitel 1

Eine Mathematik in Strichen

Bildhafte Vorstellungen helfen beim Lernen. Bilder sind kompakter und anschaulicher als Texte. Sie dienen der Erinnerung, entfalten komplexe Zusammenhänge oder legen Lösungen gar offen. Reicht die mentale Vorstellung nicht aus, helfen Papier und Bleistift. Versuchen Sie folgende Aufgabe zu lösen:

Aufgabe 1

> Der Papierbogen liegt auf dem Tisch links vom Bleistift, die Tasse steht rechts neben dem Radiergummi und der Bleistift liegt vor der Tasse. Wie sind Radiergummi und Papierbogen zueinander angeordnet?

Diese Aufgabe lässt sich nicht lösen, ohne sich ein Bild von der Situation zu machen. Mental oder auf Papier.

1.1   Ein abstraktes Problem verbildlichen

Aufgabe 1 bietet von sich aus eine bildhafte Vorstellung an: Es geht um räumliche Beziehungen zwischen Objekten auf einem Tisch. Wie geht man aber mit abstrakten Problemen um?

Aufgabe 2

> A ist wahrscheinlicher als B und B ist wahrscheinlicher als C. Was ist wahrscheinlicher A oder C?

Aufgabe 2 ist sogar in zweifacher Hinsicht abstrakter: Statt konkreter Gegenstände, wie Bleistift und Tasse, handelt Aufgabe 2 von den abstrakten Objekten A, B und C. Außerdem geht es nicht um räumliche Zusammenhänge, sondern um die Beziehung *wahrscheinlicher*. Diese führt nicht automatisch zu einer bildhaften Vorstellung, wie die Relation *...liegt links von ...*.

Die Lösung für Aufgabe 2: A ist wahrscheinlicher als C. Mathematiker nennen dies eine *transitive Beziehung*. *Trans* kommt aus dem Lateinischen und bedeutet *hinüber*. Die Information wird von A nach C mit Hilfe von B *übertragen*. Wegen B ist es möglich, etwas über die Beziehung zwischen A und C zu sagen. Das kann man sich bildhaft so wie in Diagramm 1.1 vorstellen:

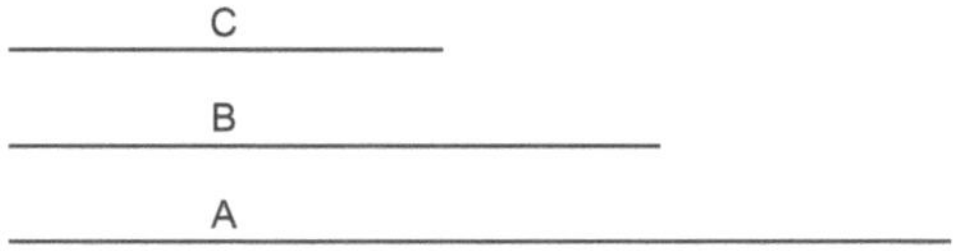

Diagramm 1.1: A ist länger als B und B länger als C. Daher ist A länger C.

Man ordnet jedem Wert ein Segment mit einer bestimmten Länge zu. Zwar enthält Aufgabe 2 keine Werte, dafür aber Aussagen über Beziehungen zwischen Werten. Diese können visualisiert werden: Ist A wahrscheinlicher als B, dann ist das zugehörige Segment von A länger als das von B.

Sodann kann man die Längen von A und C vergleichen, während in der Aufgabe nichts über diese Beziehung verraten wird! Das Diagramm realisiert bildhaft die transitive Beziehung der Aufgabenstellung und es kann geschlossen werden, ob A oder C länger beziehungsweise wahrscheinlicher ist.

1.2 Konstruktion

Diagramm 1.1 dient der Lösung von Aufgabe 2. In einer solchen *diagrammatischen Konstruktion* besteht der erste Schritt, um abstrakte Probleme auf bildhafte Weise zu lösen. Im vorliegenden Beispiel wird die abstrakte Größe *Wahrscheinlichkeit* geometrisch als *Länge eines Segments* dargestellt; *wahrscheinlicher* bedeutet daher im Diagramm *länger*.

Nachdem eine Abbildung zwischen abstrakten und geometrischen Größen hergestellt worden ist, kann der konkrete Fall einer Aufgabenstellung konstruiert werden. Hierzu sind die Segmente A und B zu zeichnen, so dass B kürzer als A ist. Dann wird noch ein drittes Segment C hinzugefügt, das kürzer als B ist. Auf diese Weise werden die Prämissen der Aufgabenstellung in ein Diagramm übersetzt. Hierbei werden die Segmente so angeordnet, dass ihre Längen leicht verglichen werden können.

1.3 Inspektion

Die *Inspektion* bezeichnet die Auswertung einer diagrammatischen Konstruktion. Man inspiziert das Diagramm, um etwas zu schlussfolgern – in unserem Fall, ob A länger als C ist oder umgekehrt.

Die Begriffe *Konstruktion* und *Inspektion* dienen der Unterscheidung zweier Problemlösungsphasen: der Übertragung der Gegebenheiten in ein Diagramm und der Ableitung weiterer Zusammenhänge. Bei der Konstruktion musste ich darauf achten, dass B kürzer als A ist und C kürzer als B. Die Beziehung zwischen A und C erhalte ich durch Inspektion des Diagramms.

Wir können Zusammenhänge in Diagrammen erkennen, die wir nicht bei ihrer Konstruktion berücksichtigt haben. Wir schließen auf neue Zusammenhänge, die nicht in der Aufgabenstellung stehen. Dies gleicht einer Mathematikaufgabe, in der die Lösung ja auch nicht steht. Diese rechnen wir aus und machen einen neuen Zusammenhang explizit.

1.4 Modifikation

Ein weiterer Schritt besteht in der Veränderung oder *Modifikation* des Diagramms. Beispielsweise könnte die Aufgabe lauten, eine weitere Wahrscheinlichkeit D zu berücksichtigen, die kleiner als A jedoch größer als B ist:

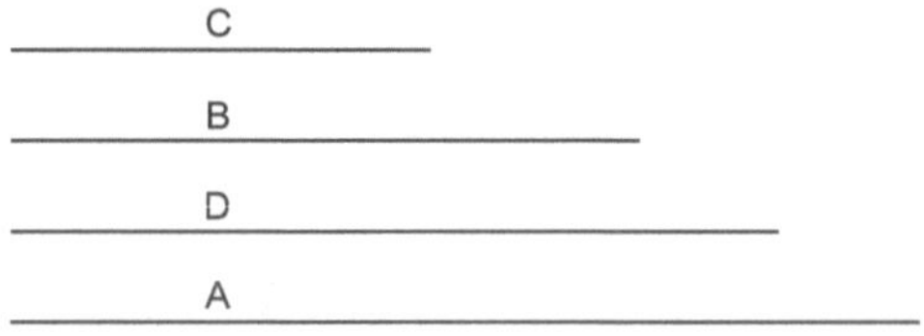

Diagramm 1.2: Ein neues Segment D ist eingefügt worden; es ist länger C.

Eine mögliche Frage betrifft die Beziehung zwischen C und D. Diese kann dem Diagramm entnommen werden. Fügen wir eine Wahrscheinlichkeit nach der anderen gedanklich hinzu, wird unser mentales Bild so komplex, dass es unser Vorstellungsvermögen bald überfordert. Früher oder später kommen wir ohne Diagramm nicht mehr aus.

Das Diagramm hilft nicht nur, weitere Beziehungen zu berücksichtigen. Auch *Inkonsistenzen* können mit seiner Hilfe erkannt werden: Eine Wahrscheinlichkeit E, die größer als A ist jedoch kleiner als B, ist mit Diagramm 1.2 unvereinbar. E ist nicht konsistent mit den vorhandenen Wahrscheinlichkeiten. Unabhängig von ihrer konkreten Länge, entweder verletzt E ihre Beziehung zu A oder zu B.

1.5 Die Problemlösungsphasen

Das Beispiel zeigt, dass Fragen bildhaft beantwortet werden können, welche die Transitivitätsbeziehung zwischen Wahrscheinlichkeiten betreffen. Dies kann in drei Schritten zusammengefasst werden:

1. Konstruktion: Selbst abstrakte Probleme können wir veranschaulichen, das heißt in Diagramme übersetzen. Hierzu müssen die vorliegenden Größen (A, B, C) auf geometrische Objekte abgebildet werden (Segmente bestimmter Längen). Dabei sind die Verhältnisse aufrechtzuerhalten (A ist wahrscheinlicher als B und B wahrscheinlicher als C).

2. Inspektion: Das entstandene Diagramm wird mehr darstellen, als wir bei der Konstruktion explizit beachtet haben. Dieses *mehr an Information* entnehmen wir dem Diagramm und erkennen weitere Zusammenhänge (A ist wahrscheinlicher als C).

3. Modifikation: Variationen der Problemstellung untersucht man durch Erweiterung des Diagramms.

Dem ersten Schritt kommt eine besondere Bedeutung zu. Denn die Übersetzung einer Aufgabe in die mathematische Sprache erweist sich als schwierig. Hierbei soll das vorliegende diagrammatische System helfen: Häufig ist es einfacher, eine Aufgabenstellung in ein Diagramm zu übersetzen als in eine Formel. Das Diagramm hilft dann herauszufinden, was auszurechnen ist. Oder man liest die Lösung direkt aus dem Diagramm ab.

1.6 Diagramme und Formeln

Es geht also um die Konstruktion besonderer Diagramme. Diese machen Zusammenhänge der Wahrscheinlichkeitstheorie explizit und stellen diese unmittelbarer als entsprechende Formeln dar. Zwar gibt es bereits verschiedene Diagramme, die im Bereich der Wahrscheinlichkeitstheorie etabliert sind: etwa Baumdiagramme, Kontingenztabellen oder Venn-Diagramme. Wann die Anwendung eines oder mehrerer dieser Diagramme sinnvoll ist, stellt jedoch dem Lernenden bereits ein Problem dar.

Dieses Buch handelt dagegen von einem einzelnen diagrammatischen System, das im Rahmen der Wahrscheinlichkeitstheorie immer anwendbar ist. Es hilft, die gegebenen Informationen zu sortieren und zu verstehen, wonach in einer Aufgabe gefragt wird. Eine Aufgabe zu verstehen ist oftmals schwierig, während die durchzuführenden Berechnungen meistens recht einfach sind. Häufig kommt man sogar mit den Grundrechenarten aus.

Insofern dient der diagrammatische Zugang primär dem Verständnis der Wahrscheinlichkeitstheorie und nicht als Ersatz für Formeln. Denn immer wenn man es mit umfangreichen Daten zu tun hat, helfen Formeln schneller bei Berechnungen: Es sind lediglich Werte in die Formeln einzusetzen.

Der diagrammatische Ansatz soll dagegen helfen, für gegebene Aufgabenstellungen die passenden Formeln zu finden und diese auf die richtigen Werte anzuwenden. In diesem Sinne geht es um ein neues Werkzeug, das die abstrakten Strukturen anschaulich macht. Es eignet sich daher vor allem für Nichtmathematiker, denen eine Vorstellung für abstrakte mathematische Sachverhalte fehlt.

1.7 Eine einheitliche Darstellung in Strichen

Die Wahrscheinlichkeitstheorie gilt als schwierig, da es eine Vielzahl an Konzepten und Begriffen gibt, die nicht nur für den Anfänger schwer zu überschauen sind. Auch gibt es keinen einheitlichen Ansatz zur Lösung unterschiedlicher Aufgabentypen.

Dagegen wird mit dem vorliegenden Buch eine systematische Methodik vorgeschlagen. Diese folgt einem simplen Schema: Die in Aufgaben enthaltenen Sachverhalte werden in wohlgeordnete Diagramme überführt, die aus bestimmten Anordnungen von Strichen bestehen. Hierbei handelt es sich um eine stark eingeschränkte Teilmenge aller Striche: diejenigen, die gerade und endlich sowie horizontal oder vertikal angeordnet sind. Wie in der Mondrianschen Geometrie des Buchcovers. Es ist dieser Einschränkung zu verdanken, dass die Diagramme recht übersichtlich bleiben.

Endliche Geraden werden in der Geometrie als *Segmente* bezeichnet. So auch in diesem Buch. Segmente bestimmter Längen sind in bestimmte Anordnungen zu bringen und definieren auf diese Weise sogenannte *Wahrscheinlichkeitsdiagramme*. Diese stellen dar, was normalerweise in Formeln steckt. Anstelle einer Mathematik in Formeln tritt eine Mathematik in Strichen. Diese stellt dieselben Beziehungen zwischen mathematischen Größen dar, spiegelt jedoch auch die zugrunde liegenden mathematischen Strukturen wider.

Vor allem stellen diese Diagramme die unterschiedlichen Konzepte einheitlich dar. Dies führt zu einem neuen Verständnis der Thematik und reduziert die Komplexität auf einen handhabbaren Rahmen. Damit steht dem Studierenden ein neues System zur Verfügung, das die Wahrscheinlichkeitstheorie auf eine andere Art erklärt als herkömmliche Darstellungen. Die Diagramme verdeutlichen Zusammenhänge und helfen, weitere Schlussfolgerungen aus gegebenen Sachverhalten zu ziehen. Sie laden den Betrachter zum weiteren Nachdenken über den zugrunde liegenden Problemzusammenhang ein.

1.8 Das Experiment als Segment

In der Wahrscheinlichkeitstheorie steht das *Zufallsexperiment* im Mittelpunkt. Ein solches ist zum Beispiel der Würfelwurf. Auch in diesem Buch steht dieser Begriff an erster Stelle. Jedoch sprechen wir vereinfacht vom *Experiment*. Das hat den Vorteil, dass die Begriffsbildung übersichtlich bleibt. Beispielsweise ist ein zweiter zentraler Begriff die *Experimentfolge*, die mehrstufige Zufallsexperimente bezeichnet und ansonsten als *Zufallsexperimentfolge* bezeichnet werden müsste. Das mag gerade noch nachvollziehbar sein. Aber aufgrund der hohen Verbreitung des Wortes *Experiment* im vorliegenden Text wird so sprachlich vieles einfacher. Da es hier ausschließlich um Zufallsexperimente geht, bleibt die Eindeutigkeit gewahrt. *Zufall* heißt im Übrigen, dass nicht alle Einflussfaktoren bekannt sind, geschweige denn kontrolliert werden können.

Elementar für die vorgestellte Methodik ist die Darstellung von Experimenten: Jedes Experiment ist ein der Länge nach genormtes Segment. Die Art seiner Aufteilung in Teilsegmente unterscheidet verschiedene Experimente.

1.9 Gliederung des Buches

Das Buch ist in fünf Teile gegliedert. Der erste Teil führt die Grundlagen der Wahrscheinlichkeitstheorie ein. Im Mittelpunkt stehen Ereignisse und deren Verknüpfungen in Einzelexperimenten. Zunehmend komplexere Experimente werden im zweiten Teil vorgestellt und mit ihnen weiterführende Konzepte, wie etwa Abhängigkeit und Bedingtheit. Der dritte Teil schließlich umfasst Themen wie Signifikanztests, Wahrscheinlichkeitsverteilungen und den zentralen Grenzwertsatz. Der erste Teil ist sehr einfach, der zweite Teil gut nachvollziehbar und der dritte Teil etwas anspruchsvoller als die ersten beiden Teile. Außerdem beschreiben die beiden ersten Teile die Wahrscheinlichkeitstheorie und der dritte Teil den Übergang von der Wahrscheinlichkeitstheorie zur Statistik.

Während die ersten drei Teile den Theorieteil bilden, beschreibt der vierte Teil verschiedene Aufgaben und zeigt, wie diese auf diagrammatische Weise gelöst werden können. Hierbei werden Klassiker der Wahrscheinlichkeitstheorie besprochen, an denen die Konzepte gut erklärt werden können. Insbesondere wird mit der Beschreibung des verwirrenden *Ziegenproblems* deutlich, welche Hilfestellung das eingeführte System bietet.

Der fünfte und letzte Teil vergleicht die klassischen Begriffe und Darstellungen mit dem diagrammatischen System. Kapitel 15 hilft dabei, den Bezug zur konventionellen Literatur zu finden. Dieser Teil endet mit einer kurz gehaltenen Zusammenfassung, mit der man sich einen schnellen Überblick verschaffen kann.

Teil I

Einzelne Experimente

Kapitel 2

Segmente und ihr Wirkungsfeld

Dieses Kapitel stellt die Grundform der Wahrscheinlichkeitsdiagramme vor, anhand derer wesentliche Grundbegriffe veranschaulicht werden. Dabei wird jedes Konzept durch zwei geometrische Eigenschaften verkörpert: Längen und Anordnungen.

2.1 Ereignisse in Ereignisräumen

In der Wahrscheinlichkeitstheorie geht es immer um die Frage, wie wahrscheinlich ein *Ereignis* ist. Werfe ich eine Münze, gibt es zwei mögliche Ereignisse: Kopf oder Zahl. Bei einer perfekten Münze sind die Wahrscheinlichkeiten beider Fälle gleich groß. Die diagrammatische Abbildung dieses Sachverhaltes ist recht einfach: Da Kopf und Zahl gleich wahrscheinlich sind, werden beide Ereignisse durch gleich lange Segmente dargestellt. Dagegen erkennt man ungleich wahrscheinliche Ereignisse anhand ihrer unterschiedlich langen Segmente. Entsprechend dem Beispiel aus Kapitel 1.

Der *Ereignisraum* legt fest, wie die Segmente anzuordnen sind. Ihre Anordnung soll, wie im Falle der Transitivität in Kapitel 1, bestimmte diagrammatische Schlüsse ermöglichen. Dies wird durch den Aufbau des Ereignisraums sichergestellt.

Der Ereignisraum enthält alle möglichen Ereignisse eines Experiments. In unserem Beispiel zwei Segmente, die Kopf und Zahl repräsentieren. Diese beiden Segmente sind nebeneinander zu zeichnen und überspannen zusammen den Ereignisraum. Dessen Darstellung wird im Folgenden erklärt.

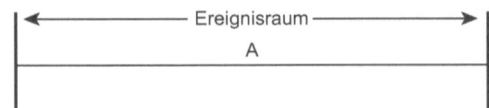

Diagramm 2.1: Das sichere Ereignis, das den Wert 1 hat.

2.2 Unmögliche und sichere Ereignisse

Es gibt zwei Extremfälle: das unmögliche Ereignis mit der Wahrscheinlichkeit 0 und das sichere Ereignis mit der Wahrscheinlichkeit 1. Wahrscheinlichkeiten kleiner als 0 oder größer als 1 gibt es nicht. Alles spielt sich zwischen 0 und 1 ab. Das ist auf der bildhaften Ebene nützlich, da wir uns nicht überlegen müssen, wie wir Segmente darstellen sollen, deren Längen kleiner als 0 sind (bitte gar nicht erst versuchen!) oder solche die beliebig lang werden können. Stattdessen reicht ein begrenzter Bereich aus, in den sowohl die kleinste als auch die größte Wahrscheinlichkeit passen. Diagramm 2.1 zeigt den Ereignisraum, der durch zwei vertikale Striche links und rechts begrenzt wird. Das einzige Ereignis in diesem Ereignisraum ist das sichere Ereignis A. Dieses reicht von der linken ganz herüber bis zur rechten Begrenzung.

Ein zweites Beispiel zeigt Diagramm 2.2. Hier ist das einzige Ereignis B. Da B nicht ganz bis zur rechten Begrenzung reicht, wissen wir, dass die Wahrscheinlichkeit von B kleiner 1 ist. Wie aber sieht das unmögliche Ereignis aus? Dies zeigt Diagramm 2.3. Etwas Unmögliches kann man nicht zeichnen. Daher bleibt der Ereignisraum leer. Anders gesagt gibt es nur ein Segment der Länge Null, was einer Wahrscheinlichkeit von 0 entspricht.[1]

2.3 Ereignisräume vollständig überspannen

Zurück zum Münzwurf: Die gleich wahrscheinlichen Ereignisse Kopf und Zahl ergeben zusammen 1. Das heißt, hängen wir beide Segmente hintereinander, reichen sie über den gesamten Ereignisraum. Daraus folgt Diagramm 2.4.

Diagramm 2.2: Ein Ereignis B, dessen Wahrscheinlichkeit kleiner 1 ist.

---

[1] Ein Ereignissegment der Länge Null kann man nicht zeichnen, sehr wohl jedoch den leeren Ereignisraum. Dass heißt, man kann das unmögliche Ereignis zumindest im Kontext seines Wirkungsfeldes, dem Ereignisraum, darstellen.

Diagramm 2.3: Das unmögliche Ereignis.

Dass beide Ereignisse über den gesamten Ereignisraum reichen, ist eine zentrale Eigenschaft von Experimenten: Alle möglichen Ereignisse sind hierzu notwendig. Wird der Ereignisraum nicht vollständig überspannt (wie in Diagramm 2.2), sind nicht alle möglichen Ereignisse bekannt. Bleiben wir bei Experimenten, die über den gesamten Ereignisraum reichen. Diese haben zwei Eigenschaften:

- Die möglichen Ereignisse schließen sich gegenseitig aus: Tritt ein Ereignis ein, weiß man, dass alle anderen nicht eingetreten sind.

- Die Ereignisse beschreiben erschöpfend alle Möglichkeiten: Es tritt immer eines dieser Ereignisse ein.

Treffen beide Bedingungen zu, nennt man die Ereignisse *Elementarereignisse*.

Ein weiteres Beispiel ist der Würfelwurf. Ein fairer Würfel landet immer auf einer seiner sechs Seiten, die alle gleich wahrscheinlich sind. Diagramm 2.5 zeigt den Ereignisraum des Würfelwurfs.

Entsprechend könnten wir fortfahren und für alle möglichen Experimente ihren Ereignisraum mit den möglichen Elementarereignissen zeichnen. Aber wozu eigentlich? Bisher haben wir lediglich gelernt, wie der Konstruktionsschritt aussieht, den wir aus Kapitel 1 kennen. Es war aber noch keine Rede davon, ob wir, wie im Falle der Transitivität, etwas Neues aus den Diagrammen ableiten können. Also etwas, das nicht explizit bei der Konstruktion berücksichtigt worden ist.

In der Tat lässt sich vieles aus diesen Diagrammen schließen. Wir werden sogar später recht komplexe Zusammenhänge ableiten und auf diese Weise komplizierte Aufgaben lösen. Zunächst soviel: Die Diagramme helfen der Unterscheidung von Wahrscheinlichkeiten und Chancen.

So ist die Wahrscheinlichkeit einer Drei gleich $\frac{1}{6}$. Denn das Segment, das die Drei repräsentiert, nimmt $\frac{1}{6}$ der Breite des Ereignisraums ein (Diagramm 2.5). Es heißt aber, die *Chance* für Drei sei eins zu fünf. Man setzt

Diagramm 2.4: Kopf und Zahl sind gleich wahrscheinlich. Sie ergeben zusammen den Wahrscheinlichkeitswert 1. Vergleiche mit Diagramm 2.1.

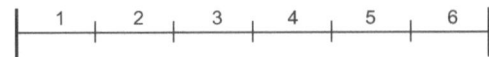

Diagramm 2.5: Der Ereignisraum eines fairen Würfels.

die Wahrscheinlichkeit einer Drei ins Verhältnis zur Wahrscheinlichkeit, dass Drei nicht eintritt. Dies bedeutet auch, ein erwünschter Fall steht fünf unerwünschten Fällen gegenüber. Mann muss nur die erwünschten (k_1) und unerwünschten Ereignisse (k_2) zählen und sagt die Chance sei k_1 zu k_2. Das kann man für gleich wahrscheinliche Ereignisse direkt im Diagramm abzählen.

2.4 Unvollständig überspannte Ereignisräume

Angenommen wir gehen angeln. Aus Erfahrung weiß ich, dass jeder vierte Fisch eine Forelle ist. Ich kenne aber weder die anderen Fischarten, noch weiß ich wie viele Sorten es gibt. Außerdem kann es vorkommen, dass man einen alten Stiefel aus dem See zieht. Mit anderen Worten wir haben den in Diagramm 2.6 dargestellten Ereignisraum. Dieser enthält nur das Segment, welches angibt, dass Forellen mit einer Wahrscheinlichkeit von $\frac{1}{4}$ vorkommen. Das heißt das Segment nimmt $\frac{1}{4}$ des Ereignisraums ein. Wir verfügen über *unvollständiges Wissen*, da wir nicht alle möglichen Ereignisse (Segmente) kennen. Über unvollständiges Wissen verfügen wir auch dann, wenn zwar die möglichen Ereignisse bekannt sind, jedoch nicht deren Wahrscheinlichkeiten (die Längen der Segmente).

Zukünftig verfahren wir jedoch wie in Diagramm 2.7: Der komplette Ereignisraum wird überspannt und eine Bezeichnung wie *Sonstiges* beschreibt alle unbekannten Ereignisse. Die Segmente, die für unterschiedliche Ereignisse stehen, müssen nicht akkurat hintereinander gezeichnet werden. Stattdessen werden die beiden vertikalen Begrenzungen jedes Mal mit einer horizontalen Linie verbunden, die dann nur noch geeignet unterteilt werden muss.

Die Frage der geeigneten Unterteilung wird uns in späteren Kapiteln noch eingehend beschäftigen. Denn die Unterteilung des Ereignisraums stellt eines der wichtigsten Eigenschaften eines jeden Zufallsexperiments dar. Sie verkörpert die Wahrscheinlichkeiten der verschiedenen Möglichkeiten. Damit definiert sie auch Wahrscheinlichkeitsverteilungen. Aber eins nach dem anderen.

Diagramm 2.6: Jedes vierte Objekt ist eine Forelle.

Diagramm 2.7: Jedes vierte Objekt ist eine Forelle.

2.5 Die Begrenzung von Ereignisräumen

Wir wollen uns einen Augenblick mit der Frage beschäftigen, warum wir Ereignisräume links und rechts begrenzen. Warum müssen alle Ereignisse zwischen zwei vertikale Begrenzungen passen?

Das ist ähnlich wie bei einem Feldspiel auf einem begrenzten Gebiet. Dort spielen sich alle Ereignisse auf diesem Gebiet ab. Die Wahrscheinlichkeitstheorie genügt ebenso bestimmten Spielregeln. Insbesondere entspricht das Spielfeld dem Ereignisraum. Genauso wie das Spielen des Balls außerhalb des Spielfeldes verboten ist, dürfen jenseits der vertikalen Begrenzungen keine Segmente auftreten. Das ist gegen die Spielregeln.

Dies ergibt aber auch Sinn. Denn je mehr Ereignisse möglich sind, desto mehr Segmente müssen sich den begrenzten Platz teilen beziehungsweise desto kürzer werden diese Segmente. Da Längen für Wahrscheinlichkeiten stehen, ist die Wahrscheinlichkeit eines Ereignisses umso kleiner je mehr alternative Ereignisse möglich sind.

Das sieht man beim Würfeln, da es hier bereits sechs mögliche Ereignisse gibt. Dagegen sind es beim Münzwurf nur zwei Alternativen. Daraus können wir folgern, dass Kopf beim Münzwurf wahrscheinlicher ist als eine 1 zu würfeln. In Zahlen ausgedrückt ist $\frac{1}{2}$ (Kopf werfen) $> \frac{1}{6}$ (eine 1 würfeln). Dies zeigt Diagramm 2.8, in dem beide Experimente gegenübergestellt werden. Das Segment mit der Beschriftung 'Kopf' ist dreimal länger als das Segment mit der Beschriftung '1'.

Da beide Ereignisräume gleich groß sind, dürfen wir diesen Vergleich durchführen. Der Mathematiker spricht von *Normierung*. Wir werden alle Experimente auf einen einheitlichen Bereich abbilden: zwischen 0 und 1 beziehungsweise zwischen die linke und rechte Begrenzung des Ereignisraums. Der

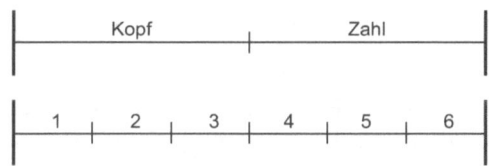

Diagramm 2.8: Ereignisraum einer fairen Münze und eines fairen Würfels.

Diagramm 2.9: **Kopf** liegt doppelt so häufig oben wie **Zahl**.

Unterschied zwischen verschiedenen Experimenten zeigt sich darin, wie das Spielfeld genutzt wird; wie wir den zur Verfügung stehenden Ereignisraum aufteilen.

2.6 Ungleich wahrscheinliche Ereignisse

Beim Münzwurf sind alle möglichen Ereignisse gleich wahrscheinlich; ebenso beim Würfelwurf. Wie aber geht man mit einer nicht fairen Münze um? Das ist eine Münze, die im Schnitt unterschiedlich häufig auf beiden Seiten landet. In diesem Fall muss der Ereignisraum anders aufgeteilt werden. Wenn **Kopf** doppelt so wahrscheinlich ist wie **Zahl**, muss das entsprechende Segment auch doppelt so lang sein (siehe Diagramm 2.9).

Das Diagramm hilft die Frage zu beantworten, wie wahrscheinlich das Ereignis **Zahl** ist, wenn **Kopf** doppelt so häufig auftritt. Bei der Konstruktion muss das **Kopf**-Segment (4 cm) doppelt so lang sein wie das **Zahl**-Segment (2 cm). Der Inspektionsschritt zeigt dann, dass die Länge des **Zahl**-Segments $\frac{1}{3}$ des Ereignisraums einnimmt:

$$\frac{\text{Länge des \textbf{Zahl}-Segments}}{\text{Länge des Ereignisraums}} = \frac{2\,\text{cm}}{6\,\text{cm}} = \frac{1}{3}$$

Dies lässt sich mit einem Lineal in Diagramm 2.9 bestimmen. Also, liegt **Kopf** zweimal so häufig oben wie **Zahl**, ist die Wahrscheinlichkeit für **Zahl** $\frac{1}{3}$.

2.7 Aufgaben in Diagramme übersetzen

Im Diagramm hält man alle Einzelheiten der Aufgabenstellung fest, anstatt sich alles im Geiste vorzustellen. Entsprechend besteht nicht die Gefahr, gedanklich verschiedene Größen zu verwechseln. Die Inspektion des Diagramms ersetzt die rein mentale Herleitung der Lösung. Allgemein verfährt man wie folgt:

Den Ereignisraum konstruieren: Die vertikalen Begrenzungen mit einem Segment verbinden und das Segment geeignet aufteilen.

Den Ereignisraum inspizieren: Längen von bestimmten Segmenten messen beziehungsweise vergleichen.

Für den konkreten Fall des Münzwurfs einer fairen Münze heißt dies:

Den Ereignisraum konstruieren: Die vertikalen Begrenzungen mit einem Segment verbinden und das Segment in zwei gleich lange Abschnitte aufteilen.

Den Ereignisraum inspizieren: Feststellen, dass die Länge für Kopf exakt die Hälfte des Ereignisraums einnimmt (was man bei diesem einfachen Beispiel sicherlich noch aus dem Konstruktionsschritt erinnert).

Komplexere Aufgaben werden ein paar Kapitel später genauso gelöst. Der Unterschied bei komplexeren Aufgaben besteht darin, dass die Ereignisräume mehr Segmente enthalten, nicht nur nebeneinander sondern dann auch übereinander. Entsprechend werden die Inspektionsschritte interessanter. Es wird aber immer darum gehen, bestimmte Segmente herauszusuchen, die für die Problemlösung relevant sind oder sogar direkt das Ergebnis einer Aufgabenstellung zeigen.

2.8 Nicht unterscheidbare Ereignisse

Bisher hatten wir es ausschließlich mit unterscheidbaren Ereignissen zu tun: Kopf und Zahl oder den sechs Möglichkeiten beim Würfeln. Was aber sind nicht unterscheidbare Ereignisse? Angenommen in einem undurchsichtigen Gefäß (oder einer *Urne*, wie man im Falle solcher Gedankenexperimente sagt), sind zwei grüne und zwei rote Kugeln. Wie hoch ist die Wahrscheinlichkeit, eine grüne Kugel zu ziehen? Diagramm 2.10 zeigt diese Situation. Da es vier Kugeln gibt, teilen wir den Ereignisraum in vier Abschnitte auf.

Da die beiden Segmente, welche die grünen Kugeln repräsentieren, die Hälfte des Ereignisraums einnehmen, lautet die Antwort $\frac{1}{2}$. Wir können in diesem Experiment die eine grüne Kugel nicht von der anderen unterscheiden. Beide stehen für das gleiche Ereignis, genauso wie beide roten Kugeln für das gleiche Ereignis stehen. Zwar gibt es vier verschiedene Elementarereignisse in diesem Experiment, einige von ihnen sind aber nicht unterscheidbar.

Diagramm 2.10: In einer Urne liegen zwei grüne und zwei rote Kugeln.

2.9 Zusammengesetzte Ereignisse

In Diagramm 2.5 auf Seite 24 sind beim Würfeln alle Ereignisse verschieden. Jedes Ereignis steht für einen möglichen Ausgang und ihre Wahrscheinlichkeiten ergeben zusammen 1. In der diagrammatischen Sprache heißt dies: Alle Segmente führen im Ereignisraum hintereinander gehängt von der linken herüber bis zur rechten Begrenzung. Im Falle dieser Ereignisse haben wir es mit *Elementarereignissen* zu tun (vergleiche Seite 23). Jeder mögliche Ausgang entspricht einem Elementarereignis (auch Ergebnis genannt).

Manchmal sind Ereignisse zu betrachten, die sich aus mehreren Elementarereignissen zusammensetzen. Man möchte etwa unterscheiden, ob eine gerade oder ungerade Zahl gewürfelt wird. In Diagramm 2.11 sind die Zahlen von 1 bis 6 in eine neue Reihenfolge gebracht worden. Das ist durchaus zulässig. Denn im Ereignisraum müssen die Segmente der Elementarereignisse zwar zusammen von links nach rechts reichen, ihre Reihenfolge darf aber frei gewählt werden. Die in Diagramm 2.11 gewählte Reihenfolge soll zeigen, welche Zahlen gemäß der neuen Ereignisse, **gerade** und **ungerade**, zusammengehören. Auf diese Weise kann man *zusammengesetzte Ereignisse* veranschaulichen, also solche Ereignisse, die aus mehreren Elementarereignissen bestehen.

Ereignisse können somit in *Mengen* zusammengefasst werden. Ihre Reihenfolge spielt keine Rolle. Die zusammengesetzten Ereignisse **gerade** und **ungerade** sind solche Mengen. Es ist **gerade** = $\{2, 4, 6\}$. Die Elementarereignisse dieser Menge sind direkt über der Menge **gerade** in Diagramm 2.11 angeordnet. Ereignisse sind Mengen und Mengen sind nichts anderes als Segmente. Alle Elementarereignisse, die parallel zum fraglichen Segment verlaufen, gehören zur entsprechenden Menge.

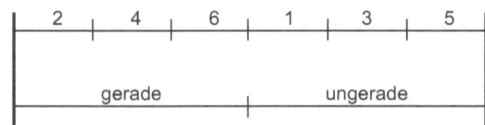

Diagramm 2.11: Im Würfel-Experiment kann man sechs Zahlen unterscheiden oder andere Ereignisse betrachten, wie **gerade Zahl** und **ungerade Zahl**.

Ähnlich können wir andere Mengen betrachten, etwa die Menge der Primzahlen zwischen 1 und 6 oder die Menge mit den Elementen $\{3, 4, 5\}$. Doch wie wahrscheinlich sind solche zusammengesetzten Ereignisse? Die Antwort lässt sich aus dem Diagramm ablesen. **Gerade** passt unter die Elementarereignisse $\{2, 4, 6\}$, betrifft also 3 von 6 Fällen. Daher ist die Länge dieses Segments $\frac{3}{6} = \frac{1}{2}$ der Länge des Ereignisraums. Dies ist die gesuchte Wahrscheinlichkeit.

2.10 Konstruktionsschritte

Wie hoch ist die Wahrscheinlichkeit, dass ich mit einem fairen Würfel eine durch 3 teilbare Zahl würfel? Die Vorgehensweise in Einzelschritten ist wie folgt: Zunächst malen wir zwei vertikale Begrenzungen und lassen etwas Platz dazwischen (Schritt 1 in Diagramm 2.12); dann teilen wir diesen Ereignisraum in seine Elementarereignisse auf (das sind 6 Fälle), die wir gleichmäßig im Ereignisraum verteilen (Schritt 2 in Diagramm 2.12), da die Aufgabe von einem fairen Würfel handelt; dann überprüfen wir, welche der sechs möglichen Elementarereignisse durch 3 teilbar sind und ordnen diese im Ereignisraum nebeneinander an – alle anderen Elementarereignisse verteilen wir gleichmäßig daneben (Schritt 3 in Diagramm 2.12); schließlich zeichnen wir das Segment teilbar-durch-3, indem wir es direkt unter den Elementarereignissen anordnen, die sich durch 3 teilen lassen (Schritt 4 in Diagramm 2.12).

Diagramm 2.12 veranschaulicht diese Schritte in der angegebenen Reihenfolge. Tatsächlich genügt es ein einziges Diagramm zu zeichnen, das dem letzten dieser vier Schritte entspricht. Außerdem müssen wir nicht die Elementarereignisse umsortieren. Stattdessen können wir so verfahren, wie in Diagramm 2.13 zu sehen.

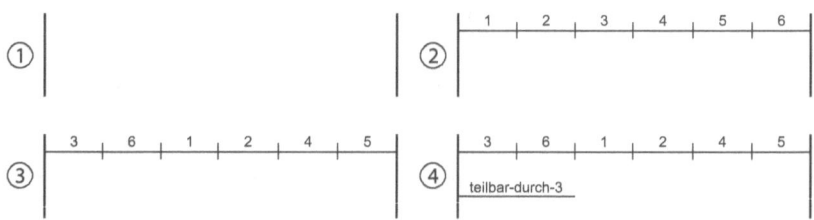

Diagramm 2.12: Konstruktion eines Diagramms in vier Schritten zur Lösung der Frage, wie wahrscheinlich das Würfeln einer durch 3 teilbaren Zahl ist.

Der Inspektionsschritt besteht darin, die Strecke teilbar-durch-3 zu vermessen. Sie ist so lang wie die beiden Elementarereignisse 3 und 6 zusammen genommen. Das Ergebnis ist daher $\frac{2}{6} = \frac{1}{3}$.

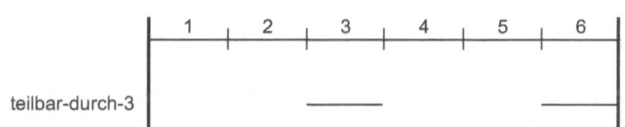

Diagramm 2.13: Konstruktion eines Diagramms zur Lösung der Frage, wie wahrscheinlich das Würfeln einer Zahl ist, die durch 3 teilbar ist.

2.11 Zusammengesetzt entspricht *oder*

Man kann zusammengesetzte Ereignisse so beschreiben, dass alle enthaltenen Elementarereignisse durch ein *oder* verknüpft werden: Ungerade ist dasselbe wie 1 *oder* 3 *oder* 5. So könnte man sich auf die Aufzählung der Elementarereignisse beschränken und benötigt keine neuen Bezeichnungen wie etwa ungerade.

Da jedoch die Aufzählung großer Mengen von Elementarereignissen mühselig ist, sind Bezeichnungen für zusammengesetzte Ereignisse praktisch. Wer möchte alle ungeraden Zahlen aufzählen, wenn wir eine Lostrommel mit 1000 Losen haben? Dann werden Bezeichner zur effizienten Benennung zusammengesetzter Ereignisse nützlich.

2.12 Anzahl Ereignisse

Es ist hilfreich, die Anzahl aller Ereignisse eines Experiments zu kennen. Nehmen wir zunächst nur die Elementarereignisse. Deren Anzahl bestimmt, in wie viele Teile der Ereignisraum zu segmentieren ist. Im Falle des Würfelns sind es sechs Segmente.

Die Anzahl aller Ereignisse (Elementarereignisse und zusammengesetzte Ereignisse) zeigt, auf wie viele Arten wir den Ereignisraum interpretieren können. Je nachdem wofür wir uns interessieren, betrachten wir eine bestimmte Menge von Elementarereignissen, das heißt ein bestimmtes Segment im Ereignisraum. Diagramm 2.14 auf Seite 31 zeigt alle möglichen Ereignisse beim Würfeln. So viele Möglichkeiten gibt es bei einem derartig einfachen Experiment!

Wie in Diagramm 2.14 zu sehen, bestehen einige Segmente aus mehreren Abschnitten, die nicht direkt aufeinander folgen (zum Beispiel das Ereignis $\{1,3\}$). Das könnte man vermeiden, wenn die Elementarereignisse jedes Mal entsprechend umsortiert werden.[2] Da dies aber nichts an der interessierenden Segmentlänge ändert, welche die Wahrscheinlichkeit anzeigt, ist eine solche Umsortierung unwesentlich.

Zusammengesetzte Ereignisse sind eben nichts anderes als Mengen, welche die Eigenschaft haben, dass die Reihenfolge ihrer Elemente nicht festgelegt ist. Es spielt daher keine Rolle, in welcher Reihenfolge wir die Elementarereignisse im Ereignisraum anordnen. Das können wir zum Beispiel so machen, dass diejenigen Ereignisse nebeneinander auftreten, die im Sinne einer Aufgabenstellung zusammengehören.

---

[2]Allerdings gibt es keine Sortierung im Falle des Würfelns, die alle Würfelereignisse als einfach zusammenhängende Segmente in einem einzigen Diagramm darstellt.

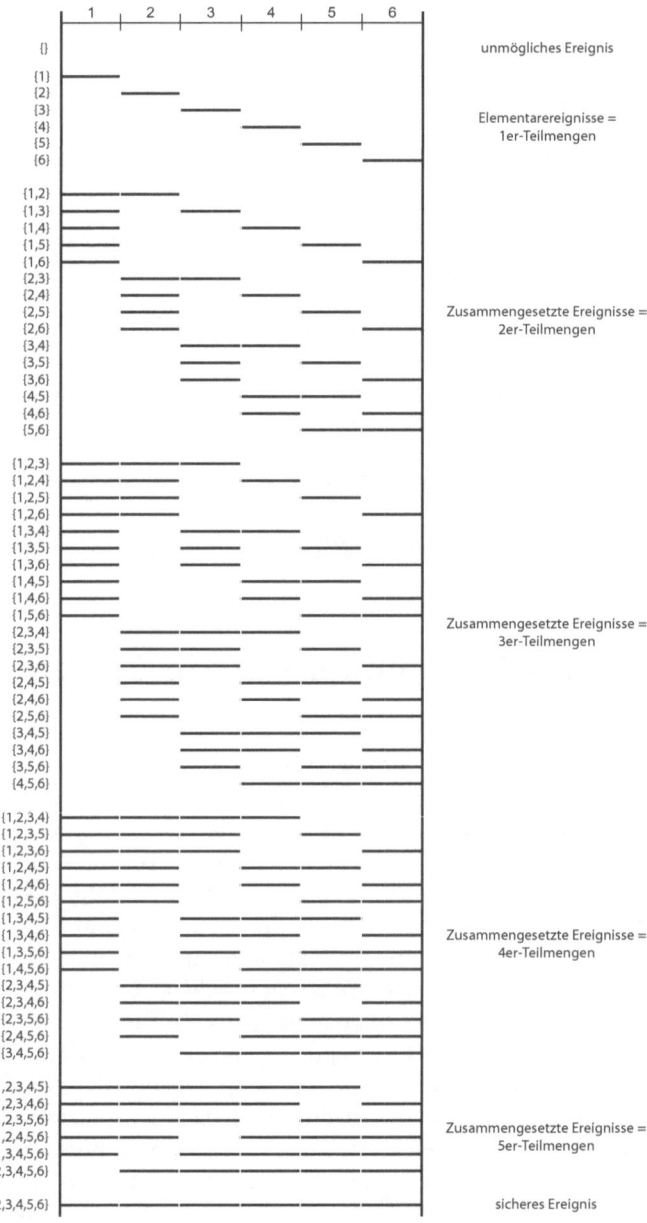

Diagramm 2.14: Alle möglichen Ereignisse beim Würfeln. Die Unterteilung gemäß der Elementarereignisse wird durch kleine Lücken verdeutlicht.

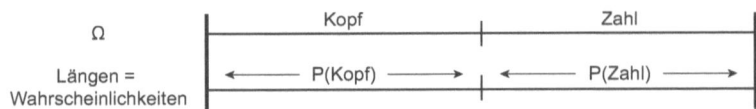

Diagramm 2.15: Wahrscheinlichkeit für Kopf und Zahl einer fairen Münze.

Wie viele Ereignisse es gibt (Elementarereignisse und zusammengesetzte Ereignisse), verrät folgende Formel:

$$Anzahl\ Ereignisse\ = 2^n \tag{2.1}$$

n bezeichnet die Anzahl der Elementarereignisse. Beim Würfeln ist $n = 6$ und wir erhalten für die Anzahl aller Ereignisse:

$$2^n = 2^6 = 2 \cdot 2 \cdot 2 \cdot 2 \cdot 2 \cdot 2 = 64$$

Diagramm 2.14 zeigt diese Möglichkeiten. Insbesondere zeigt die Zeile {} das unmögliche Ereignis.

2.13 Wahrscheinlichkeiten von Ereignissen

Die herkömmliche symbolische Mathematik unterscheidet die Begriffe *Ereignis* und *Wahrscheinlichkeit*. Wir lernen, wie die Wahrscheinlichkeitsdiagramme diese Begriffe integrieren. Dies zeigt das Beispiel in Diagramm 2.15.

Der Ereignisraum, beziehungsweise die Menge aller Elementarereignisse, wird mit dem griechischen Buchstaben Ω (omega) bezeichnet. Beim Münzwurf besteht Ω aus den zwei Elementarereignissen Kopf und Zahl. Hierbei hat jedes Elementarereignis dieselbe Wahrscheinlichkeit: $P(\text{Kopf}) = P(\text{Zahl})$. P steht für *probabilité*, kommt aus dem Französischen und bedeutet *Wahrscheinlichkeit*. $P(\text{Kopf})$ steht daher für *die Wahrscheinlichkeit* Kopf *zu werfen*.

Die Wahrscheinlichkeit eines Ereignisses ist ein Merkmal dieses Ereignisses. Genauso ist die Länge eines Segments eines seiner Merkmale. *Ereignis* und *Wahrscheinlichkeit* haben im Wahrscheinlichkeitsdiagramm eine direkte Entsprechung: Das *Ereignis* wird durch ein Segment dargestellt und seine *Wahrscheinlichkeit* durch eine bestimmte Länge eben dieses Segments. Auf diese Weise sind die beiden Konzepte *Ereignis* und *Wahrscheinlichkeit* in dem diagrammatischen System eng verflochten, genau genommen sogar untrennbar, da jedes Segment eine bestimmte Länge hat. Die klassische Darstellung unterscheidet dagegen zwei verschiedene Begriffe, *Ereignis* und *Wahrscheinlichkeit*. Deren konzeptuelle Zusammengehörigkeit muss erst erklärt werden.

2.13.1 Lineare Mengen

Die neue lineare Darstellung in Wahrscheinlichkeitsdiagrammen hat weitere Konsequenzen. Eine horizontale Linie, die von der linken zur rechten Begrenzung des Ereignisraums reicht, betrachten wir als Menge, die wir Ω nennen. Wir dürfen sagen, dass Ω *beim Münzwurf in gleich lange Abschnitte aufgeteilt wird.* So eine Aussage ergibt für Mengen im klassischen Sinne der Mengentheorie keinen Sinn. Denn Mengen sammeln bloß Objekte in einer Einheit, die man nicht in Abschnitte unterteilt.

Dies zeigt die Besonderheit des vorliegenden Systems: Durch die spezielle Darstellung einer Menge (durch gerade Segmente, die in derselben Zeile im Ereignisraum stehen), bekommen wir einen neuen Blick auf Mengen mehrerer Ereignisse (Gruppen von Segmenten auf unterschiedlichen Zeilen). Diese Art der Darstellung von Mengen wird uns später helfen, komplexe Aufgaben mit verschiedenen Ereignissen übersichtlich darzustellen (bestimmte Anordnungen zwischen Gruppen von Segmenten).

2.14 Zusammenfassung

In diesem Kapitel haben wir uns mit der Frage der Wahrscheinlichkeit von Ereignissen befasst, das heißt von Elementarereignissen und von zusammengesetzten Ereignissen. Dazu haben wir uns angesehen, was Ereignisse in unserem diagrammatischen System sind (nämlich Segmente) und welche Arten von Ereignissen es gibt: das unmögliche Ereignis (Segment der Länge 0), das sichere Ereignis (Segment der Länge 1 beziehungsweise das Segment, das von der linken zur rechten Begrenzung des Ereignisraums reicht) und alles dazwischen (Segmente mit Längen zwischen 0 und 1). Das Wirkungsfeld der Segmente ist der Ereignisraum, dessen Länge (von links nach rechts) festlegt, was dem sicheren Ereignis entspricht.

Elementarereignisse sind nicht weiter zerlegbar. Sind alle n gleich wahrscheinlich, teilt man den Ereignisraum gleichmäßig in n Teile auf. Sind die Elementarereignisse nicht gleich wahrscheinlich, dann entsprechen sie unterschiedlich langen Segmenten.

Zusammengesetzte Ereignisse bestehen aus mehreren Elementarereignissen. Ihre Wahrscheinlichkeit wird durch die Länge des Segments bestimmt, das alle Elementarereignisse abdeckt, die zu dem Ereignis gehören. Teilt man diese Länge durch die Länge des Ereignisraums, erhält man den Wahrscheinlichkeitswert.

Vertikale Striche strukturieren den Ereignisraum: sie begrenzen ihn und zerlegen Segmente in Elementarereignisse. Horizontale Striche bezeichnen stets Ereignisse. Wie man diese miteinander verknüpft, sehen wir im Folgenden.

Kapitel 3

Verknüpfung von Segmenten

Bisher ging es um die möglichen Ergebnisse einzelner Experimente. Aus diesen lassen sich Ereignisse zusammensetzen. Diagramm 2.14 führt sogar alle möglichen Ereignisse beim Würfeln auf. Die Horizontale des Ereignisraums zeigt die möglichen Ergebnisse, während die verschiedenen Zeilen unterschiedliche Ereignisse darstellen. Dies fasst Diagramm 3.1 zusammen.

Häufig müssen Ereignisse verknüpft werden. Eine typische Aufgabe fragt etwa nach der Wahrscheinlichkeit, *entweder* eine gerade Zahl zu würfeln *oder* eine Zahl, die durch drei teilbar ist. Oder, wie wahrscheinlich es ist, dass eine gerade Zahl gewürfelt wird, die *zugleich* durch drei teilbar ist. Dieses Kapitel zeigt, wie Ereignisse verknüpft werden. Es erklärt die Rechenregeln für Segmente.

3.1   Schnitt: gemeinsame Segmente

In Diagramm 3.1 steht das Ereignis A für das Würfeln einer der sechs Zahlen. A ist das sichere Ereignis (A = Ω), da es keine andere Möglichkeit gibt, als eine der Zahlen zwischen 1 und 6 zu würfeln. Ereignis B steht für eine gerade Zahl und C für eine Zahl, die durch 3 teilbar ist.

Interessanter ist Ereignis D, das für das Würfeln einer sechs steht. D steht aber auch für eine gerade Zahl, die zugleich durch 3 teilbar ist. Es ist

$$D = B \cap C \text{ (in Worten: D } gleich \text{ B } geschnitten \text{ C).}$$

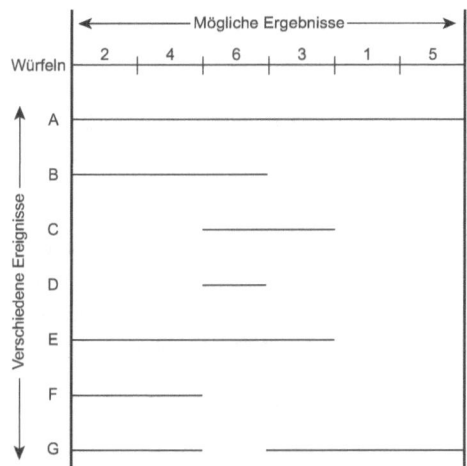

Diagramm 3.1: Ergebnisse (Elementarereignisse) versus Ereignisse.

Die möglichen Ergebnisse von B und C werden geschnitten. Das ergibt diejenigen Elementarereignisse, die zugleich zu B *und* C gehören.

Im Diagramm entspricht der Schnitt von B und C dem Segment, das sowohl im B-Segment als auch im C-Segment enthalten ist. Wenn die Segmente untereinander gezeichnet werden, sieht man was den Schnitt ausmacht: das, was doppelt vorkommt, wenn man die Segmente entlang der Vertikalen übereinander schiebt (B herunter über C bewegt). Dies ergibt Segment D.

3.2 Vereinigung: alle Segmente zusammen

Ereignis E in Diagramm 3.1 steht für eine gerade *oder* durch 3 teilbare Zahl. Im Gegensatz zu D muss nicht beides zugleich gelten:

$$E = B \cup C \text{ (in Worten: E } gleich \text{ B } vereinigt \text{ C).}$$

Diagrammatisch müssen wir nur die Segmente der Ereignisse B und C übereinander schieben. Dies ergibt ein längeres Segment, das vom linken Ende des B-Segments bis zum rechten Ende des C-Segments reicht. Dabei stellen wir fest, dass es ein Teilsegment gibt (das mit D zusammenfällt), welches sowohl in B als auch in C auftritt. Dies können wir nur einmal in E berücksichtigen, weil beim Zeichnen von E nur einmal für dieses Teilsegment Platz ist.

Das heißt: Einmal muss der Schnitt zweier zu vereinigender Ereignisse subtrahiert werden, wenn die Wahrscheinlichkeit dieser Vereinigung zu bestimmen ist. Deswegen findet man immer Formeln folgender Art:

$$P(B \cup C) = P(B) + P(C) - P(B \cap C)$$

(in Worten: *die Wahrscheinlichkeit des Ereignisses, das sich aus der Vereinigung von* B *und* C *ergibt, ist gleich der Wahrscheinlichkeit von* B *plus der von* C *minus allem, was* B *und* C *gemeinsam haben*).

3.3 Restmenge: Segmente subtrahieren

Ereignis F in Diagramm 3.1 ist gleich {2,4}. Man erhält F, wenn man C von E subtrahiert. Das Ergebnis F ist die Restmenge von E:

$$F = E \setminus C \text{ (in Worten: F } \textit{gleich } E \textit{ ohne } C).$$

Diagrammatisch ziehen wir das C-Segment vom E-Segment ab. Anders gesagt: Wir behalten nur das vom E-Segment übrig, was nicht zugleich zum C-Segment gehört.

Auch kann man dem Diagramm entnehmen, dass gilt: F = B \ D. Denn auch B ohne D führt zum F-Segment.

3.4 Komplement: alle gegenteiligen Segmente

Fehlt nur noch Ereignis G. G ist das Komplement von D:

$$G = \overline{D} \text{ (in Worten: G } \textit{gleich } D\textit{-Komplement}).$$

Das ist sozusagen das Gegenteil von D oder besser gesagt, alles außer D. G wird als *Gegenereignis* zu D bezeichnet.

Das sieht man auf einem Blick im Diagramm: Die Zusammenfügung des G-Segments mit dem D-Segment ergibt das sichere Ereignis. Immer wenn zwei Ereignisse kein Elementarereignis gemeinsam haben, jedoch zusammen das sichere Ereignis ergeben, ist das eine Ereignis das Gegenereignis des anderen ($D = \overline{G}$ und $G = \overline{D}$).

Im Gegensatz zu allen anderen Verknüpfungen ist das Komplement keine zweistellige Verknüpfung. Es wird nur auf ein Ereignis angewendet. Man kann das Komplement als zweistellige Verknüpfung umformulieren indem als zweites Argument das sichere Ereignis Ω hinzugenommen wird, das ja für die Menge aller Elementarereignisse steht. Dann ist die Verknüpfung *Komplement* gleich der Restmenge:

$$\overline{D} = \Omega \setminus D \text{ (in Worten: D-}\textit{Komplement gleich } \Omega \textit{ ohne } D).$$

3.5 Personen-Raten

Sehen wir uns ein Beispiel an: Wenn ich im Büro sitze und jemand an die Tür klopft, anruft oder der Bildschirm anzeigt, dass ich eine eMail bekommen habe, rate ich gerne wer das sein könnte. Das klappt recht gut. Zumindest kann ich den Personenkreis stark einschränken.

Ich arbeite zurzeit mit fünf Kollegen, die ich P_1 bis P_5 nenne. Meldet sich einer, errate ich zum Beispiel, dass es sich um P_1 handelt. Manchmal rate ich auch etwas gröber, dass es sich entweder um P_1 oder P_4 handeln muss. Diagramm 3.2 zeigt diese Situation. Ich gehe davon aus, dass sich jede Person mit derselben Wahrscheinlichkeit meldet. Eine Ausnahme ist P_5, der sich doppelt so häufig meldet (P_5 redet gerne).

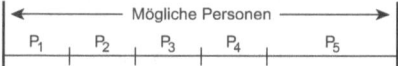

Diagramm 3.2: Es gibt fünf Personen. Welche meldet sich?

Ich kenne P_1 bis P_5 schon länger und weiß, welche Person bevorzugt eMails schreibt, anruft oder persönlich vorbeikommt. Fassen wir das formaler und erweitern das Diagramm. Ähnlich wie **gerade** und **ungerade** Eigenschaften von Zahlen sind, stellen die Kommunikationsvorzüge Eigenschaften der Personen dar (siehe Diagramm 2.11 auf Seite 28). P_1 und P_2 kommen lieber persönlich vorbei, P_3 und P_4 schreiben gerne eMails und P_5 ruft mich am liebsten an. Diagramm 3.3 zeigt diese Vorzüge.

Leider ist die Situation jedoch etwas komplizierter. Denn P_2 schreibt gelegentlich auch eMails und P_4 telefoniert ab und zu (Diagramm 3.4). Wir nehmen der Einfachheit halber an, dass P_2 und P_4 beide Arten der Kommunikation gleichermaßen nutzen und teilen deren Abschnitte in zwei Hälften.

Diagramm 3.5 hebt vier Ereignisse hervor: Dass sich jemand **Persönlich** oder per **eMail** meldet, per **Anruf** oder **eMail**, ausschließlich per **eMail** und dass

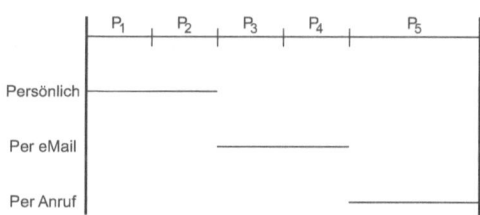

Diagramm 3.3: Fünf Personen bevorzugen bestimmte Kommunikationswege.

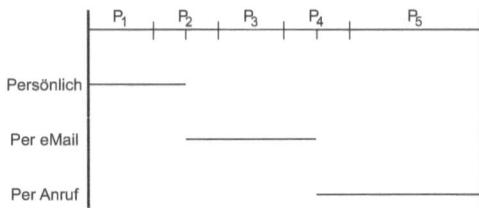

Diagramm 3.4: Die Kommunikationswege für P_2 und P_4 sind zweigeteilt. So gibt es zwei weitere Elementarereignisse.

sich jemand per eMail meldet, der aber nicht ausschließlich wie P_3 eMail nutzt. Die Längen der Segmente spiegeln hierfür die Wahrscheinlichkeiten wider. Um diese einfach bestimmen zu können, werden alle Elementarereignisse wie für P2 und P4 in zwei Bereiche aufgeteilt. Da sich P_5 doppelt so häufig meldet wie alle anderen, teilt sich sein Segment in 4 Teile auf. So gibt es 12 gleich wahrscheinliche Fälle.

Die Wahrscheinlichkeit $P(\text{Persönlich} \cup \text{Per eMail})$ ist $\frac{7}{12}$, wie man an der obersten Zeile abzählen kann. Weiter ist $P(\text{Per Anruf} \cup \text{Per eMail}) = \frac{9}{12} = \frac{3}{4}$, $P(\text{Nur per eMail}) = \frac{2}{12} = \frac{1}{6}$ und $P(\text{Per eMail oder anders}) = \frac{2}{12} = \frac{1}{6}$.

Wenn das Telefon klingelt errate ich, dass es P_4, mit einer höherer Wahrscheinlichkeit jedoch P_5 ist. Wird eine eMail angekündigt, kann das P_2, P_3 oder P_4 sein. Am wahrscheinlichsten ist es P_3.

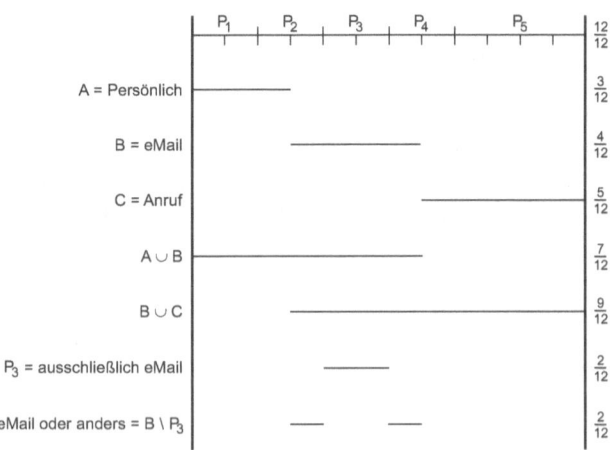

Diagramm 3.5: Der Ereignisraum ist in 12 gleich lange Elementarereignisse aufgeteilt worden, um Wahrscheinlichkeiten einfach bestimmen zu können.

3.6 Verknüpfungen und Lagen

Jede Verknüpfung von Ereignissen ergibt selbst wieder ein Ereignis im selben Ereignisraum. Das nennt man *Abgeschlossenheit*: Die Diagramme sind bezüglich der bsprochenen Verknüpfungen abgeschlossen. Entscheidend ist, welche Elementarereignisse A und B gemeinsam haben oder anders gesagt, inwiefern sich ihre Segmente überlappen: exakt (A = B), gar nicht (A ⅄ B), vollständig (A ⊃ B) oder teilweise (A ∘ B).

Man spricht von *Lagen* zwischen Mengen (Ereignisse sind in der Wahrscheinlichkeitstheorie gleichbedeutend mit Mengen, siehe Seite 28). Die möglichen Lagen werden in Tabelle 3.1 am Beispiel eines Würfels und in allgemeiner Form dargestellt. Für alle Paare von Ereignissen gilt eine der vier Möglichkeiten. Das kann man für alle Ereignispaare in Diagramm 2.14 auf Seite 31 überprüfen.

Tabelle 3.1: Mögliche Lagen zwischen Ereignissen

Lage	Würfelbeispiel	Formel	Diagramm
gleich	$\{3,4\} = \{3,4\}$	A = B	$\|{-}\|$
disjunkt	$\{2,3\} \wr \{4,5\}$	A ⅄ B	$\|{-}\ {-}\|$
umfasst	$\{2,3,4,5\} \supset \{3,4\}$	A ⊃ B	$\|{-}\|$
überlappt	$\{2,3\} \circ \{3,4\}$	A ∘ B	$\|{-}\|$

Wie aber beeinflussen die Lagen von A und B deren Verknüpfung? Tabelle 3.2 zeigt für jede der vier Verknüpfungen *Schnitt*, *Vereinigung*, *Restmenge* und *Komplement* wo das (dicke) Ergbnissegment relativ zu A und B entlang führt. Beispielsweise zeigt die oberste Zeile, dass A und B dieselben Elementarereignisse umfassen. Im Falle des Schnitts und der Vereinigung ist das Ergebnis gleich A und B, im Falle der Restmenge und des Komplements hat das Ergebnissegment die Länge 0. Im Gegensatz dazu kann die Vereinigung zweier Mengen (Spalte A ∪ B) bei keiner Lagebeziehung zur leeren Menge führen, es sei denn A und B sind selber beide leer.

Weiter zeigt die Tabelle: Die Vereinigung (Spalte A ∪ B) von Ereignissen führt im Falle disjunkter (2. Zeile) oder sich überlappender Ereignisse (4. Zei-

Tabelle 3.2: Lagen zwischen Ereignissen kombiniert mit den vier Verknüpfungen *Schnitt, Vereinigung, Restmenge* und *Komplement*

	$A \cap B$	$A \cup B$	$A \setminus B$	$\overline{B} = \Omega - B$
A B Ergebnis				
A B Ergebnis				
A B Ergebnis				
A B Ergebnis				

le) zu wahrscheinlicheren Ereignissen. Denn das Ergebnissegment ist in diesen Fällen stets länger als die A- und B-Segmente separat.

Im Falle des Schnitts zweier Ereignisse (Spalte $A \cap B$) ist die Wahrscheinlichkeit des Ergebnisses stets kleiner als die Wahrscheinlichkeit der zu verknüpfenden Ereignisse, wenn letztere disjunkt (2. Zeile) oder überlappend sind (4. Zeile). All dies gilt unabhängig vom konkreten Experiment.

3.7 Zusammenfassung

Dieses Kapitel hat gezeigt, wie man Ereignisse miteinander verknüpft. Natürlichsprachliche Aufgabenstellungen sind häufig schwierig zu verstehen. Es ist hilfreich eine Aufgabe umzuformulieren, um sprachliche Konzepte der Mengenlehre zu nutzen, das heißt Begriffe wie *und* (Schnitt), *oder* (Vereinigung), *ohne* (Restmenge) und *nicht* (Komplement). Dann weiß man, welche verknüpfungen anzuwenden sind.

Des Weiteren sollte überprüft werden, ob die zu verknüpfenden Ereignisse *gleich* oder *disjunkt* sind. Beziehungsweise ob das eine Ereignis *Teil* des anderen ist oder sich beide Ereignisse *überlappen*. Weiß man dies, kann man sich der Tabelle 3.2 bedienen, um seine Lösung mit der Struktur der möglichen Mengenlagen zu überprüfen.

Kapitel 4

Umformung von Segmenten

Häufig sind mehrere Ereignisse zu verknüpfen. Dabei gelten Gesetze, die hier anstatt durch trockene Formeln diagrammatisch veranschaulicht werden: Zwei mathematische Ausdrücke sind gleich, falls ihre Segmente übereinstimmen.

4.1 Assoziativgesetze

Wie Diagramm 4.1 zeigt, gilt offensichtlich $(A \cup B) \cup C = A \cup (B \cup C)$. Zumindest für dies Beispiel. Es ist gleich, ob ich zuerst A mit B vereinige und das Ergebnis mit C oder B mit C und das Ergebnis mit A. Denn $(A \cup B) \cup C$ (3. Zeile von unten) und $A \cup (B \cup C)$ (unterste Zeile) besitzen die gleichen Segmente.

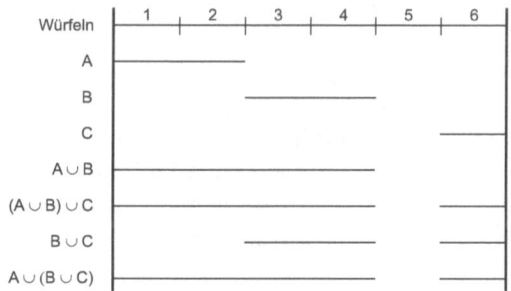

Diagramm 4.1: Assoziativgesetz der Vereinigung

41

Anhand dieses Beispiels lernen wir Folgendes: Besitzen zwei Zeilen die gleichen Segmente, können wir ein Gleichheitszeichen zwischen diese Zeilen setzen. Stehen vor den Zeilen Terme[1], im vorliegenden Beispiel $(A \cup B) \cup C$ und $A \cup (B \cup C)$, dürfen wir zwischen diesen Termen ein Gleichheitszeichen setzen: $(A \cup B) \cup C = A \cup (B \cup C)$ (Assoziativgesetz der Vereinigung).

Für den Schnitt gilt auch das Assoziativgesetz (Diagramm 4.2). Diese Diagramme sind zwar keine Beweise, da sie nur exemplarisch die Assoziativgesetze darstellen. Sie lassen jedoch diese Gesetze klar erkennen. Es gilt: $(A \cap B) \cap C = A \cap (B \cap C)$. Auch beim Schnitt spielt die Reihenfolge der zu verknüpfenden Ereignisse keine Rolle.

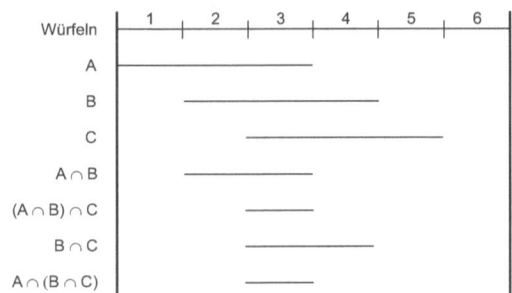

Diagramm 4.2: Assoziativgesetz des Schnitts

Vergleicht man Diagramme 4.1 und 4.2 miteinander, so fällt Folgendes auf: Die Segmente werden im Falle der Vereinigung von oben nach unten länger (wobei einige Segmente nicht zusammenhängend sind, was aber nichts an ihrer Gesamtlänge ändert). Dagegen werden bei der Schnittbildung die Segmente kürzer. Vereinigungen führen zu wahrscheinlicheren, Schnittbildungen zu weniger wahrscheinlichen Ereignissen.

In den Diagrammen legen wir der Einfachheit halber ein Würfelexperiment zugrunde. Im Prinzip wäre ein abstraktes Beispiel ausreichend, um diese Gesetzmäßigkeiten zu veranschaulichen.

Auch das Kommutativgesetz der Vereinigung ($A \cup B = B \cup A$) und des Schnitts ($A \cap B = B \cap A$) findet sich in diesen Diagrammen. So komme ich zum Segment der Zeile $A \cap B$ unabhängig davon, ob ich zuerst das Segment A oder das Segment B betrachte. In dem einen Fall schiebe ich gedanklich Segment A auf Segment B und erkenne das gemeinsame Teilsegment $\{2, 3\}$. Im anderen Fall schiebe ich gedanklich Segment B über Segment A und identifiziere dasselbe Teilsegment.

---

[1]Ein Term besteht aus beliebigen Symbolen, wie Variablen (A, B) und Verknüpfungszeichen ($\cap$), die so angeordnet werden, dass sie eine sinnvolle Einheit ergeben ($A \cap B$).

4.2 Distributivgesetze

Das Assoziativgesetz handelt entweder ausschließlich von der Vereinigung oder vom Schnitt. In Diagramm 4.3 treten beide Verknüpfungen zusammen auf. Das Distributivgesetz kommt hier zum Zuge:

$$A \cap (B \cup C) = (A \cap B) \cup (A \cap C) \tag{4.1}$$

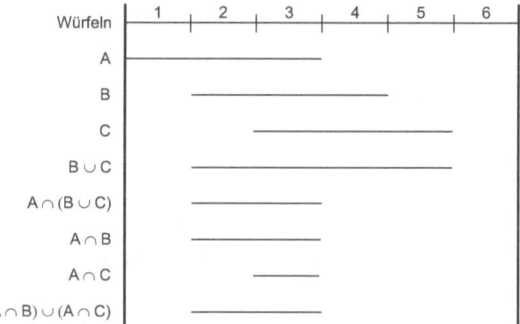

Diagramm 4.3: Distributivgesetz: $A \cap (B \cup C) = (A \cap B) \cup (A \cap C)$

Vertauschen wir die Verknüpfungen, so ergibt sich der zweite Fall des Distributivgesetzes (Diagramm 4.4):

$$A \cup (B \cap C) = (A \cup B) \cap (A \cup C) \tag{4.2}$$

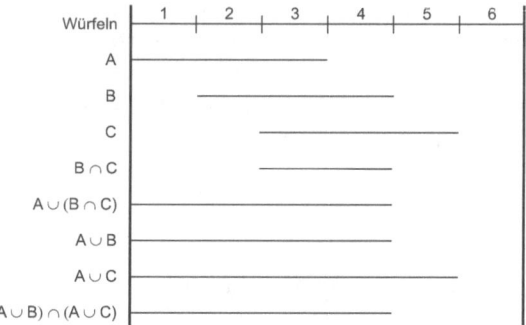

Diagramm 4.4: Distributivgesetz: $A \cup (B \cap C) = (A \cup B) \cap (A \cup C)$

Die Diagramme zeigen wiederum die Dominanz der Schnittbildung und Vereinigung durch die kürzer beziehungsweise länger werdenden Segmente. Gleichungen 4.1 und 4.2 zeigen dies nur implizit anhand der rechten Seiten.

4.3 Die Restmenge

Die Umformung der Restmenge $A \setminus B = A \cap \overline{B}$ zeigt Diagramm 4.5.

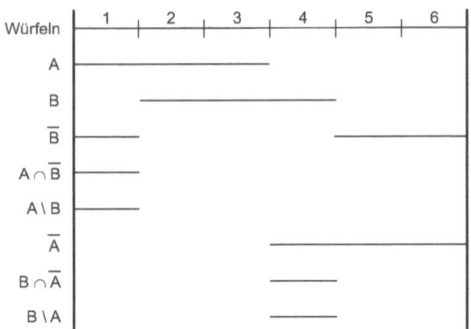

Diagramm 4.5: $A \setminus B = A \cap \overline{B}$ beziehungsweise $B \setminus A = B \cap \overline{A}$

Diese Umformung macht Sinn, falls in der Aufgabe anstatt von *ohne* von *und* sowie *nicht* die Rede ist. Ist es nicht möglich, eine Aufgabenstellung auf bekannte Verknüpfungen abzubilden, helfen derartige Umformungen weiter.

4.4 Gesetze von De Morgan

Elegante Umformungen ergeben sich durch die Gesetze des Mathematikers Augustus De Morgan. Auf dem ersten Blick mag man sie kaum glauben. Denn Vereinigung und Schnittbildung werden vertauscht.

Der Trick besteht in der simultanen Anwendung des Komplements. Allerdings muss man vorsichtig sein, da manchmal das Komplement einzelner Mengen und dann wiederum des Verknüpfungsergebnisses zu nehmen ist:

$$\overline{A \cup B} = \overline{A} \cap \overline{B} \tag{4.3}$$

und außerdem

$$\overline{A \cap B} = \overline{A} \cup \overline{B} \tag{4.4}$$

Diagramm 4.6 zeigt, dass die De Morganschen Beziehungen gelten. Nehmen wir ein Beispiel, das sprachlich geradezu unverständlich ist:

Es ist *nicht wahr*, dass eine der Zahlen $\{1,2,3\}$ *und* eine der Zahlen $\{2,3,4\}$ gewürfelt wird. Dies ist gleichbedeutend damit, dass *keine* der Zahlen $\{1,2,3\}$ *oder keine* der Zahlen $\{2,3,4\}$ gewürfelt wird.

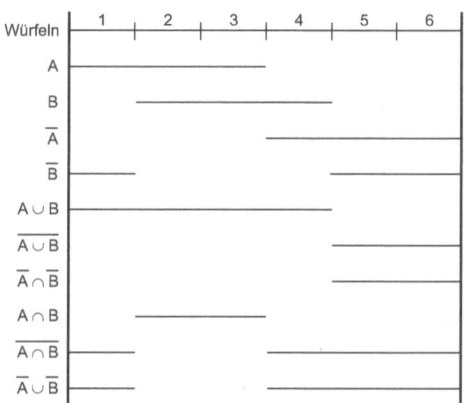

Diagramm 4.6: Gesetze nach De Morgan: $\overline{A \cup B} = \overline{A} \cap \overline{B}$ und $\overline{A \cap B} = \overline{A} \cup \overline{B}$

Zeilen 7 und 8 sowie 10 und 11 in Diagramm 4.6 zeigen durch ihre gleichen Segmente diesen Zusammenhang. Die sprachliche Beschreibung erfordert dagegen ein hohes Maß an Konzentration, um diese Beziehungen zu erkennen.

4.5 Absorptionsgesetze

Ein weiteres Gesetz, das auf dem ersten Blick seltsam erscheint, ist das Absorptionsgesetz. Dieses besagt, dass eine Menge von einer anderen Menge absorbiert wird. Das sieht auf dem ersten Blick verkehrt aus, weil auf der einen Seite der Gleichung zwei verschiedene Mengen aufgeführt werden, während auf der anderen Seite nur noch eine Menge steht:

$$A \cap (A \cup B) = A \qquad (4.5)$$

und außerdem

$$A \cup (A \cap B) = A \qquad (4.6)$$

Ist eine Menge in der anderen enthalten, wäre dies nicht verwunderlich. Dies wird jedoch nicht vorausgesetzt. Es wird außerdem nur mit Vereinigungen und Schnittmengen gerechnet. Negationen gibt es nicht.

Wer mit Schnittmengen und Vereinigungen vertraut ist, dem dürfte es nicht schwer fallen, diesen Gleichungen zu trauen. Wer aber noch Bedenken hat, muss sich nur Diagramm 4.7 ansehen. Zeichnen Sie sich das zweite Absorptionsgesetz doch einmal selber auf.

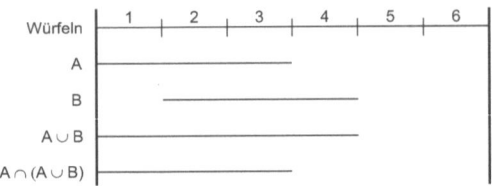

Diagramm 4.7: Absorptionsgesetz $A \cap (A \cup B) = A$

4.6 Idempotenz

Idempotenz bedeutet, dass ein Ereignis mit sich selbst verknüpft wieder sich selbst ergibt. Das hört sich ziemlich unsinnig an, gilt jedoch für alle Ereignisse, die über Vereinigung und Schnitt mit sich selbst verknüpft werden. Diagramm 4.8 zeigt dies. Im Grunde genommen nur ein großes Wort für eine Trivialität. Wie oftmals in der Mathematik.

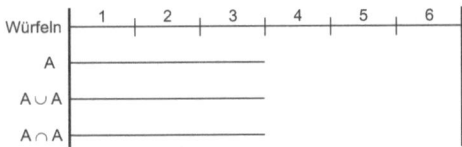

Diagramm 4.8: Idempotenz von A gegenüber Vereinigung und Schnitt

Das Komplement ist ein Beispiel für eine Verknüpfung, die nicht idempotent ist. Denn $\overline{A}$ ergibt nicht A. Es gilt $\overline{A} \neq A$.

4.7 Zusammenfassung

Ereignisse sind nichts anderes als Mengen; genauer gesagt, Mengen von Elementarereignissen. Daher gelten für ihre Verknüpfungen Regeln der Mengenlehre. Die Wichtigsten werden in diesem Kapitel aufgeführt.

Wesentlich ist, dass die Gleichheit zweier Terme durch gleiche Segmente im Diagramm abgebildet wird. Jeder Term steht in einer Zeile und bezeichnet ein Ereignis. So ist die Gleichheit von Termen direkt aus dem Diagramm ablesbar. In Anlehnung an Kapitel 1: Wir konstruieren in den Zeilen die verschiedenen Terme und im Anschluss daran inspizieren wir die Zeilen, indem wir sie auf Gleichheit ihrer Segmente testen.

So werden herkömmliche Gleichungen auf eine Menge Segmente abgebildet und diese *Mathematik in Strichen* bietet eine neue Anschauung.

Teil II

Folgen von Experimenten

Kapitel 5

Segmente gleicher Länge

Bisher wurden einzig Einzelexperimente beschrieben (einmaliger Münzwurf). Nun werden die Diagramme für Experimentfolgen erweitert (zweimaliger Münzwurf). Diese werden auch *mehrstufige Experimente* genannt.

5.1 Zweimaliger Münzwurf

Zwei Münzen sind hoch zu werfen. Alternativ kann man auch eine Münze zwei Mal hintereinander werfen. Es spielt keine Rolle, ob wir eine oder zwei Münzen verwenden. In jedem Fall erhalten wir Diagramm 5.1.

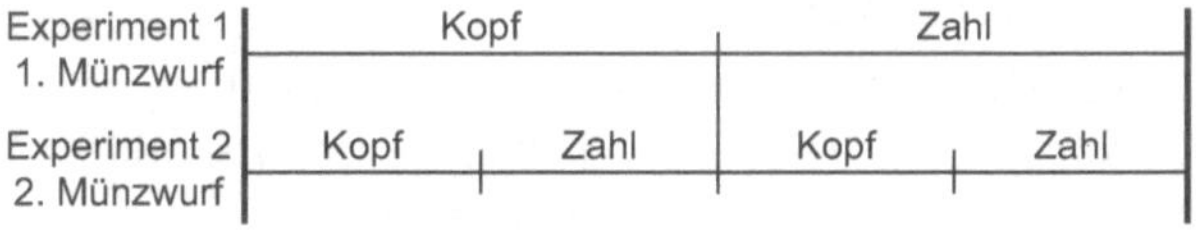

Experiment 1 1. Münzwurf	Kopf		Zahl	
Experiment 2 2. Münzwurf	Kopf	Zahl	Kopf	Zahl

Diagramm 5.1: Zweimaliger Münzwurf

Man könnte auch auf Diagramm 5.2 kommen. Diagramm 5.1 hat den Vorteil, dass es einige Zusammenhänge explizit macht, was bei komplizierteren Aufgaben hilft. So werden Reihenfolgen von oben nach unten herausgestellt: Die Fälle (Kopf, Zahl) und (Zahl, Kopf) sind zu unterscheiden. Stehen Ereignisse in runden Klammern, kommt es auf ihre Reihenfolge an. Im Gegensatz zur Menge {Zahl, Kopf}, die keine Reihenfolge kennt, sprechen wir bei (Zahl, Kopf) von einer *Folge* oder einem *Tupel*. Jedes Ergebnis beim zweimaligen Münzwurf entspricht einer Folge. Dass die Reihenfolge beim zweimaligen Münzwurf nicht immer von Bedeutung ist, dazu später mehr.

| Kopf, Kopf | Kopf, Zahl | Zahl, Kopf | Zahl, Zahl |

Diagramm 5.2: Zweimaliger Münzwurf: Es gibt vier mögliche Ergebnisfolgen.

Wir halten uns also an Diagramm 5.1. An den linken Rand schreiben wir für welches Experiment die jeweilige Zeile steht. Das hilft, bei mehrstufigen Experimenten den Überblick zu behalten.

5.2 Experimente verbinden

In Diagramms 5.3 ist der längere vertikale Strich in der Mitte von besonderer Bedeutung (Pfeil). Dieser trennt in Experiment 1 die beiden Möglichkeiten Kopf und Zahl. Bisher haben wir Zeilen separat genutzt, um verschiedene Ereignisse aufzuführen. Nun verbinden wir zwei Zeilen mit einem vertikalen Strich, um ein zweistufiges Experiment darzustellen. Mehrere Einzelexperimente werden zu einer Folge indem sie verbunden werden.

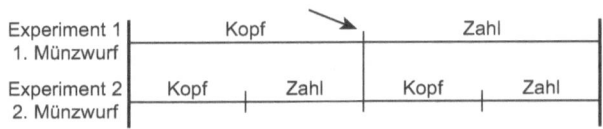

Diagramm 5.3: Experimente werden durch vertikale Striche verbunden.

Gefragt ist die Wahrscheinlichkeit einer Folge, in der zweimal Kopf geworfen wird. Hierzu fangen wir oben bei Experiment 1 an und gehen zum Kopf-Segment. Von diesem ausgehend bewegen wir uns weiter in die nächste Zeile zu Experiment 2. Auch hier betrachten wir das Kopf-Segment. Das ist dasjenige, das ganz links steht. Wir ermitteln dessen Länge.

Diagramm 5.4 zeigt das Ereignis (Kopf, Kopf) explizit in Zeile drei. Diese Zweierfolge wird durch ein Segment der Länge $\frac{1}{4}$ des Ereignisraums dargestellt. Dies entspricht der gesuchten Wahrscheinlichkeit: $P((\text{Kopf}, \text{Kopf})) = \frac{1}{4}$.

Die zweite Zeile wird durch den vertikalen Strich in zwei verkleinerte Ereignisräume aufgeteilt. Bedingt durch das Ergebnis in Experiment 1 betreten wir in Experiment 2 entweder den linken oder rechten Ereignisraum. Diese verkleinerten Ereignisräume kodieren die gesuchten Wahrscheinlichkeiten einer Folge:

Jeder Ereignisraum in Experiment 2 wird bedingt durch die Länge eines Ereignisses in Experiment 1 gestaucht. Daher entsprechen die

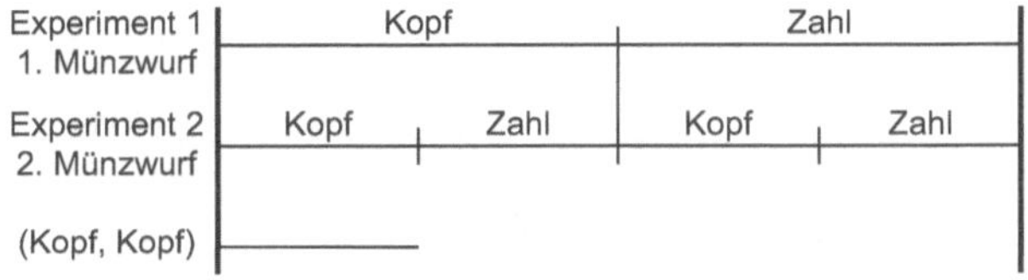

Experiment 1 1. Münzwurf	Kopf		Zahl	
Experiment 2 2. Münzwurf	Kopf	Zahl	Kopf	Zahl
(Kopf, Kopf)				

Diagramm 5.4: Zweimaliger Münzwurf und das Ereignis (Kopf, Kopf).

Längen der Segmente in Experiment 2 den Wahrscheinlichkeiten der möglichen Folgen.

Sowohl in Experiment 1 nimmt das Segment Kopf $\frac{1}{2}$ des Ereignisraums ein als auch in Experiment 2. Hier allerdings im verkleinerten Ereignisraum. Da das Segment Kopf des zweiten Münzwurfs unter dem Segment Kopf des ersten Münzwurfs nur noch $\frac{1}{4}$ des gesamten Ereignisraums einnimmt, ist implizit eine Multiplikation durchgeführt worden:

$$P(\text{Kopf}_{\text{erster Wurf}}) \cdot P(\text{Kopf}_{\text{zweiter Wurf}}) = \frac{1}{2} \cdot \frac{1}{2} = \frac{1}{4}$$

Wie hoch ist die Wahrscheinlichkeit, dass wir zuerst Zahl und dann Kopf werfen? Das ergibt auch $\frac{1}{4}$, da das entsprechende Segment, bei dem wir landen, $\frac{1}{4}$ des gesamten Ereignisraums einnimmt. Dies ist in Diagramm 5.5 durch den geschwungenen Pfeil dargestellt, der uns zeigt, wo es lang geht.

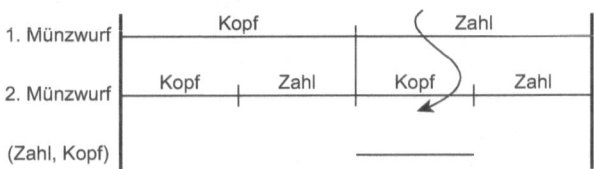

Diagramm 5.5: Zweimaliger Münzwurf: Dargestellt ist die Wahrscheinlichkeit, zuerst Zahl zu werfen und anschließend Kopf.

5.3 Wahrscheinlichkeiten von Folgen

Jedes Segment steht für ein Ereignis. Dessen Wahrscheinlichkeit ist gleich der Länge des Segments im Verhältnis zur Länge des Ereignisraums. Es geht daher immer um *relative Längen*. Diese werden in Diagramm 5.6 für alle Ereignisse gezeigt.

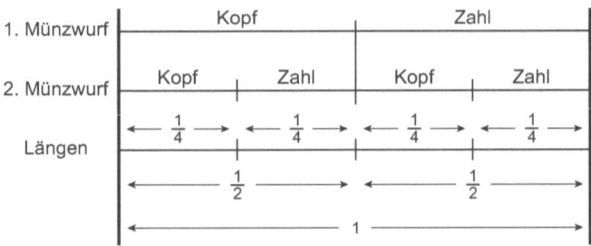

Diagramm 5.6: Zweimaliger Münzwurf – die Wahrscheinlichkeiten sind durch die relativen Längen gegeben, die als Bruch dargestellt sind.

Das sichere Ereignis überspannt den gesamten Ereignisraum und hat immer den Wert 1. Alle kürzeren Segmente stehen für Ereignisse, deren Wahrscheinlichkeiten kleiner als 1 sind. Die Bruchschreibweise leitet sich häufig direkt aus dem Diagramm ab; besonders gut dann, wenn die Elementarereignisse gleich wahrscheinlich sind. Die Wahrscheinlichkeit einer Folge ist proportional zur Länge des untersten Segments dieser Folge.

5.4 Ereignisse versus Teilexperimente

In allen vorherigen Kapiteln zeigten verschiedene Zeilen unterschiedliche Ereignisse. Das soll auch weiterhin möglich sein. Ab sofort stellen jedoch verschiedene Zeilen auch unterschiedliche Experimente dar, um Folgen zu repräsentieren. Allerdings verbinden wir in diesem Fall die Zeilen miteinander.

Insofern haben wir mit diesen (vertikalen) Verbindungen eine weitere diagrammatische Verfeinerung kennengelernt. Wir unterscheiden die Darstellung unterschiedlicher Ereignisse von der Darstellung aufeinanderfolgender Experimente:

- Unterschiedliche Ereignisse auf verschiedenen Zeilen werden nicht miteinander verbunden (zum Beispiel Ereignisse A bis G in Diagramm 3.1 auf Seite 35).

- Die verschiedenen Zeilen unterschiedlicher Experimente einer Folge werden miteinander verbunden (zum Beispiel der 1. und 2. Münzwurf in Diagramm 5.6 auf dieser Seite).

Einzelne Experimente einer Folge bezeichnen wir auch als Teilexperimente.

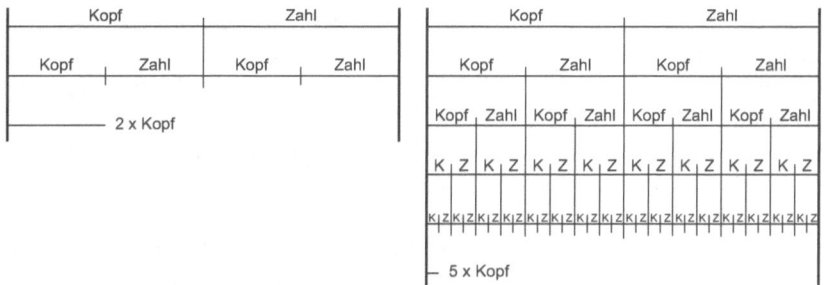

Diagramm 5.7: Je länger eine Folge, desto unwahrscheinlicher die möglichen Ereignisse. Dies zeigt die unterste Zeile: links eine kurze Folge; rechts eine längere Folge. Offensichtlich gilt: $P(\text{zweimal Kopf}) > P(\text{fünfmal Kopf})$.

5.5 Schrumpfende Wahrscheinlichkeiten

Die Verbindung von Experimenten verdeutlicht, warum Folgen immer unwahrscheinlicher werden, je länger sie sind. Die Ereignisräume aufeinanderfolgender Experimente werden kleiner und kleiner, sie schrumpfen (siehe Diagramm 5.7).

Es ist nicht möglich, dass aufeinanderfolgende Ereignisräume wachsen: Wir dürfen nicht über die beiden äußeren vertikalen Striche hinausgehen, die das Diagramm begrenzen. Der Ereignisraum eines Folgeexperiments muss unter ein bestimmtes Ereignis des vorhergehenden Experiments passen. Es muss entsprechend gestaucht werden. Damit haben wir eine Art visuellen Beweis dafür, dass Wahrscheinlichkeiten einer Folge umso kleiner sind, je länger die Folge ist.[1]

5.6 Parallele Experimente oder Folgen

Eine Möglichkeit ist, zwei Experimente völlig losgelöst voneinander zu betrachten: Ich werfe in meinem Büro eine Münze, um zu entscheiden, ob ich beim Italiener oder in der Mensa zu Mittag esse. Ein Kollege verfährt genauso. Es gibt zwei parallele Experimente. Jeder wirft für sich eine Münze. Vielleicht treffen wir uns zufällig beim Italiener. Um die Wahrscheinlichkeit hierfür soll es in diesem Beispiel jedoch nicht gehen. Vielmehr geht es um *zwei* separate Wahrscheinlichkeiten: Jeder entscheidet für sich mit einer Wahrscheinlichkeit von $\frac{1}{2}$, ob er zum Italiener geht.

---

[1]Mathematiker stellen hohe Anforderungen an den Begriff des Beweises und würden in diesem Fall eher von einem *deutlichen Hinweis* oder etwas Ähnlichem sprechen.

Eine zweite Möglichkeit ist, dass der Kollege und ich ein gemeinsames Experiment durchführen: Zuerst entscheidet der Kollege mit einer Münze, ob er überhaupt Mittagessen gehen will. Falls ja, darf ich entscheiden wo. Hierfür benutze ich ebenfalls eine Münze. Wir haben es mit einer Folge zu tun und wollen *eine* Wahrscheinlichkeit ausrechnen, nämlich dafür, dass wir später zusammen beim Italiener sitzen. Während wir im ersten Fall zwei separate Diagramme benutzen, müssen wir im zweiten Fall ein einziges Diagramm konstruieren, in welchem die Folge geeignet repräsentiert wird: erst der Wurf des Kollegen, dann mein Wurf (analog zu Diagramm 5.1 auf Seite 49).

Diese Unterscheidung ist fundamental, da es manchmal mehrstufige Experimente gibt, dann aber auch wieder solche, die gar nichts miteinander zu tun haben. Es kommt immer darauf an wofür man sich interessiert. Das ist leider nicht immer so offensichtlich wie in diesem Beispiel.

5.7 Dreimaliger Münzwurf

Wie wahrscheinlich ist die Folge dreimal Kopf? Dazu folgen wir ein weiteres Mal den Kopf-Segmenten beginnend mit Experiment 1 herunter bis Experiment 3 (Diagramm 5.8). Das unterste Segment (Kopf, Kopf, Kopf) nimmt $\frac{1}{8}$ des gesamten Ereignisraums ein. Dies ist die gesuchte Wahrscheinlichkeit.

Also noch einmal: Zählen Sie in Zeile 3 die Anzahl der Ereignisse. Jedes steht für eine andere Folge. Es gibt acht Folgen und das interessierende Segment ist eines von acht gleich langen Segmenten. Daher ist die Antwort $\frac{1}{8}$.

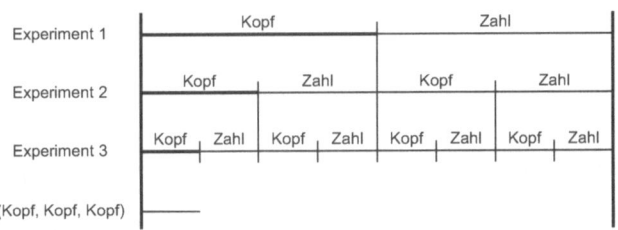

Diagramm 5.8: Dreimaliger Münzwurf: Es interessiert dreimal Kopf.

Um wieviel höher ist die Wahrscheinlichkeit, zweimal Kopf gegenüber dreimal Kopf zu werfen? Doppelt so hoch! Denn das fette Segment in Experiment zwei ist doppelt so lang wie dasjenige in Experiment drei. Allgemein mache man sich am Diagramm klar:

$$P(k \; mal \; \mathsf{Kopf}) = 2 \cdot P((k+1) \; mal \; \mathsf{Kopf})$$

Im Beispiel ist $k = 2$.

5.8 Verknüpfungen gleicher Experimente

Bisher haben wir Experimente in Folgen durch ein *und* verknüpft: Erst soll Kopf geworfen werden *und* dann wieder Kopf. Nun soll im ersten *oder* zweiten Experiment Kopf oben liegen. Diagramm 5.9 zeigt alle Pfade, in denen *wenigstens* im ersten oder zweiten Experiment Kopf fällt. Dies ergibt $\frac{3}{4}$.

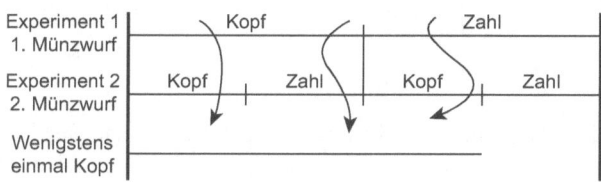

Diagramm 5.9: Zweimaliger Münzwurf: Dargestellt ist die Wahrscheinlichkeit beide Male Kopf, nur das erste Mal oder nur das zweite Mal Kopf zu werfen.

Bei der *oder*-Verknüpfung ist das gleiche Diagramm zu konstruieren wie bei der *und*-Verknüpfung. Was beide Fälle unterscheidet ist die Lesart des Diagramms: Diejenige der *und*-Verknüpfung folgt einem Pfad von oben nach unten. Die Lesart der *oder*-Verknüpfung folgt verschiedenen Pfaden entlang der Horizontalen von links nach rechts. Genau genommen ist sie eine *oder*-Verknüpfung von *und*-Verknüpfungen:

wenigstens 1 x Kopf = (K *und* K) *oder* (K *und* Z) *oder* (Z *und* K).

So zeigen die Diagramme Verknüpfungen in mehrstufigen Experimenten: *Und*-Verknüpfungen lesen sich vertikal, *oder*-Verknüpfungen horizontal.

Damit lassen sich viele Aufgaben stellen: Gesucht ist die Wahrscheinlichkeit zuerst Kopf *und* dann Zahl zu werfen *oder* beide Male Zahl. Zeichnen wir entsprechende Pfeile in Diagramm 5.10. Die Lösung: $\frac{1}{4} + \frac{1}{4} = \frac{2}{4} = \frac{1}{2}$. Aufgrund des *oders* sind beide Möglichkeiten zu addieren, weil beide Pfade gleichermaßen zum Erfolg führen.

Wollen wir ganz genau sein, stellen wir alle Ereignisse auf separaten Zeilen dar, die Teil des Lösungsweges sind (Diagramm 5.11). Man erinnere sich,

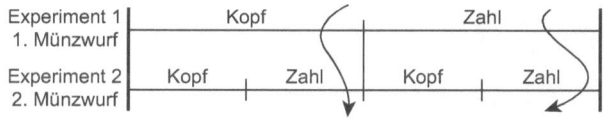

Diagramm 5.10: Zweimaliger Münzwurf: Dargestellt ist die Wahrscheinlichkeit, zuerst Kopf *und* dann Zahl zu werfen, *oder* beide Male Zahl.

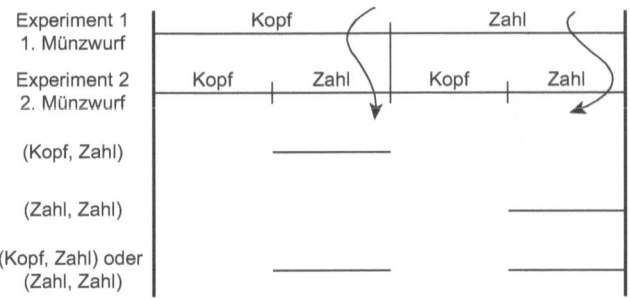

Diagramm 5.11: Zweimaliger Münzwurf: Dargestellt ist die Wahrscheinlichkeit, zuerst Kopf *und* dann Zahl zu werfen, *oder* beide Male Zahl.

dass die *oder*-Verknüpfung der Vereinigung entspricht (siehe Abschnitt 3.2 auf Seite 35). Dagegen ist die *und*-Verknüpfung bereits bei der Konstruktion berücksichtigt worden: Die Segmente im 2. Experiment wurden entsprechend gestaucht.

Auch Verneinungen können auftreten, wie in Diagramm 5.12 skizziert: $P(\overline{\text{Zahl}, \text{Zahl}})$? Eine ausführlichere Form zeigt Diagramm 5.13.

5.9 Aufgaben konzipieren

Und, oder und *nicht* kann man beliebig kombinieren, um die kompliziertesten Aufgaben zu stellen. Zuerst konstruiert man ein Diagramm mit Experimenten. Um sinnvolle Kombinationen für eine Aufgabenstellung zu finden, zeichnet man irgendwelche Pfade für zu berechnende Ereignisse oder streicht Pfade im Sinne von Verneinungen durch.

Zum Beispiel soll eine Aufgabe mit drei Münzwürfen konzipiert werden (links in Diagramm 5.14). Rechts werden zwei Folgen hervorgehoben. Hieraus kann die Aufgabenstellung abgelesen werden: Wie groß ist die Wahrscheinlichkeit, entweder (Kopf, Zahl, Kopf) oder (Zahl, Kopf, Zahl) zu werfen?

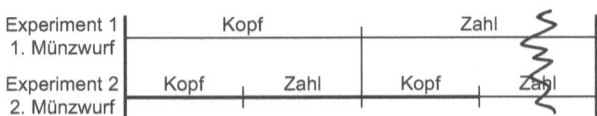

Diagramm 5.12: Zweimaliger Münzwurf: Dargestellt ist die Wahrscheinlichkeit, nicht zweimal Zahl zu werfen, indem (Zahl, Zahl) durchgestrichen wurde.

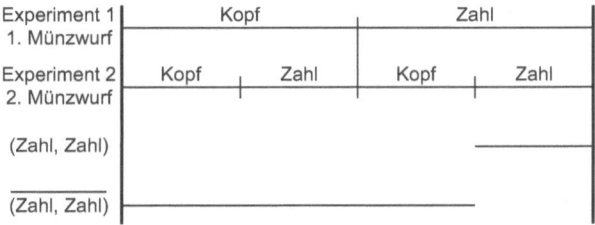

Diagramm 5.13: Die Wahrscheinlichkeit, nicht zweimal Zahl zu werfen: $\frac{3}{4}$.

Sieht man sich diese beiden Folgen genauer an, kann man daraus eine noch elegantere Aufgabenstellung machen: Wie groß ist die Wahrscheinlichkeit, immer abwechselnd Kopf und Zahl zu werfen?

Die rechte Seite in Diagramm 5.14 zeigt zugleich die Lösung: In zwei von acht Fällen tritt das gesuchte Ereignis ein. Wir haben zwei von acht gleich wahrscheinliche Wege hervorgehoben. Dies ergibt $\frac{2}{8} = \frac{1}{4}$.

5.10 Mit und ohne Reihenfolge

Bisher hat die Reihenfolge der Ereignisse eine Rolle gespielt, nämlich entlang der Vertikalen von Zeile zu Zeile. Im letzten Beispiel wurde etwa gefordert, dass immer abwechselnd Kopf und Zahl geworfen wird. Spielt die Reihenfolge keine Rolle, interessiert man sich lediglich für Häufigkeiten. Man zählt die Anzahl möglicher Folgen, die auf ein bestimmtes Ereignis zutreffen. Etwa, ob genau einmal Kopf eintritt. Wie Diagramm 5.15 zeigt, gibt es hierfür 3 von 8 gleich mögliche Folgen. Dies ergibt eine Wahrscheinlichkeit von $\frac{3}{8}$.

Ob die Reihenfolge entscheidend ist oder nicht, ändert nichts an der Konstruktion des Diagramms. Nur die Inspektion zählt: Man muss im Diagramm entlang der Vertikalen (für jede Möglichkeit von oben nach unten) über alle Experimente gehen, um die relevanten Folgen herauszusuchen.

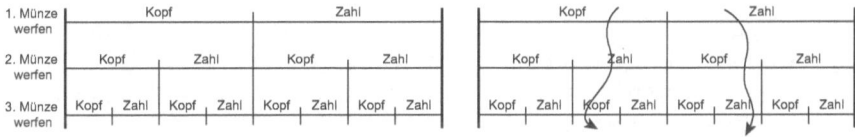

Diagramm 5.14: Konstruktionsschritte, um eine Aufgabe zum dreimaligen Münzwurf zu entwerfen: Alle drei Versuche als Folge darstellen (links); interessierende Kombinationen bestimmen (rechts).

57

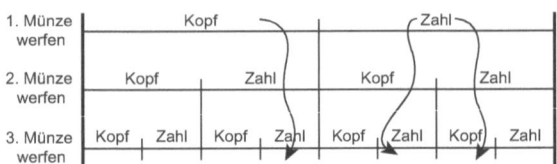

Diagramm 5.15: Wahrscheinlichkeit, dass genau einmal Kopf eintritt.

Eine Aufgabe, in der die Reihenfolge manchmal eine Rolle spielt und manchmal nicht, ist

Aufgabe 5.16

Wie hoch ist die Wahrscheinlichkeit (Kopf, Zahl, Zahl) oder (Zahl, Kopf, Kopf) zu werfen und zweimal Zahl oder dreimal Kopf aber nicht (Kopf, Zahl, Kopf) oder (Zahl, Kopf, Zahl)?

Hört sich verwirrend an, ist diagrammatisch jedoch kinderleicht. Zur Verdeutlichung sollten wir zunächst einige Klammern setzen. Auf diese Weise können Mehrdeutigkeiten vermieden werden. Die Klammersetzung hat eine eindeutige Aufgabenstellung zum Ziel.

Hält man eine andere Klammersetzung ebenfalls für sinnvoll, ist die Aufgabenstellung offensichtlich mehrdeutig. Mit einer Klammersetzung zeigt man, wie man die Aufgabe verstanden hat:

Aufgabe 5.16 mit Klammersetzung

Wie hoch ist die Wahrscheinlichkeit [(Kopf, Zahl, Zahl) oder (Zahl, Kopf, Kopf)] zu werfen und [(zweimal Zahl oder dreimal Kopf) aber nicht ((Kopf, Zahl, Kopf) oder (Zahl, Kopf, Zahl))]?

Wie Diagramm 5.16 zeigt, ist die Lösung $\frac{1}{8}$. Alle Fälle der Aufgabenstellung (bestimmte Ereignisse) können in beliebiger Reihenfolge auf separaten Zeilen dargestellt werden, um sie hinterher miteinander zu verknüpfen. Ebenso können Zwischenergebnisse auf einzelnen Zeilen repräsentiert werden, zum Beispiel F = A ∪ B.

Die letzte Zeile, I = E ∩ H, zeigt übrigens, dass die komplexe Aufgabenstellung gleichbedeutend mit (Kopf, Zahl, Zahl) ist. Einer Komponente der vielen Prämissen dieser Aufgabe.

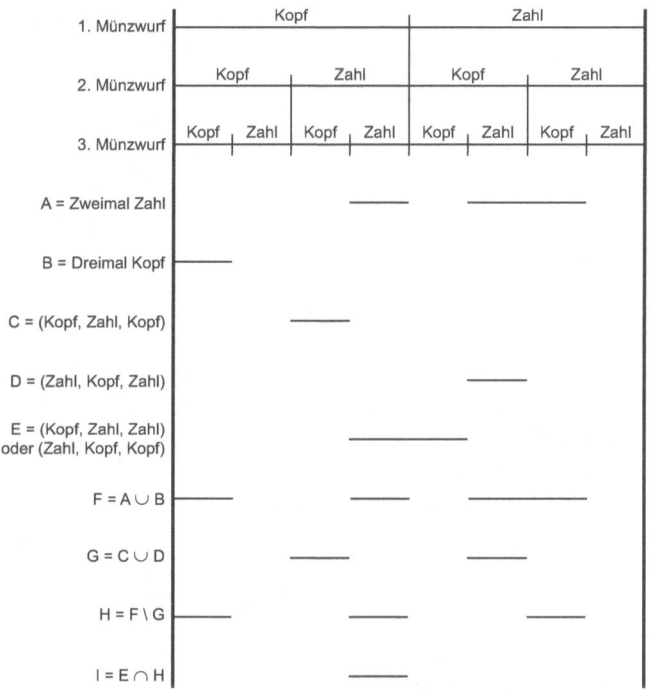

Diagramm 5.16: Eine komplexe Aufgabe.

5.11 Das Urnenmodell

Allgemeiner als der Münzwurf sind Experimente des Urnenmodells.[2] Denn mit dem Urnenmodell können beliebig viele Möglichkeiten beschrieben werden. Eine Urne mit zwei unterscheidbaren Kugeln entspricht der Verwendung einer Münze, eine Urne mit sechs unterscheidbaren Kugeln einem Würfel. In einer Urne können beliebig viele unterscheidbare oder nicht unterscheidbare Kugeln sein.

Beispielsweise haben wir eine Urne mit drei Kugeln in rot, gelb und grün. In einer Folge von drei Teilexperimenten ist jeweils eine Kugel zu ziehen und nach Betrachtung zurückzulegen. Wie hoch ist die Wahrscheinlichkeit, dreimal grün zu ziehen oder einmal die Folge (rot, gelb, grün)?

Diagramm 5.17 zeigt die Lösung. Da wir nach jeder Ziehung die gezogene Kugel zurücklegen, treten in jeder Folgeziehung wieder alle drei Möglichkeiten auf. In der dritten Zeile sehen wir, dass es 27 mögliche Folgen gibt. Da die

---

[2]Siehe Seite 27.

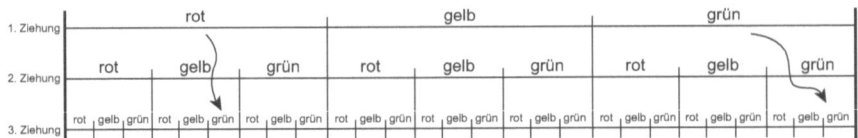

Diagramm 5.17: Wahrscheinlichkeit, dass entweder die Folge (rot, gelb, grün) oder dreimal grün gezogen wird, entspricht 2 von 27 Fällen. Das macht $\frac{2}{27}$.

Aufgabenstellung nach der Wahrscheinlichkeit für zwei von 27 gleich wahrscheinlichen Möglichkeiten fragt, lautet die Antwort $\frac{2}{27}$.

Diagramm 5.17 kann man als Grundlage für viele vergleichbare Aufgaben nehmen, für die dasselbe Diagramm zu konstruieren ist. Diesen Aufgaben ist gemeinsam, dass es jedesmal eine Folge von drei Ziehungen gibt und dass nach jeder Ziehung die Kugel wieder in die Urne zurückzulegen ist.

Man kann verschiedene Inspektionsaufgaben fordern: Solche bei denen die Reihenfolge eine Rolle spielt und solche, bei denen die Reihenfolge gleichgültig ist. Man muss sich nur jeweils die entsprechenden Fälle heraussuchen. Desweiteren kann wieder beliebig mit *und, oder* und *nicht* operiert werden.

5.12 Zusammenfassung

Wir können ein Experiment so oft wiederholen wie wir wollen. Während wir in vorherigen Kapiteln Einzelexperimente betrachtet haben, bei denen jeder erneute Münzwurf ein eigenes Experiment darstellt, haben wir es in diesem Kapitel mit Folgen von Experimenten zu tun. Bei solchen Folgen interessiert uns entweder die Reihenfolge, in der bestimmte Ereignisse auftreten, oder die Häufigkeit, mit der bestimmte Ereignisse eintreten.

Logische Verknüpfungen von Ereignisfolgen stellen eine weitere Möglichkeit dar: Man interessiert sich zum Beispiel dafür, dass zweimal Zahl eintritt *oder* zweimal Kopf, aber *nicht* (Kopf, Zahl, Kopf). Die relevanten Fälle können als vertikale Pfade aus dem Diagramm abgelesen und durchgezählt werden. Ihre Anzahl bestimmt zusammen mit der Anzahl aller Möglichkeiten die Wahrscheinlichkeit des gesuchten Ereignisses.

Die Funktion horizontaler Striche beschränkt sich auch weiterhin auf die Darstellung von Ereignissen. Die strukturierende Funktion vertikaler Striche wird dagegen für Folgen noch deutlicher als für Einzelexperimente: Sie begrenzen nicht nur den Ereignisraum und zerlegen diesen in Elementarereignisse, sondern definieren auch neue Teilereignisräume in Folgen. Das nächste Kapitel zeigt eine weitere bedeutsame Lesart der vertikalen Striche.

Kapitel 6

Segmente einer Auswahl

Bisher haben wir den Ereignisraum als eine Einheit betrachtet. Mit einer einfachen Erweiterung bekommen Teile des Ereignisraums eine besondere Bedeutung. Solche Teilereignisräume bestimmen *bedingte Wahrscheinlichkeiten*.

6.1 Bedingte Wahrscheinlichkeiten

Jedes Ereignis A kann man genauer so aufschreiben: $A = A \mid \Omega$ (lies: A *gleich* A *gegeben Omega*). Man sagt, dass A bedingt durch Ω ist. Ω ist ja die Menge aller Elementarereignisse und definiert den Ereignisraum. Die Wahrscheinlichkeit für A wird im Verhältnis zu diesem Ereignisraum gemessen. Beim Würfeln ist $\Omega = \{1, 2, 3, 4, 5, 6\}$. Sei beispielsweise $A = \{1, 2\}$. Dann ist

$$
\begin{aligned}
P(A) &= P(A \mid \Omega) \\
&= P(\{1, 2\} \mid \{1, 2, 3, 4, 5, 6\}) \\
&= \frac{\text{Anzahl Elementarereignisse in } A \cap \Omega}{\text{Anzahl Elementarereignisse in } \Omega} \\
&= \frac{2}{6} \\
&= \frac{1}{3}
\end{aligned} \tag{6.1}
$$

6.1.1 Ein Ereignis definiert einen Teilereignisraum

Etwas anderes ist es, A nicht zu Ω ins Verhältnis zu setzen, sondern zu einem anderen Ereignis B. Dann schreibt man $A \mid B$ (in Worten: A *gegeben* B).

Tabelle 6.1: Lagen zwischen zwei Ereignissen kombiniert mit den Verknüpfungen A *gegeben* B (A | B) und B *gegeben* A (B | A)

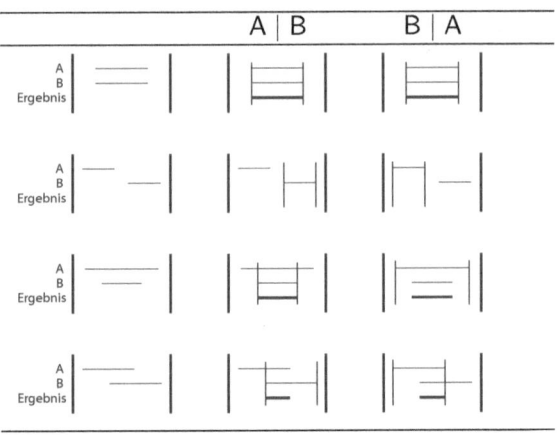

Abhängig von der Lage zwischen A und B erhalten wir unterschiedliche Ergebnisse, die in Tabelle 6.1 zusammengefasst sind.

Die erste Spalte zeigt die vier möglichen Lagen zwischen A und B. In der mittleren Spalte ist jeweils A zu berechnen und B gegeben. In der letzten Spalte ist es umgekehrt. Ist A = $\{1,2\}$ und B = $\{2,3,4\}$, dann ergibt sich:

$$
\begin{aligned}
P(\mathsf{A} \mid \mathsf{B}) &= P(\{1,2\} \mid \{2,3,4\}) \\
&= \frac{\text{Anzahl Elementarereignisse in A} \cap \text{B}}{\text{Anzahl Elementarereignisse in B}} \\
&= \frac{1}{3}
\end{aligned}
\tag{6.2}
$$

Eine Erklärung sieht man links in Diagramm 6.1: A wird ins Verhältnis zu B und nicht wie sonst ins Verhältnis zu Ω gesetzt. Hierbei ist A $\frac{1}{3}$ von B. Die '1', die in A enthalten ist, gehört nicht zu B und wird daher nicht berücksichtigt. Was von A bleibt ist die '2', die ein drittel von B ausmacht.

6.1.2 A | B und B | A sind nicht dasselbe

Das Beispiel in Diagramm 6.1 zeigt, dass die Bedingtheit gerichtet ist. Denn im allgemeinen ist $P(\mathsf{A} \mid \mathsf{B}) \neq P(\mathsf{B} \mid \mathsf{A})$. Dies schließt nicht aus, dass es auch Fälle gibt, in denen Gleichheit gilt. In Diagramm 6.1 ist $P(\mathsf{A} \mid \mathsf{B}) = \frac{1}{3}$

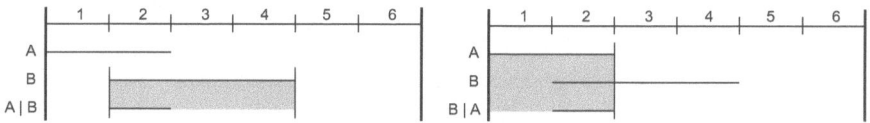

Diagramm 6.1: Links: $P(A \mid B) = \frac{1}{3}$. Rechts: $P(B \mid A) = \frac{1}{2}$.

und $P(B \mid A) = \frac{1}{2}$. Das Beispiel links zeigt, dass die vertikalen Striche nur so hoch wie nötig zu sein brauchen, um die relevanten Beziehungen aus dem Diagramm ablesen zu können. Die vertikalen Striche sollten nicht lückenlos bis an die Experimente reichen, um Verwechslungen mit Folgen auszuschließen.

Im Falle von $P(A \mid B)$ wissen wir sicher, dass B eingetreten ist und wollen wissen, wie wahrscheinlich dann A ist. A müssen wir daher ins Verhältnis zu B setzen, was durch den grauen Bereich im linken Diagramm angedeutet wird. Der Schnitt von A und B wird ins Verhältnis zu B gesetzt und im rechten Diagramm ins Verhältnis zu A. Dieselbe Segmentlänge des Schnitts wird zu zwei verschieden langen Segmenten ins Verhältnis gesetzt. Das erklärt die unterschiedlichen Ergebnisse für $P(A \mid B)$ und $P(B \mid A)$.

6.1.3 Besonders einfache Fälle

Tabelle 6.1 zeigt, dass die bedingte Wahrscheinlichkeit für bestimmte Fälle unabhängig von der Aufgabenstellung bestimmt werden kann. Nämlich wenn A und B nicht nur teilweise überlappen, sondern gleich oder verschieden sind, beziehungsweise das eine Ereignis das andere umfasst:

- 1. Zeile: Aus $A = B$ folgt, dass $P(A \mid B) = P(B \mid A) = 1$.

- 2. Zeile: Aus $A \cap B = \emptyset$ folgt, dass $P(A \mid B) = P(B \mid A) = 0$.

- 3. Zeile Mitte: Umfasst A Ereignis B, gilt $P(A \mid B) = 1$.

In allen anderen Fällen ist das Ergebnis weder 0 noch 1.

6.2 Bedingtheit in Folgen

Wir haben gesehen, dass Bedingtheit zwischen Ereignissen durch vertikale Striche beschrieben wird. Diese bestimmen einen Teilereignisraum.

Wenden wir uns wieder Folgen wie dem zweimaligen Münzwurf zu. Ergebnisse des 2. Wurfs führen zu einer bestimmten Folge, nachdem ein bestimmtes Ergebnis im 1. Wurf eingetreten ist. Auch hier ergibt sich eine Bedingtheit:

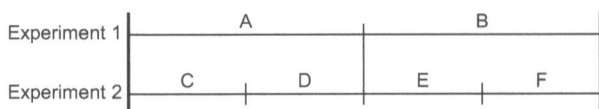

Diagramm 6.2: C kann nur dann eintreten, wenn zuvor A eingetreten ist.

Ergebnis des 2. Wurfs | Ergebnis des 1. Wurfs

Vertikale Striche verbinden Folgen von Experimenten und zeigen zugleich, welche Ereignisse eintreffen unter der Bedingung, dass zuvor bestimmte andere Ereignisse eingetroffen sind.

Dies zeigt Diagramm 6.2: Ereignis C des zweiten Experiments kann nur eintreten, wenn im ersten Experiment A eingetreten ist. Wissen wir dies, gilt: $P(C) = P(C \mid A)$. Dies gilt auch für D. Die Ereignisse E und F des zweiten Experiments können dagegen nur eintreten, wenn im ersten Experiment B eingetreten ist.

6.2.1 Mit Sicherheit gegeben oder bloß möglich

In Diagramm 6.2 ist A bedingt durch Ω, während C bedingt durch A ist. Für die Wahrscheinlichkeit der Folge (A, C) sind zwei Fälle zu unterscheiden:

(i) A ist mit Sicherheit eingetreten: $P(A) = 1$.

(ii) Es ist noch nicht sicher, dass A eintreten wird: $P(A) = \frac{1}{2}$.

Falls wir mit Sicherheit wissen, dass A eingetreten ist (i), dann ist A unser neuer Ereignisraum (Ω_A) zu dem wir C ins Verhältnis setzen müssen:

$$P((A, C)) = P(C \mid A) = P(C \mid \Omega_A) = \frac{1}{2} \qquad (6.3)$$

Wenn wir jedoch noch nicht wissen, ob A eintreten wird (ii), dann muss die Wahrscheinlichkeit für A berücksichtigt werden und es gilt

$$P((A, C)) = P(C \mid A) \cdot P(A) = \frac{1}{2} \cdot \frac{1}{2} = \frac{1}{4} \qquad (6.4)$$

In Aufgabenstellungen ist diese Unterscheidung von großer Bedeutung, da beide Möglichkeiten zu verschiedenen Ergebnissen führen. Man muss erkennen, was mit Sicherheit gegeben ist und was nur eine von mehreren Möglichkeiten ist.

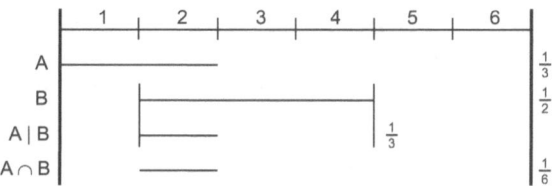

Diagramm 6.3: $P(\mathsf{A} \mid \mathsf{B}) \cdot P(\mathsf{B}) = \frac{1}{3} \cdot \frac{1}{2} = \frac{1}{6} = P(\mathsf{A} \cap \mathsf{B})$

6.3 Bedingtheit und Schnitt

Ein weiterer Zusammenhang lässt sich mit Hilfe der Diagramme erlernen. Dieser setzt Bedingtheit und Schnittbildung ins Verhältnis. Für zwei Ereignisse A und B gilt nämlich

$$P(\mathsf{A} \cap \mathsf{B}) = P(\mathsf{A} \mid \mathsf{B}) \cdot P(\mathsf{B}) \tag{6.5}$$

In Diagramm 6.3 kann dieser Zusammenhang nachvollzogen werden. Es ist

$$P(\mathsf{A} \cap \mathsf{B}) = \frac{1}{6} = \frac{1}{3} \cdot \frac{1}{2} = P(\mathsf{A} \mid \mathsf{B}) \cdot P(\mathsf{B}) \tag{6.6}$$

Wir können diese Gleichung auch umformen und erkennen, dass sich die bedingte Wahrscheinlichkeit aus dem Schnitt herleiten lässt:

$$\frac{P(\mathsf{A} \cap \mathsf{B})}{P(\mathsf{B})} = P(\mathsf{A} \mid \mathsf{B}) \tag{6.7}$$

Teilt man das Segment A ∩ B durch das Segment B, erhält man, was durch A | B ausgesagt wird:

$$\frac{P(\mathsf{A} \cap \mathsf{B})}{P(\mathsf{B})} = \frac{\frac{1}{6}}{\frac{1}{2}} = \frac{1}{6} \cdot \frac{2}{1} = \frac{2}{6} = \frac{1}{3} = P(\mathsf{A} \mid \mathsf{B}) \tag{6.8}$$

Es muss nur der Schnitt zu einem der Ereignisse ins Verhältnis gesetzt werden, um eine bedingte Wahrscheinlichkeit zwischen diesen Ereignissen auszudrücken. Sehen wir uns das an einem konkreten Beispiel an.

6.4 Pizzen unterscheiden

Ich bin zum Pizzaessen eingeladen und soll erraten, um welche Pizza es sich handelt. Hierzu schmecke ich die auffälligsten Zutaten heraus. Käse und Tomaten finden wir auf jeder Pizza und spielen daher keine Rolle.

Diagramm 6.4 zeigt den Belag einer Pizza Capricciosa (Sardellen, Pilze, Schinken) und einer Pizza Hawaii (Ananas, Schinken). Dies sind zumindest die Zutaten, die ich gut herausschmecken kann. Der Einfachheit halber gehe ich davon aus, dass ich alle Zutaten zu gleichen Anteilen herausschmecke. Außerdem geistern mir gerade Chorizo und Huhn durch mein Bewusstsein.

Zutaten	Chorizo	Sardellen	Pilze	Schinken	Ananas	Huhn	
Capricciosa							$\frac{1}{2}$
Hawaii							$\frac{1}{3}$

Diagramm 6.4: Beläge einer Capricciosa und einer Hawaii, sowie ihr jeweiliger Anteil an allen Belägen, die ich gerade unterscheide.

Wir wollen Gleichung 6.7 aus Abschnitt 6.3 verstehen. Die linke Seite dieser Gleichung berechnet sich wie folgt:

$$\frac{P(\text{Capricciosa} \cap \text{Hawaii})}{P(\text{Capricciosa})} = \frac{P(\{\text{Sardellen, Pilze, Schinken}\} \cap P(\{\text{Schinken, Ananas}\})}{P(\{\text{Sardellen, Pilze, Schinken}\})}$$

$$= \frac{P(\{\text{Schinken}\})}{P(\{\text{Sardellen, Pilze, Schinken}\})}$$

$$= \frac{\frac{1}{6}}{\frac{3}{6}} = \frac{1}{6} \cdot \frac{6}{3}$$

$$= \frac{1}{3}$$

Diagramm 6.5 zeigt den Schnitt von Capricciosa und Hawaii. Dieser enthält nur den Belag Schinken. Dieser Schnitt im Verhältnis zu allen Belägen einer Capricciosa ist

$$\frac{P(\text{Capricciosa} \cap \text{Hawaii})}{P(\text{Capricciosa})}$$

Der Anteil gemeinsamer Beläge in Relation zur Capricciosa beträgt $\frac{1}{3}$.

Nach Gleichung 6.7 ist dieser Anteil gleich der Beläge, die eine Hawaii hat, gegeben die Beläge einer Capricciosa: $P(\text{Hawaii} \mid \text{Capricciosa})$. Dies bestätigt

Zutaten	Chorizo	Sardellen	Pilze	Schinken	Ananas	Huhn	
Capricciosa							$\frac{1}{2}$
Hawaii							$\frac{1}{3}$
Hawaii $\cap$ Capricciosa							$\frac{1}{6}$

· Diagramm 6.5: $P(\text{Capricciosa} \cap \text{Hawaii}) = \frac{1}{6}$

66

Diagramm 6.6. Denn die Beläge einer Hawaii, die in den Teilereignisraum einer Capricciosa fallen, besetzen diesen zu $\frac{1}{3}$. Das heißt, Hawaii wird zum Teilereignisraum Capricciosa ins Verhältnis gesetzt.

Diagramm 6.6: $\frac{P(\text{Capricciosa} \cap \text{Hawaii})}{P(\text{Capricciosa})} = \frac{\frac{1}{6}}{\frac{3}{6}} = \frac{1}{3} = P(\text{Hawaii} \mid \text{Capricciosa})$

6.5 Zusammenfassung

Normalerweise wird ein Ereignis ins Verhältnis zum gesamten Ereignisraum gesetzt, um seine Wahrscheinlichkeit zu bestimmen.

Gelegentlich wird in der Aufgabenstellung soviel verraten, dass auch ein *gegeben dass* vorliegt. Dann sind Ereignisse ins Verhältnis zu denjenigen Ereignissen zu setzen, die bereits eingetreten sind. Solche mit Sicherheit gegebenen Ereignisse definieren Teilereignisräume. Wahrscheinlichkeiten im Verhältnis zu Teilereignisräumen nennt man *bedingte Wahrscheinlichkeiten*.

Tabelle 6.1 kann herangezogen werden, um ganz allgemein Lösungswege für bedingte Wahrscheinlichkeiten abzuleiten. Zumindest für bestimmte Fälle. Denn die verschiedenen Lagen zwischen den beiden Ereignissen in Tabelle 6.1 beeinflussen ihre bedingten Wahrscheinlichkeiten.

Aber auch mehrstufige Experimente ermöglichen Fälle bedingter Wahrscheinlichkeiten. Wie in Kapitel 5 erklärt, werden mehrstufige Experimente durch vertikale Verbindungen festgelegt. Diese definieren zugleich Teilereignisräume und können zur Bestimmung bedingter Wahrscheinlichkeiten herangezogen werden. Ist das Ergebnis eines Teilexperiments bereits bekannt, kann die bedingte Wahrscheinlichkeit eines Ereignisses des Folgeexperiments aus dem Diagramm abgelesen werden.

So können zwei Fälle unterschieden werden, in denen bedingte Wahrscheinlichkeiten auftreten können: entweder innerhalb von Folgen mehrstufiger Experimente oder innerhalb eines einzelnen Experiments für bestimmte Ereignisse. Im ersten Fall sind die vertikalen Striche hierfür durch die Folgen gegeben, im zweiten Fall müssen vertikale Striche für die gegebenen Ereignisse eingefügt werden.

Kapitel 7

Segmente unterschiedlicher Längen

Bisher wurden nur Folgen gleicher Experimente beschrieben. Dieses Kapitel kombiniert dagegen verschiedene Experimente. Damit wird eine wichtige Basis für die Auswertung wissenschaftlicher Experimente gelegt.

7.1 Kombination verschiedener Experimente

Wie hoch ist die Wahrscheinlichkeit, dass ich mit der Münze Kopf werfe und anschließend eine 6 würfel? Diagramm 7.1 zeigt, dass dies analog zum zweimaligen Münzwurf ist; nur mit anderen Ereignissen im zweiten Experiment.

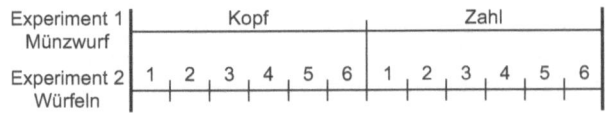

Diagramm 7.1: Ein Münzwurf und anschließend ein Würfelwurf

Man muss den Pfad markieren, den die Aufgabenstellung sucht: Dieser führt vom Kopf-Segment zur sechs darunter (Diagramm 7.2) und ist einer von 12 gleich wahrscheinlichen Pfaden: $P((\text{Kopf}, 6)) = \frac{1}{12}$. Als bedingte Wahrscheinlichkeit: $P(\text{Kopf}) \cdot P(6 \mid \text{Kopf}) = \frac{1}{2} \cdot \frac{1}{6} = \frac{1}{12}$.

Es wäre etwas anderes, nur nach *der Wahrscheinlichkeit für 6 gegeben* Kopf zu fragen: $P(6 \mid \text{Kopf})$. In diesem Fall wäre anzunehmen, dass Kopf mit Sicherheit geworfen wird. Dies verdeutlicht Diagramm 7.3 durch den grauen

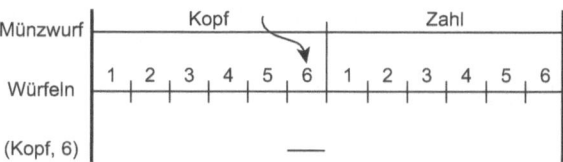

Diagramm 7.2: Erst ein Münzwurf und anschließend ein Würfelwurf: Die Wahrscheinlichkeit dafür, erst **Kopf** zu werfen und anschließend eine sechs zu würfeln, beträgt $\frac{1}{12}$. Es ist nicht sicher, ob zunächst **Kopf** oder **Zahl** fällt.

Bereich, der anzeigt, dass **Kopf** nun selbst einen Ereignisraum definiert. Die 6 des zweiten Experiments wird hierzu ins Verhältnis gesetzt.[1]

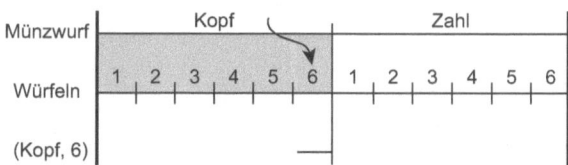

Diagramm 7.3: Ein Münzwurf und anschließend ein Würfelwurf: Die Wahrscheinlichkeit für 6 gegeben **Kopf** ist $\frac{1}{6}$. Hier ist **Kopf** mit Sicherheit gegeben.

Mit den Regeln aus Kapitel 3 und 4 können zusammengesetzte Ereignisse innerhalb gemischter Folgen definiert werden. So etwa in Diagramm 7.4. Es berechnet die Wahrscheinlichkeit, dass **Zahl** geworfen wird und anschließend eine durch drei teilbare **Zahl** gewürfelt wird. Letzteres steht auf einer extra Zeile, während das Ereignis **Zahl** nur durch Pfeile markiert wird.

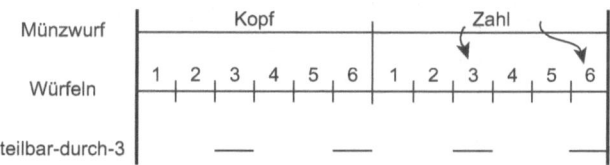

Diagramm 7.4: Münz- und Würfelwurf: Die Wahrscheinlichkeit dafür, erst **Zahl** zu werfen und anschließend eine durch 3 teilbare Zahl: $\frac{2}{12} = \frac{1}{6}$.

---

[1]Statt Bereiche grau einzufärben, wird zukünftig jeder entscheidende vertikale Strich verlängert (der **Kopf** und **Zahl** trennt). Dass (**Kopf**, 6) kein drittes Experiment ist, sondern ein Ereignis der Folge (**Münzwurf**, **Würfeln**), zeigt der Zusammenhang. Erkennt man ein bedingtes Ereignis eindeutig als solches, bedarf es nicht der auf Seite 63 geforderten Lücke.

7.2 Diagramme ordnen Aufgabenstellungen

Nun ist es möglich, folgende Aufgabe zu lösen:

Wie wahrscheinlich ist es, zweimal hintereinander Zahl zu werfen oder eine sechs zu würfeln, wenn Kopf geworfen wurde?

Diese Aufgabe hört sich schon etwas komplizierter an. Ihre diagrammatische Darstellung zeigt jedoch die Einfachheit der Aufgabe (Diagramm 7.5). In der gefragten Folge soll nur bei Kopf gewürfelt werden, während bei Zahl noch einmal die Münze zu werfen ist. Bei solchen gemischten Folgen zeigt sich noch klarer als in den vorausgehenden Kapiteln, wie die Diagramme die Zusammenhänge einer Aufgabenstellung ordnen.

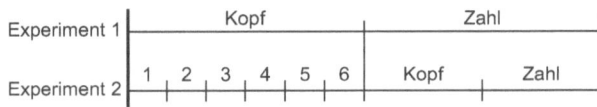

Diagramm 7.5: Bei Kopf würfeln, bei Zahl noch einmal die Münze werfen.

Die relevanten Folgen werden herausgestellt: A = (Kopf, 6) und B = (Zahl, Zahl) (siehe Diagramm 7.6). Die Notwendigkeit der Vereinigung (Addition) ergibt sich daraus, dass A *oder* B eintreten soll. Hier zeigt sich auch wie Diagramme bei komplizierteren Aufgaben benutzt werden: Auf separaten Zeilen können Zwischenergebnisse (A und B) beschrieben werden.

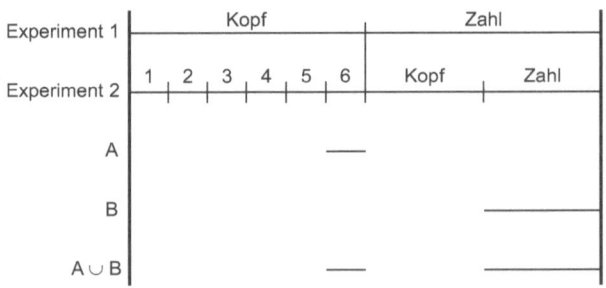

Diagramm 7.6: Die Wahrscheinlichkeit für A = (Kopf, 6) oder B = (Zahl, Zahl): $P(A) + P(B) = \frac{1}{12} + \frac{1}{4} = \frac{1}{12} + \frac{3}{12} = \frac{4}{12} = \frac{1}{3}$.

7.3 Ungleich wahrscheinliche Ereignisse

Bei fairen Münzen und Würfeln sind alle Elementarereignisse gleich wahrscheinlich. In der Realität treten jedoch gewöhnlich nicht alle Möglichkeiten gleich häufig auf. Elementarereignisse sind oftmals ungleich wahrscheinlich.

Beispielsweise treffe ich von meinem Schreibtischstuhl aus einen zusammengeknüllten Zettel in zwei von drei Fällen in den Papierkorb. Die beiden Elementarereignisse Treffer und Fehler sind verschieden wahrscheinlich: $P(\text{Treffer}) = \frac{2}{3}$ und $P(\text{Fehler}) = \frac{1}{3}$. Wie hoch ist die Wahrscheinlichkeit, dass ich zweimal hintereinander treffe? Die Antwort liefert Diagramm 7.7.

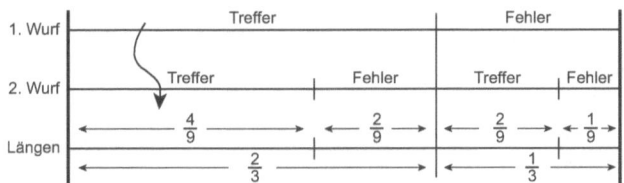

Diagramm 7.7: Die Wahrscheinlichkeit für zwei Treffer ist $\frac{4}{9}$. Das Treffer-Segment im ersten Wurf ist $\frac{2}{3}$. Dies gilt ebenso für den zweiten Wurf. Daher ist die absolute Länge des Treffer-Segments im zweiten Wurf $\frac{2}{3} \cdot \frac{2}{3} = \frac{4}{9}$.

Die Längen müssen bei der Konstruktion des Diagramms nicht exakt sein. Die Diagramme sollen nur der Orientierung dienen, was zu berechnen ist. Es genügt, die korrekten Längen an die Segmente zu schreiben.

Die Längen $\frac{4}{9}$, $\frac{2}{9}$, $\frac{2}{9}$ und $\frac{1}{9}$ beziehen sich auf den gesamten Ereignisraum und damit auf die Wahrscheinlichkeiten der vier möglichen Folgen. Unten stehen zusätzlich noch die Wahrscheinlichkeiten für den 1. Wurf ($\frac{2}{3}$ und $\frac{1}{3}$).

In zwei von drei Fällen treffe ich beim ersten als auch beim zweiten Wurf. Ich mache die Annahme, dass mein zweiter Versuch nicht durch den Ausgang des ersten Wurfs beeinflusst wird. Meine Geschicklichkeit bleibt dieselbe. Beide Würfe sind *unabhängig* voneinander. Eine solche Unabhängigkeit kann man für aufeinanderfolgende Experimente häufig voraussetzen. Aber nicht immer!

7.4 Abhängigkeit in Folgen

Ändern wir das Szenario ein wenig: Da ich mich mit dem ersten Wurf auf die Umgebung eingestellt habe, wird der zweite Wurf besser; sagen wir ein Treffer hat im zweiten Wurf eine Wahrscheinlichkeit von $\frac{3}{4}$ (Diagramm 7.8). Mein zweiter Versuch wird vom ersten beeinflusst. Es gibt eine Abhängigkeit zwischen den Teilexperimenten der Folge.

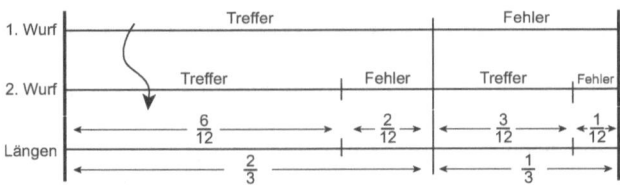

Diagramm 7.8: Wahrscheinlichkeit zweimal hintereinander den Papierkorb zu treffen, wenn der zweite Wurf wahrscheinlicher ein Treffer wird: beim ersten Wurf $P(\text{Treffer}) = \frac{2}{3}$ und beim zweiten Wurf $P(\text{Treffer}) = \frac{3}{4}$. So ergibt sich für zwei Treffer hintereinander $P((\text{Treffer, Treffer})) = \frac{2}{3} \cdot \frac{3}{4} = \frac{6}{12} = \frac{1}{2}$.

Auch könnte man argumentieren, dass mein Arm nach 20 Würfen so stark beansprucht wurde, dass ich danach nicht mehr so gut treffe. In diesem Fall würde die Wahrscheinlichkeit für Treffer wieder kleiner werden.

Diagramm 7.8 zeigt, dass

- $P((\text{Treffer, Treffer})) = \frac{6}{12} = \frac{1}{2}$

- $P((\text{Treffer, Fehler})) = \frac{2}{12} = \frac{1}{6}$

- $P((\text{Fehler, Treffer})) = \frac{3}{12} = \frac{1}{4}$

- $P((\text{Fehler, Fehler})) = \frac{1}{12}$

7.4.1 Woher Wahrscheinlichkeitswerte kommen

Die Wahrscheinlichkeiten könnten sich abhängig vom Ausgang des ersten Versuchs verändern. So könnte ein Treffer im ersten Versuch die Wahrscheinlichkeit für einen weiteren Treffer aufgrund der erlangten Zuversicht des Werfenden erhöhen. Dagegen könnte die Wahrscheinlichkeit für einen Treffer im zweiten Versuch geringer ausfallen, falls der Werfende zuvor daneben geworfen hat und daher verunsichert ist. Der Werfende könnte sich aber auch gerade durch den Fehlversuch besonders angespornt fühlen. So wäre auch die umgekehrte Argumentation sinnvoll. In jedem Fall zeigt dies, dass sich Wahrscheinlichkeiten nicht aus solchen Überlegungen ableiten lassen.

Im vorliegenden Beispiel könnte man Wahrscheinlichkeitswerte für Treffer und Fehler festlegen, indem man das Experiment möglichst häufig durchführt. Im Anschluss würde man abzählen, wie häufig Treffer und Fehler aufgetreten sind. Indem man die Häufigkeit der Treffer ins Verhältnis zur Gesamtzahl aller Würfe setzt, erhält man die *relative Häufigkeit* für Treffer. Diese benutzt man als Wahrscheinlichkeitswert. Damit lässt sich immerhin eine Tendenz abschätzen.

7.5 Abhängigkeit in Einzelexperimenten

Die Abhängigkeit innerhalb einer Folge zeigt Diagramm 7.8. Hier ändern sich die Wahrscheinlichkeiten beim zweiten Wurf. Die Durchführung des ersten Teilexperiments (mit einem ersten Wurf üben) beeinflusst das zweite Teilexperiment (den zweiten Wurf zielsicherer durchführen).

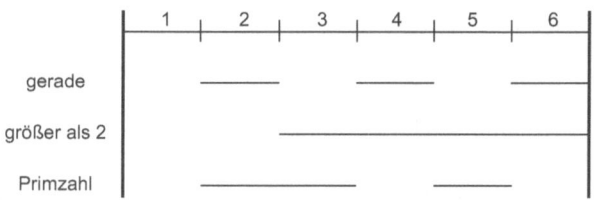

Diagramm 7.9: Ein Würfelwurf und drei verschiedene Ereignisse.

Ereignisse können auch voneinander abhängen. In Diagramm 7.9 würfeln wir ein einziges Mal und es interessieren drei Ereignisse:

- Zahl ist gerade

- Zahl ist größer als 2

- Zahl ist eine Primzahl

Zwei Paare dieser drei Ereignisse sind unabhängig voneinander, während die beiden Ereignisse des dritten Paares *stochastisch abhängig* sind. So der mathematische Fachbegriff für diese Art der Abhängigkeit.

Zwei Ereignisse sind stochastisch abhängig, wenn die Wahrscheinlichkeit ihres Schnitts ungleich des Produkts ihrer Einzelwahrscheinlichkeiten ist. Diagramm 7.10 führt neben den Einzelwahrscheinlichkeiten die Wahrscheinlichkeiten der Schnittmengen auf. A und C sind stochastisch abhängig:

$$P(\mathsf{A}) \cdot P(\mathsf{C}) = \frac{1}{2} \cdot \frac{1}{2} = \frac{1}{4} \neq \frac{1}{6} = P(\mathsf{A} \cap \mathsf{C}) \tag{7.1}$$

Man kann sich die stochastische Abhängigkeit klar machen, indem man auf die bedingte Wahrscheinlichkeit zurückgreift. Diese fragt nach der Wahrscheinlichkeit eines Ereignisses A, gegeben dass Ereignis B eingetroffen ist. Ist die Wahrscheinlichkeit für A dieselbe, unabhängig davon, ob B eingetroffen ist oder nicht, sind A und B unabhängig. Dann gilt $P(\mathsf{A} \,|\, \mathsf{B}) = P(\mathsf{A})$.

A ist gerade und B ist größer als 2. Wissen wir, dass die gewürfelte Zahl größer als 2 ist (also in $\{3, 4, 5, 6\}$ liegt), dann ist die Wahrscheinlichkeit für gerade $\frac{1}{2}$ ($\{4, 6\}$ aus $\{3, 4, 5, 6\}$). Wissen wir dagegen nicht, ob die gewürfelte

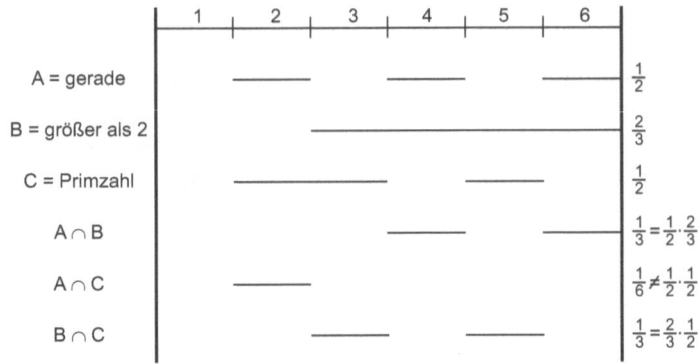

Diagramm 7.10: Drei Würfel-Ereignisse und deren Schnittmengen.

Zahl größer als 2 ist (sie liegt in $\{1,2,3,4,5,6\}$), dann ist die Wahrscheinlichkeit für gerade ebenfalls $\frac{1}{2}$ ($\{2,4,6\}$ aus $\{1,2,3,4,5,6\}$). Daher sind A und B unabhängig: $P(\text{A}\,|\,\text{B}) = P(\text{A})$. Ebenso gilt $P(\text{B}\,|\,\text{A}) = P(\text{B})$.

Auf diese Weise können wir alle Paare von Ereignissen vergleichen. In Diagramm 7.11 sind alle Möglichkeiten aufgeführt. Wir sehen, dass nur eine Abhängigkeit zwischen A und C besteht: Angenommen wir wissen, dass die gewürfelte Zahl gerade ist. Die Wahrscheinlichkeit, dass es sich um eine Primzahl handelt ist dann $\frac{1}{3}$. Wissen wir aber nicht, ob die gewürfelte Zahl gerade oder ungerade ist, dann ist die Wahrscheinlichkeit, dass es sich um eine Primzahl handelt $\frac{3}{6} = \frac{1}{2}$. Daher sind A und C voneinander abhängig: $P(\text{C}\,|\,\text{A}) \neq P(\text{C})$.

7.5.1 Verschiedene Formen der Abhängigkeit

Die stochastische Abhängigkeit zwischen Ereignissen meint, dass die Wahrscheinlichkeit eines Ereignisses (Primzahl) abhängig von der Kenntnis variiert, ob ein anderes Ereignis (Zahl ist gerade) eingetreten ist.

Die Abhängigkeit in Experimentfolgen meint, dass die Ausführung eines Experiments Einfluss auf das Folgeexperiment hat. Je nach Einfluss des 1. Experiments ändern sich im 2. Experiment entweder die Möglichkeiten (aus der Urne wurde bereits eine Kugel gezogen und nicht zurückgelegt) oder nur die Wahrscheinlichkeiten (mein Wurf wird zielsicherer).

In Experimentfolgen gibt es eine zweite Form der Abhängigkeit: Für unterschiedliche Ausgänge im 1. Experiment sind die Wahrscheinlichkeiten im 2. Experiment verschieden (nach einem Treffer steigt die Wahrscheinlichkeit eines weiteren Treffers, nach einem Fehlwurf sinkt sie) oder es gibt je nach Ausgang andere Möglichkeiten (nach Fehlwurf zusätzlich die Kapitulation).

74

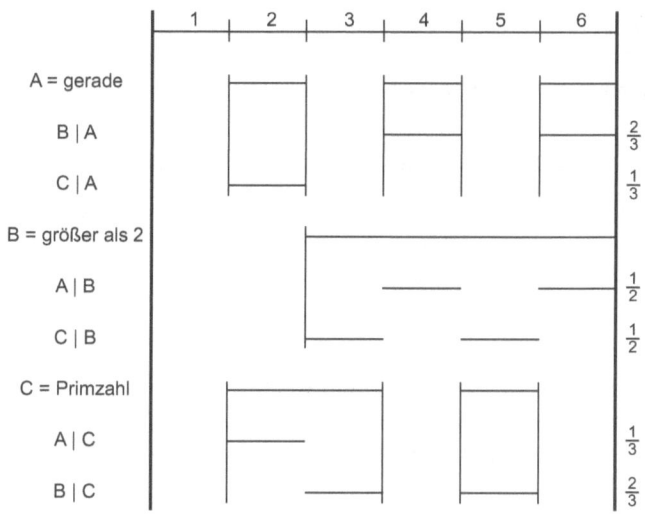

Diagramm 7.11: Bedingte Wahrscheinlichkeiten dreier Würfel-Ereignisse.

7.6 Abhängigkeit und Bedingtheit

Wir haben zwei verschiedene Konzepte kennengelernt, die bei Folgen gelegentlich nicht klar genug getrennt werden:

- Abhängigkeit

- Bedingtheit

Die Abhängigkeit aufeinanderfolgender Experimente bedeutet, dass das erste Experiment Einfluss auf das zweite Experiment hat. Beispielsweise beim Papierkorbwurf: Zunächst werde ich immer besser. Nach vielen Würfen jedoch erlahmt mein Arm und ich werde immer schlechter. Dass heißt, dass zunächst die Wahrscheinlichkeit für **Treffer** von einem Teilexperiment zum nächsten zunimmt, später jedoch wieder abnimmt.

Unabhängigkeit ist dagegen beim Würfeln gegeben: Es scheint sinnvoll, keine Abhängigkeit beim zwei- oder mehrmaligen Würfeln anzunehmen. Ein Würfelwurf beeinflusst nicht den folgenden Wurf.

Man kann sich Bedingtheit in beiden Fällen vorstellen. Ich kann nach der Wahrscheinlichkeit fragen, einen Treffer zu landen, gegeben dass es im 1. Wurf schon einen **Treffer** gab. Dies kann ich unter der Annahme der Unabhängigkeit aufeinanderfolgender Würfe tun (so geschehen in Diagramm 7.7). Genauso kann ich aber auch nach dieser Wahrscheinlichkeit fragen, wenn es eine Abhängigkeit gibt (wie in Diagramm 7.8). Bedingtheit bedeutet, sich für ein Ereignis zu interessieren, vorausgesetzt ein anderes (abhängiges oder unabhängiges) Ereignis ist zuvor eingetreten.

7.6.1 Verwechslung nicht ausgeschlossen

Diese beiden Konzepte können leicht durcheinandergebracht werden. Denn die Abhängigkeit kann gefühlsmäßig so stark sein, dass man meint, sie werde bereits vom Konzept der Bedingtheit impliziert. Beispielsweise:

$$P(\text{werde nass} \mid \text{gehe durch den Regen})$$

Die Wahrscheinlichkeit nass zu werden, wenn ich durch den Regen gehe scheint außer Frage zu stehen. Daher denke ich an eine Abhängigkeit zwischen den Ereignissen durch den Regen gehen und nass werden, so wie in Diagramm 7.12.

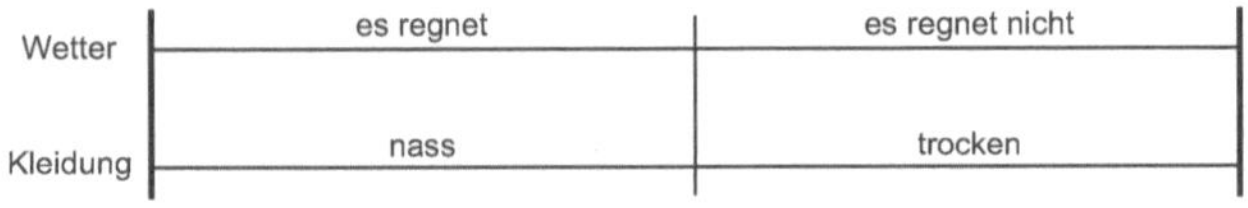

Wetter	es regnet	es regnet nicht
Kleidung	nass	trocken

Diagramm 7.12: Feuchtigkeitszustand der Kleidung abhängig vom Wetter, wie es intuitiv plausibel scheint.

Diese Abhängigkeit ist jedoch nicht zwangsläufig gegeben, weil ich ja einen Regenschirm benutzen kann oder an einem wolkenlosen Tag durch einen Rasensprenger nass werden könnte. Daher macht auch Diagramm 7.13 Sinn.

Die möglichen Folgen schaffen die Voraussetzungen für Bedingtheit: entweder nass zu werden oder trocken zu bleiben, gegeben dass es entweder regnet oder nicht regnet. Möglicherweise beeinflusst nicht das Wetter alleine, ob ich nass werde oder nicht. Dann kann wie in Diagramm 7.13 eine Unabhängigkeit zwischen den Ereignissen beider *Experimente* dieser Folge bestehen. Zumindest sind in diesem Beispiel die Wahrscheinlichkeiten des zweiten Experiments unabhängig vom Wetter gleich verteilt.

Das Resümee: Für jedes Folgeexperiment überprüfe man sorgfältig, welche Möglichkeiten es nach jedem Ausgang des vorausgehenden Experiments gibt.

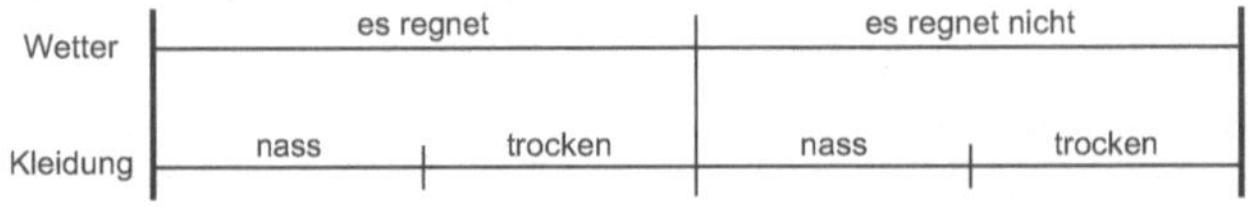

Wetter	es regnet		es regnet nicht	
Kleidung	nass	trocken	nass	trocken

Diagramm 7.13: Feuchtigkeitszustand der Kleidung unabhängig vom Wetter.

7.7 Wissenschaftliche Experimente auswerten

Nun sind wir in der Lage, eine klassische Situation für wissenschaftliche Experimente zu beschreiben. Hierbei handelt es sich um zweistufige Experimente, die unabhängig sind. Ein Experiment der ersten Stufe ist beispielsweise:

> Ich versuche das Kerngehäuse des gerade von mir verspeisten Apfels in den Papierkorb zu werfen, der hinter mir steht. Ich weiß nicht, wo der Papierkorb genau ist, habe aber eine Vermutung. Sehen kann ich ihn nicht. Ich treffe in $\frac{1}{3}$ aller Fälle.

Das zweite Experiment folgt unmittelbar hierauf:

> Ich errate mit Hilfe meines Gehörs, ob ich getroffen habe. Man hört meistens einen deutlichen Unterschied, ob das Kerngehäuse raschelnd im Papierkorb versenkt wird oder ob es einen dumpfen Aufprall auf dem Fußboden gibt. Ich höre in $\frac{3}{4}$ aller Fälle korrekt.

Wie groß ist die Wahrscheinlichkeit, dass ich getroffen habe, wenn mir mein Gehör dies bestätigt?

Die Unabhängigkeit zwischen Wurf und Gehör können wir sicherlich voraussetzen. Die Qualität meines Gehörs ist unabhängig von meiner Geschicklichkeit, die beim Kerngehäusewurf erforderlich ist.

Diese Situation gehört einer Kategorie von Aufgaben an, in denen Unabhängigkeit gefordert werden sollte, in denen jedoch manchmal Abhängigkeit angenommen wird: *schließlich hört es sich doch anders an, wenn das Kerngehäuse auf dem Fußboden landet und nicht im Papierkorb*, mag man einwenden. Das Geräusch der Landung ändert jedoch nichts an der Qualität meines Gehörs. Ich höre gut oder weniger gut unabhängig von den Geräuschen.

Natürlich könnte man sich auch vorstellen, dass das Gehör verschiedene Geräusche unterschiedlich gut wahrnimmt. In diesem Fall wäre Abhängigkeit gegeben, da die Wahrscheinlichkeit, dass mein Gehör richtig entscheidet, abhängig vom Ausgang des Wurfs wäre. Man muss nur einmal entscheiden, ob in der gegebenen Experimentiersituation Unabhängigkeit gegeben ist oder nicht. Entsprechend sind die Wahrscheinlichkeiten der beiden Teilexperimente in der zweiten Zeile gleich (wie in Diagramm 7.14) oder unterschiedlich.

Bedingtheit ist in jedem Fall gegeben: Wir interessieren uns dafür, wie wahrscheinlich mein Gehör einen Treffer wahrnimmt, gegeben dass ich auch tatsächlich getroffen habe. Dies ist eine Umformulierung der Aufgabenstellung, um das Konzept der Bedingtheit hervorzuheben.

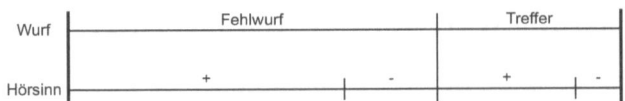

Diagramm 7.14: Fehlwurf: Kerngehäuse landet auf dem Fußboden; Treffer: Kerngehäuse landet im Papierkorb; + bedeutet, mein Gehör liegt richtig; − bedeutet, mein Gehör täuscht sich.

7.7.1 Alle Fälle ablesen

Diagramm 7.14 zeigt das Geschehen. Der Blindwurf klappt immerhin in $\frac{1}{3}$ aller Fälle (Experiment eins der oberen Zeile). Mein Gehör versagt in $\frac{1}{4}$ aller Fälle (Experiment zwei in der zweiten Zeile). Das Diagramm zeigt, dass mein Gehör in beiden Fällen richtig liegen oder sich irren kann. Auf diese Weise sind vier Fälle zu unterscheiden:

- Fehlwurf, den mein Gehör als solchen richtig erkennt (Fehlwurf, +)

- Fehlwurf, den ich versehentlich als Treffer wahrnehme (Fehlwurf, −)

- Treffer, der durch mein Gehör bestätigt wird (Treffer, +)

- Treffer, den ich fälschlicherweise als Fehlwurf wahrnehme (Treffer, −)

Nun war ja nach der Wahrscheinlichkeit eines Treffers gefragt, den mir mein Gehör bestätigt. In Diagramm 7.15 ist die Lösung angegeben. Außerdem erkennt man in diesem Diagramm:

- $P($Treffer$)$ $P($Gehör glaubt nicht an Treffer $\mid$ Treffer$) = \frac{1}{3} \cdot \frac{1}{4} = \frac{1}{12}$,

- $P($Fehlwurf$)$ $P($Gehör glaubt an Treffer $\mid$ Fehlwurf$) = \frac{2}{3} \cdot \frac{1}{4} = \frac{2}{12} = \frac{1}{6}$

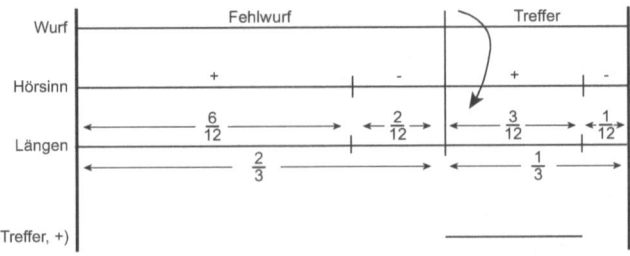

Diagramm 7.15: $P($Treffer$)$ $P($Gehör meint Treffer $\mid$ Treffer$) = \frac{1}{3} \cdot \frac{3}{4} = \frac{3}{12} = \frac{1}{4}$.

78

- $P(\text{Fehlwurf})\ P(Gehör\ glaubt\ nicht\ an\ \text{Treffer}\ |\ \text{Fehlwurf}) = \frac{2}{3} \cdot \frac{3}{4} = \frac{1}{2}$.

Auch eine nette Aufgabe: Wie hoch ist die Wahrscheinlichkeit, dass mein Gehör richtig liegt? Ein Blick ins Diagramm genügt. Wir müssen die Pfade addieren, in denen jeweils '+' auftritt: $\frac{6}{12} + \frac{3}{12} = \frac{9}{12} = \frac{3}{4}$. Die Bestätigung können wir der Aufgabenstellung selber entnehmen, in der ja gefordert war, dass unser Gehör in $\frac{3}{4}$ aller Fälle richtig liegt und in $\frac{1}{4}$ aller Fälle versagt.

7.8 Hypothesen und Tests

Das letzte Beispiel lässt sich verallgemeinern: Ein Wissenschaftler hat eine Hypothese, die wahr oder falsch ist. Tests und Beweise werden erfunden, um die Hypothese zu bestätigen oder zu widerlegen. Im letzten Beispiel besteht die Hypothese darin, dass das Kerngehäuse im Papierkorb gelandet ist. Mein Gehör testet, ob diese Hypothese zutrifft oder nicht.

Für einen Test gibt es vier mögliche Ausgänge (siehe Diagramm 7.16):

- Der Test widerlegt korrekt die Hypothese (meine Ohren hören korrekt, dass das Kerngehäuse auf dem Fußboden gelandet ist – diesen Fall bezeichnet man auch als *true negative*).

- Der Test bestätigt die Hypothese, obwohl sie gar nicht zutrifft (meine Ohren hören, dass das Kerngehäuse angeblich im Papierkorb landet, was aber nicht zutrifft – *false positive*).

- Der Test bestätigt die korrekte Hypothese (meine Ohren hören korrekt, dass das Kerngehäuse im Papierkorb landet – *true positive*).

- Der Test widerlegt die Hypothese, obwohl sie zutrifft (meine Ohren hören, dass das Kerngehäuse auf dem Fußboden gelandet ist, obwohl es tatsächlich im Papierkorb liegt – *false negative*).

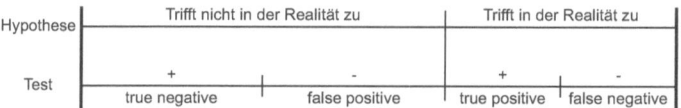

Diagramm 7.16: Korrekte oder nicht korrekte Bestätigung oder Widerlegung der Hypothese. Die Wahrscheinlichkeiten sind hier willkürlich gewählt worden und können für Hypothesen und Tests auch ganz anders verteilt sein.

7.9 Zusammenfassung

Experimentfolgen müssen nicht aus gleichen Teilexperimenten aufgebaut sein. Zum Beispiel variieren die Wahrscheinlichkeiten der Ereignisse von Teilexperiment zu Teilexperiment. Dementsprechend komplexer sehen die Diagramme aus, da die vertikalen Striche, die die Ereignisräume unterteilen, nicht mehr gleichverteilt sind.

Falls eine Aufgabe eine komplexe Kombination von Ereignissen erfordert, können die notwendigen Verknüpfungen auf separaten Zeilen repräsentiert werden. Dies vereinfacht die Umsetzung der Aufgabenstellung in die diagrammatische Darstellung. Auch erleichtert es den Inspektionsprozess.

Von den bedingten Wahrscheinlichkeiten ist das Konzept der Abhängigkeit aufeinanderfolgender Experimente zu unterscheiden: Die Wahrscheinlichkeiten eines Experiments sind abhängig vom Ausgang des vorherigen Experiments. Das Eintreten eines Ereignisses beeinflusst die Wahrscheinlichkeit für das Eintreten eines Ereignisses im Folgeexperiment.

Die stochastische Abhängigkeit bezieht sich häufig aber auch auf zwei Ereignisse eines Einzelexperiments, für welche die Wahrscheinlichkeit ihres Schnitts ungleich des Produkts ihrer Einzelwahrscheinlichkeiten ist.

Eine klassische Kategorie zweier aufeinanderfolgender Experimente stellen Hypothesen und deren Überprüfung durch Tests dar. In diesem Fall wird Unabhängigkeit der Experimentfolge gefordert, damit der Testausgang nicht selbst abhängig von der zu überprüfenden Hypothese ist.

Die letzte Kategorie mehrstufiger Experimente wird im folgenden Kapitel beschrieben. Es geht um Experimentfolgen, die immer einfacher werden je fortgeschrittener die Folge ist – einfacher in dem Sinne, dass die Anzahl vertikaler Striche mit dem Fortschreiten der Folge immer langsamer wächst.

Kapitel 8

Schrumpfende und wachsende Segmente

Häufig sind aufeinander folgende Experimente in dem Sinne gleich, dass sich die möglichen Elementarereignisse nicht ändern. Wie beim Würfeln.

In einer weiteren Kategorie von Folgen verringert sich die Anzahl der Elementarereignisse mit jedem Teilexperiment: etwa im Urnenmodell, falls man die gezogene Kugel nicht zurücklegt. Da dann eine Kugel weniger in der Urne ist, vergrößern sich die Wahrscheinlichkeiten der verbleibenden Kugeln.

8.1 Das Urnenmodell

Diagramm 8.1 zeigt das Urnenmodell mit drei Kugeln. Jede gezogene Kugel wird wieder in die Urne zurückgelegt.

Kommen die Kugeln nicht zurück in die Urne, verringert sich nach jeder Ziehung die Anzahl möglicher Ergebnisse um eins. Wie beim Lotto *6 aus 49*: Ist die 42 einmal gezogen, kann sie nicht ein zweites Mal gezogen werden. Ankreuzen können Sie die 42 auch nur einmal innerhalb eines Tipps.

Diagramm 8.2 zeigt das Urnenmodell ohne Zurücklegen. Man kann auf dem ersten Blick sehen, dass es bedeutend weniger Möglichkeiten gibt. Kein Wunder, schon nach der ersten Ziehung stehen nur noch zwei Kugeln zur Wahl und nach der zweiten Ziehung gibt es nur noch eine Möglichkeit.

So ist die Wahrscheinlichkeit für die Folge (rot, gelb, grün) $\frac{1}{6}$. Wie aber kann es sein, dass auch die kürzere Folge (rot, gelb) dieselbe Wahrscheinlichkeit besitzt? Das liegt daran, dass nach der zweiten Ziehung nur noch eine Möglichkeit verbleibt. Bereits nach der zweiten Ziehung steht alles fest.

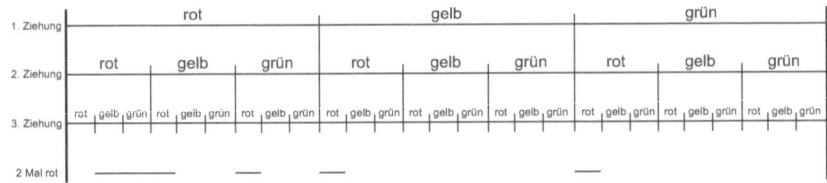

Diagramm 8.1: Ziehung mit Zurücklegen aus einer Urne mit drei Kugeln. Gezeigt wird die Wahrscheinlichkeit für zweimal rot, die $\frac{6}{27} = \frac{2}{9}$ beträgt.

Jedes Experiment *ohne Zurücklegen* impliziert eine Abhängigkeit aufeinander folgender Experimente. Ein Ergebnis, das noch im ersten Experiment möglich war, steht im zweiten Experiment nicht mehr zur Verfügung. Es gibt ein Ereignis weniger und jedes verbleibende Ereignis bekommt mehr Platz im Ereignisraum. Der frei gewordene Platz wird auf die verbleibenden Ereignisse aufgeteilt, deren Wahrscheinlichkeiten sich entsprechend vergrößern. In Diagramm 8.2 besitzt die dritte Zeile nur noch 6 Abschnitte, während die dritte Zeile in Diagramm 8.1 noch über 27 Abschnitte verfügt.

In der ersten Ziehung ist die Wahrscheinlichkeit für jede der drei möglichen Kugeln $\frac{1}{3}$ (1. Ziehung in Diagramm 8.2). Nachdem eine Kugel gezogen wurde, bleiben zwei Kugeln übrig. Für jede dieser beiden Kugeln ist die Wahrscheinlichkeit auf $\frac{1}{2}$ angestiegen (2. Ziehung in Diagramm 8.2). Nach einer weiteren Ziehung bleibt nur noch eine Kugel übrig. Sie zu ziehen kommt dem sicheren Ereignis gleich. Denn in der 3. Zeile existiert nur noch eine Möglichkeit für jede der sechs Ergebnisse der zweiten Ziehung. Die 3. Zeile besitzt gleich viele Unterteilungen wie die 2. Zeile.

Anstelle von *mit/ohne Zurücklegen* sagt man auch *mit/ohne Wiederholung*. Je nach Aufgabenstellung ist die eine oder andere Wortwahl sinnvoller.

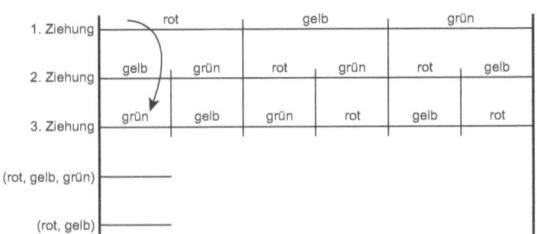

Diagramm 8.2: Ziehung ohne Zurücklegen aus einer Urne mit drei Kugeln.

8.2 Bedingtheit und Abhängigkeit

Man trifft häufig auf Experimente *ohne Zurücklegen*. So auch hier: Ich erwarte einen Kollegen in meinem Büro. Der mag besonders gerne Cool-Jazz, den ich daher im Hintergrund laufen lassen will. Leider habe ich die Dateinamen meiner Aufnahmen nie richtig benannt. Ich höre wie sich der Gast meinem Büro nähert. Daher wähle ich schnell eine von drei Dateien aus, in der Hoffnung einen Treffer zu landen. Die Wahrscheinlichkeit der richtigen Wahl beträgt $\frac{1}{3}$ (siehe Diagramm 8.3).

Diagramm 8.3: Wahrscheinlichkeit eine von drei Dateien zu wählen.

Interessant wird es, wenn ich mir die Wahrscheinlichkeit überlege, bei der zweiten Wahl richtig zu liegen. Denke ich etwas zu oberflächlich darüber nach, komme ich zu dem Schluss, dass dies wahrscheinlicher sein sollte, weil dann ja eine Datei wegfällt; nämlich diejenige, die ich beim ersten Versuch bereits ausprobiert hatte.

Da ich eine zweite Wahl nur dann treffen kann, wenn ich bereits eine erste Wahl getroffen habe, ist sie bedingt durch eine erste Wahl. Auch ist die zweite Wahl abhängig von der ersten Wahl: Ich lege die erste Wahl nicht wieder zurück und damit verändern sich für die zweite Wahl die Wahrscheinlichkeiten (Diagramm 8.4).

Diagramm 8.4 zeigt in der zweiten Zeile, dass es bei der zweiten Wahl zwei von sechs Möglichkeiten gibt Cool-Jazz auszuwählen. Die gesuchte Wahrscheinlichkeit beträgt daher $\frac{2}{6} = \frac{1}{3}$. Die Wahrscheinlichkeit beim zweiten Versuch die richtige Datei zu wählen ist gleich der Wahrscheinlichkeit beim ersten Versuch die richtige Datei zu wählen!

Ein typischer Fehler bei solchen Aufgaben: Bei der zweiten Wahl macht man sich keine Gedanken mehr über die Abhängigkeit zur ersten Wahl. Daher

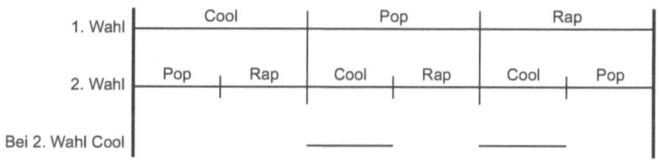

Diagramm 8.4: Wahrscheinlichkeiten dafür, zwei bestimmte Dateien hintereinander zu wählen: (Pop, Cool) oder (Rap, Cool).

schwirren einem im Kopf nur zwei Möglichkeiten herum und man schließt auf eine Wahrscheinlichkeit von $\frac{1}{2}$. Die zweite Wahl ist jedoch bedingt durch die erste Wahl (sie setzt eine erste Wahl voraus, für die es drei Möglichkeiten gibt) und die zweite Wahl ist abhängig von der ersten Wahl (die möglichen Ergebnisse ändern sich abhängig von der ersten Wahl). Mit anderen Worten: Gegeben dass Pop oder Rap bei der ersten Wahl gezogen wurde, kann bei der zweiten Wahl Cool gewählt werden.

Genauer gesagt haben wir berechnet, wie wahrscheinlich es ist, *bei exakt der zweiten Wahl* die richtige Datei zu erwischen. Dagegen könnten wir auch danach fragen, bei der ersten *oder* der zweiten Wahl richtig zu liegen, was bei dieser Aufgabenstellung naheliegender ist. Das wäre die Wahrscheinlichkeit der ersten und zweiten Wahl zusammen: $\frac{1}{3} + \frac{1}{3} = \frac{2}{3}$. Es ist also wahrscheinlicher, *spätestens* bei der zweiten Wahl richtig zu liegen, als *genau* bei der zweiten Wahl.

Nun verwundert es sicherlich nicht mehr, wie die Wahrscheinlichkeit ist, bei der exakt dritten Wahl richtig zu liegen. Die Antwort von $\frac{1}{3}$ liefert Diagramm 8.5. Denn bei der dritten Wahl finden wir wieder 2 von 6 Möglichkeiten, um Cool-Jazz zu bekommen (Ereignis C in Diagramm 8.5). Wenn wir jedoch danach fragen, *spätestens* bei der dritten Wahl Cool-Jazz ausgewählt zu haben, erhalten wir $\frac{1}{3} + \frac{1}{3} + \frac{1}{3} = 1$. Bei einer der drei Versuche finden wir mit Sicherheit die richtige Datei (wir merken uns natürlich die bereits ausprobierten Dateien, was dem *ohne Zurücklegen* entspricht).

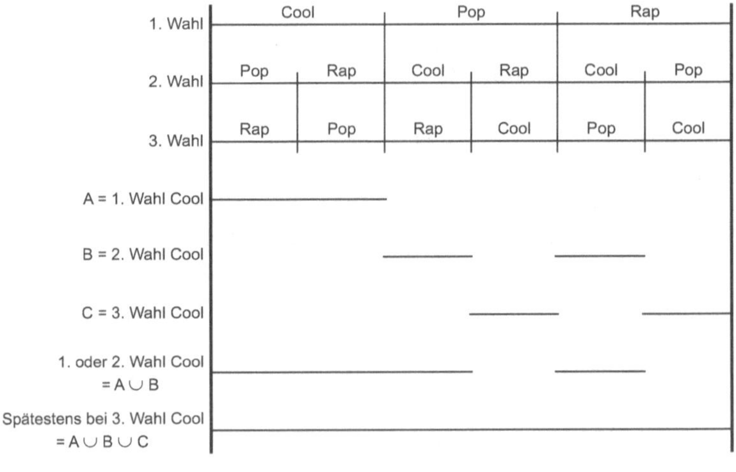

Diagramm 8.5: Wahrscheinlichkeiten dafür, drei Dateien zu wählen.

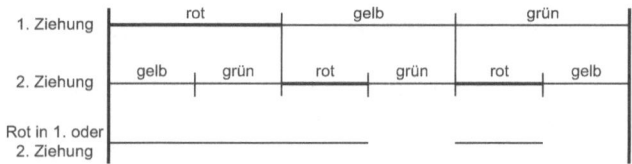

Diagramm 8.6: Wahrscheinlichkeit für rot beim ersten oder zweiten Zug.

8.3 Das Urnenmodell ohne Reihenfolge

Mein Kollege ist inzwischen gegangen und ich habe wieder Zeit, mich mit dem Urnenmodell zu beschäftigen. Der Kollege hat mir eine Urne mit drei verschiedenen Fruchtdrops geschenkt und ich ziehe zwei Bonbons. Wie wahrscheinlich ist es, Erdbeergeschmack zu erwischen? Die Antwort von $\frac{2}{3}$ zeigt Diagramm 8.6, das wie Diagramm 8.2 aufgebaut ist. Nur der Inspektionsschritt ändert sich, weil die Reihenfolge gleichgültig ist. Da die erste *oder* zweite Ziehung rot sein soll, müssen beide Möglichkeiten vereinigt werden.

Wie wahrscheinlich ist rot aber nicht die Folge (gelb, rot), da Zitrone gefolgt von Erdbeere nicht schmeckt ((Erdbeere, Zitrone) geht dagegen gut). Diagramm 8.7 illustriert diesen Fall. Neben der Vereinigung der Fälle, die rot enthalten, muss die nicht erwünschte Folge (gelb, rot) ausgeschlossen werden.

Spielt die Reihenfolge eine Rolle, müssen wir die letzte Zeile der Folge (2. Ziehung) betrachten: Jedes Ereignis der letzten Zeile steht für die Folge, die zu diesem Ereignis führt. In der letzten Aufgabe war die Reihenfolge einmal wichtig (gelb, rot) und ein anderes Mal nicht (rot in allen Fällen, nur nicht nach gelb). Ob die Reihenfolge eine Rolle spielt oder nicht, dasselbe Diagramm ist zu konstruieren. Nur der Inspektionsschritt variiert.

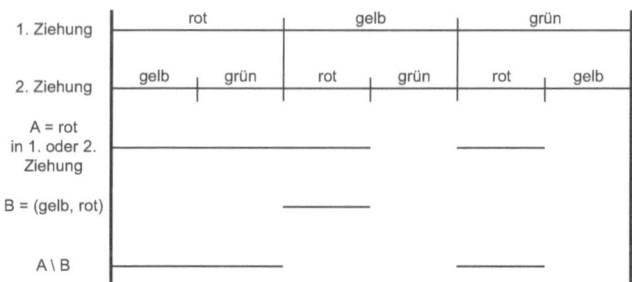

Diagramm 8.7: Die Wahrscheinlichkeit für rot, aber nicht rot gegeben gelb (was dasselbe ist wie (gelb, rot)): $P(\{A\} \setminus \{B\}) = \frac{4}{6} - \frac{1}{6} = \frac{3}{6} = \frac{1}{2}$.

8.4 Ähnliche Ereignisse im Urnenmodell

Um Klarheit zu schaffen, stellen wir drei ähnliche Fälle gegenüber. Es gibt drei Kugeln: rot, gelb und grün. Folgende Ereignisse sind zu unterscheiden:

A Es ist bekannt, dass rot gezogen wurde. Wie wahrscheinlich ist gelb?

B Wie wahrscheinlich ist rot und anschließend gelb?

C Wie wahrscheinlich ist rot und gelb in beliebiger Reihenfolge?

Diagramm 8.8 stellt diese drei Ereignisse gegenüber.

A Es ist bekannt, dass die rote Kugel gezogen wurde. Daher bemisst sich die Wahrscheinlichkeit für gelb nach dem Ereignisraum, der durch rot in der ersten Ziehung definiert wird. Dies zeigt der verlängerte vertikale Balken, der rot als relevanten Ereignisraum kennzeichnet:

$$P(\mathsf{A}) = P(\mathsf{gelb} \mid \mathsf{rot}) = \frac{1}{2}$$

B Hier ist rot nicht gegeben. Nicht nur die Wahrscheinlichkeit für gelb muss berechnet werden, sondern auch dafür, dass zunächst rot gezogen wird:

$$P(\mathsf{B}) = P(\mathsf{rot}) \cdot P(\mathsf{gelb} \mid \mathsf{rot}) = \frac{1}{3} \cdot \frac{1}{2} = \frac{1}{6}$$

C Ähnlich wie bei Ereignis B muss die Wahrscheinlichkeit für rot und gelb berechnet werden. Da nun aber die Reihenfolge gleichgültig ist, müssen beide möglichen Folgen berücksichtigt werden: (rot, gelb) und (gelb, rot).

$$P(\mathsf{C}) = P(\mathsf{rot}) \cdot P(\mathsf{gelb} \mid \mathsf{rot}) + P(\mathsf{gelb}) \cdot P(\mathsf{rot} \mid \mathsf{gelb}) = 2\left(\frac{1}{3} \cdot \frac{1}{2}\right) = \frac{1}{3}$$

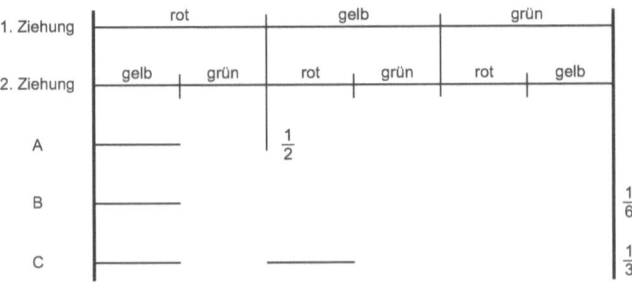

Diagramm 8.8: Das Ziehen von rot und gelb in drei verschiedenen Konstellationen; in allen drei Fällen gilt das Ziehen *ohne Zurücklegen*.

8.5 Zwei Urnen

Im nächsten Beispiel gibt es zwei nicht unterscheidbare Urnen mit roten und grünen Kugeln. In Urne II sind gleich viele rote und grüne Kugeln. In Urne I sind jedoch nur ein Viertel aller Kugeln rot und alle anderen grün. Wir ziehen zufällig mit gleicher Wahrscheinlichkeit eine der Urnen und anschließend eine Kugel aus der gewählten Urne. Gefragt wird nach der Wahrscheinlichkeit für rot.

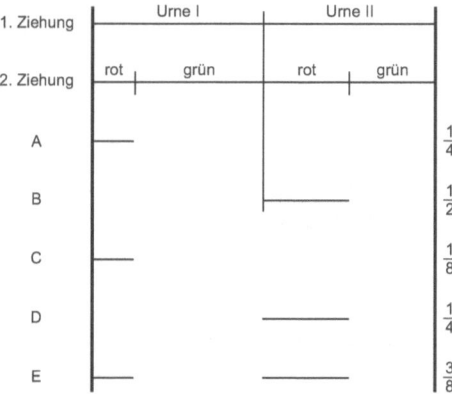

Diagramm 8.9: Das zufällige Ziehen einer von zwei Urnen und das anschließende Ziehen einer roten oder grünen Kugel aus der gewählten Urne.

Wir müssen zwei Möglichkeiten für das Ziehen von rot betrachten: Ereignis A steht für rot gegeben Urne I und Ereignis B für rot gegeben Urne II (Diagramm 8.9). Aus dem vorherigen Abschnitt kennen wir folgende Unterscheidung: was die Wahrscheinlichkeit für rot ist, wenn wir wissen, dass wir in Urne I greifen (A) und was die Wahrscheinlichkeit für rot ist, wenn wir zufällig Urne I ziehen und danach eine Kugel (C).

Entsprechend steht B für rot, wenn wir wissen, dass wir in Urne II greifen und D für das Ziehen von rot, nachdem wir zufällig Urne II gewählt haben. Da wir in der Aufgabenstellung zufällig eine Urne wählen, sind die Ereignisse C und D relevant und die gesuchte Wahrscheinlichkeit ist

$$P(\mathsf{E}) = P(\mathsf{C} \cup \mathsf{D}) = \frac{1}{8} + \frac{1}{4} = \frac{1}{8} + \frac{2}{8} = \frac{3}{8}$$

8.5.1 Angabe relativer Häufigkeiten

Wir haben gar nicht mehr die Anzahl der Kugeln genannt, sondern nur die Wahrscheinlichkeiten für rot und grün angegeben. Dies zeigt, wie man verfahren kann, wenn viele Kugeln in den Urnen liegen: Wir brauchen nicht jede Kugel einzeln im Diagramm aufführen, sondern beschränken uns auf die Angabe von relativen Häufigkeiten. Wir müssen nicht alle Elementarereignisse einzeln aufführen, sondern fassen die nicht Unterscheidbaren zusammen (siehe Seite 27).

8.6 Rückschlüsse auf das erste Teilexperiment

Können wir auch umgekehrt verfahren? Also auf die Urne schließen, nachdem wir eine Kugel gezogen und angesehen haben? Angenommen wir ziehen eine rote Kugel. Wir wissen aber nicht, ob wir in Urne I oder Urne II gegriffen haben. Wie wahrscheinlich ist es, dass wir uns aus Urne I bedient haben?

Häufig hilft es, die Aufgabenstellung umzuformen. Gefragt ist nach

der Wahrscheinlichkeit für Urne I, gegeben rot.

Dazu ändern wir Diagramm 8.9 etwas ab, damit die Bedingtheit durch rot als ein Bereich dargestellt werden kann. Wir erhalten Diagramm 8.10 (dies ist analog zum mittleren Fall der letzten Zeile in Tabelle 6.1 auf Seite 62).

Dass rot mit Sicherheit gezogen wurde, entspricht in Diagramm 8.10 Ereignis F. Dass in Urne I gegriffen wurde unter der Bedingung, dass wir eine rote Kugel gezogen haben, entspricht Ereignis G. Die Wahrscheinlichkeit für G ist $P(G) = P(\text{Urne I} \mid \text{rot}) = P(G \mid F) = \frac{1}{3}$. Die Länge von G nimmt $\frac{1}{3}$ von F ein. Denn $\frac{1}{8}$ (G im gesamten Ereignisraum) ist $\frac{1}{3}$ von $\frac{3}{8}$ (F im gesamten Ereignisraum): $\frac{\frac{1}{8}}{\frac{3}{8}} = \frac{1}{3}$.

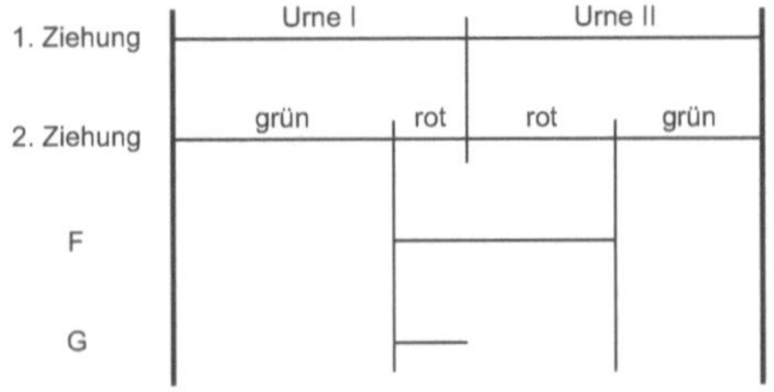

Diagramm 8.10: Wahrscheinlichkeit für Urne I (G), gegeben rot (F).

8.7 Rückschlüsse auf Häufigkeiten

Rückschlüsse sind in folgender Spielart noch interessanter, allerdings auch ziemlich verwirrend: Angenommen ich weiß, dass die Wahrscheinlichkeit für rot $\frac{1}{2}$ ist. Kann ich daraus den Schluss ziehen, dass notwendigerweise daher die Hälfte der Kugeln in der Urne rot sind? Die Antwort lautet irrsinnigerweise nein! Sehen Sie sich Diagramm 8.11 an. Haben Sie eine Idee?

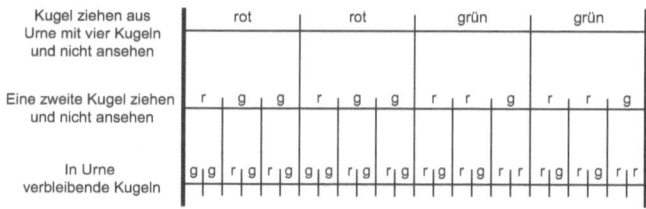

Diagramm 8.11: Eine Kugel blind aus einer Urne mit vier Kugeln ziehen. Anschließend eine Weitere blind ziehen. Zwei Kugeln verbleiben in der Urne.

Angenommen ich habe vier Kugeln in der Urne: zwei Rote und zwei Grüne. Zwei hiervon werden zufällig gezogen, ohne zu zeigen, welche Kugeln gezogen wurden (Diagramm 8.11). Die zwei anderen Kugeln verbleiben in der Urne. Diese Situation entspricht dem zweimaligen *blinden Ziehen* ohne Zurücklegen.

Als nächstes überlege ich mir alle Möglichkeiten für rot, wenn ich nun in die Urne mit den verbleibenden zwei Kugeln greife, deren Farben ich nicht kenne (siehe Diagramm 8.12). Offensichtlich wird in 12 von 24 Fällen rot gezogen, das heißt $P(\text{rot}) = \frac{12}{24} = \frac{1}{2}$. Dies gilt deswegen, weil wir nicht die Folge kennen, die sich aus den ersten zwei Teilexperimenten ergeben hat: Wir durften uns nicht die zwei gezogenen Kugeln ansehen und müssen daher alle zwölf Pfade, die zu rot führen, berücksichtigen. Im Sinne dieser zwölf Möglichkeiten ist der Grad unserer Unsicherheit besonders groß.

Hieraus folgt, dass tatsächlich, wie in der Aufgabenstellung gefordert, die Wahrscheinlichkeit für rot $\frac{1}{2}$ ist, obwohl in zwei Fällen nur zwei grüne Kugeln in der Urne sind! In zwei anderen Fällen sind nur zwei rote Kugeln in der Urne.

Dies soll zeigen, dass man von einer gegebenen Wahrscheinlichkeit noch nicht auf die Anzahl der (in der Urne verbleibenden) Kugeln schließen kann. Wahrscheinlichkeiten stehen vielmehr im Zusammenhang mit dem Kenntnisstand des Experimentators. Dieser weiß nur, dass es 24 mögliche 3er-Folgen gibt und dass in der Hälfte dieser Folgen die dritte Kugel rot ist. Dass er nur über Halbwissen verfügt, nämlich nicht die ersten zwei gezogenen Kugeln zu sehen bekommt, macht die Aufgabe verwirrend.

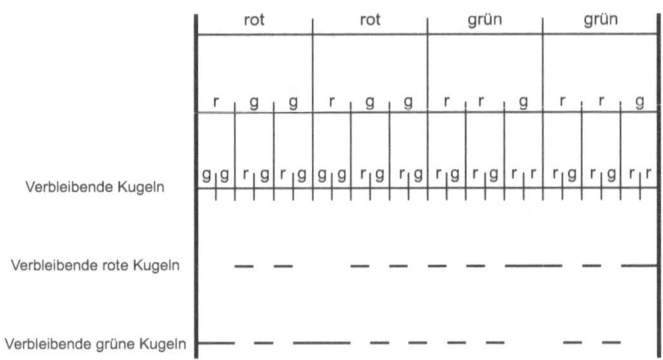

Diagramm 8.12: Eine Kugel wird im dritten Schritt gezogen und angeschaut. Angezeigt wird die Wahrscheinlichkeit für rot (vorletzte Zeile) und die Wahrscheinlichkeit für grün (letzte Zeile).

8.8 Zusammenfassung

Eine besondere Kategorie von Experimenten sind *Folgen ohne Zurücklegen*. In solchen Folgen nimmt die Anzahl möglicher Ereignisse von Teilexperiment zu Teilexperiment ab. Jedes Teilexperiment ist abhängig von allen vorherigen, da Ergebnisse, die bereits gezogen wurden, nicht mehr möglich sind.

Anders gesagt wächst die relative Länge der verbleibenden Ergebnisse (Segmente) von Teilexperiment zu Teilexperiment. Da jedoch ein komplettes Teilexperiment unter ein einzelnes Ergebnis des vorherigen Teilexperiments angeordnet wird, schrumpft im allgemeinen die absolute Länge der verbleibenden Segmente. Gibt es nur zwei mögliche Ergebnisse, wächst allerdings nach dem ersten Ziehen die absolute Länge des Segments des verbleibenden Ergebnisses, falls dieses zuvor unwahrscheinlicher war.[1]

Da Bedingtheit natürlicherweise in jeder Folge gegeben ist, haben wir es im Falle von Experimenten *ohne Zurücklegen* immer sowohl mit Bedingtheit als auch mit Abhängigkeit zu tun.

Wenn wir Folgen *mit Zurücklegen* mit solchen *ohne Zurücklegen* vergleichen, müssen wir zwei separate Diagramme konstruieren. Denn beide Experimentiersituationen teilen den Ereignisraum unterschiedlich auf. Anders sieht es bei der Unterscheidung von Folgen *mit Beachtung der Reihenfolge* und *ohne Beachtung der Reihenfolge* aus. Diese Unterscheidung wird lediglich im Inspektionsschritt getroffen.

---

[1]Zum Verständnis male man sich diesen Fall auf ein Stück Papier: Man hat 2 unterschiedlich wahrscheinliche Ereignisse A und B und *zieht* eines. Was verbleibt? Wie lang sind die Segmente für A und B in beiden Zeilen?

Teil III

Verteilungen in Experimenten

Kapitel 9

Segmentaufteilungen erraten

Bisher waren alle Verteilungen bekannt. Es wurde immer angegeben, wie im Konstruktionsschritt der Ereignisraum aufzuteilen ist. Beispielsweise in sechs gleich lange Abschnitte beim Würfeln.

Die Verteilung von Wahrscheinlichkeiten ist jedoch oftmals unbekannt. Daher versucht man diese mit Hilfe von Tests zu erraten – also in welche Abschnitte der Ereignisraum zu segmentieren ist. Hierzu bestätigt oder widerlegt man mögliche Verteilungen. Dies führt zu den Grundlagen der Statistik.

9.1 Alternativtest

Gelegentlich stehen zwei Hypothesen zur Auswahl: Es gibt zwei mögliche Verteilungen (zwei Diagramme) und man will erraten, welche Verteilung gegeben ist (welches Diagramm auf die Situation zutrifft). Um die zugrunde liegende Verteilung zu erraten, wird ein *Alternativtest* durchgeführt. Von zwei Alternativen entspricht einer der tatsächlichen Verteilung.

Wir haben eine Urne mit zwei schwarzen und 18 weißen oder aber mit 10 schwarzen und 10 weißen Kugeln. Man könnte alle 20 Kugeln ziehen, um herauszufinden welche Verteilung vorliegt. Anstatt sich alle Kugeln anzusehen will man jedoch nur eine möglichst kleine Stichprobe von zum Beispiel zwei Kugeln ziehen (ohne Zurücklegen). Von diesen zwei Kugeln wollen wir auf den gesamten Inhalt der Urne schließen – eine Herausforderung, für die im Folgenden eine Methode vorgestellt wird. Diagramm 9.1 zeigt beide Verteilungen.

Diagramm 9.1: Links eine Urne mit 2 schwarzen und 18 weißen Kugeln (V_{18}^2) und rechts eine andere Urne mit 10 schwarzen und 10 weißen Kugeln (V_{10}^{10}).

9.1.1 Trennlinienbestimmung

Es ist zu überlegen, wann wir es eher mit der Verteilung $V_{\text{weiß}}^{\text{schwarz}} = V_{18}^2$ und wann mit der Alternativen V_{10}^{10} zu tun haben. Diagramm 9.2 zeigt für beide Verteilungen die Entnahme einer Stichprobe von zwei Kugeln. Im ersten Teilexperiment wird entweder eine schwarze oder eine weiße Kugel gezogen, die im zweiten Teilexperiment nicht mehr vorkommt.

Ich bestimme willkürlich, dass V_{18}^2 vorliegt, wenn keine schwarze Kugel in der Stichprobe ist. Denn wenn nur zwei von 20 Kugeln schwarz sind, halte ich es für wahrscheinlich, zwei der vielen weißen Kugeln zu ziehen. Umgekehrt vermute ich, dass V_{10}^{10} vorliegt, falls wenigstens eine schwarze Kugel in der Stichprobe ist. Man sagt, die *Trennlinie* zwischen den alternativen Verteilungen verläuft zwischen *keine schwarze Kugel* und *wenigstens eine schwarze Kugel* ziehen. Mit Hilfe dieser Trennlinie versuchen wir den Urneninhalt zu erraten.

Sich täuschen

Es kann passieren, dass wir es mit V_{10}^{10} zu tun haben, obwohl keine schwarze Kugel in der Stichprobe ist. Die gewählte Trennlinie scheint nicht optimal zu sein. Allerdings gibt es so gut wie nie optimale Trennlinien. Man sieht sich eben nur eine kleine Stichprobe an (2 Kugeln) und versucht auf eine große Grundgesamtheit (20 Kugeln) zu schließen. Das geht nicht immer gut. Daher wollen wir die Wahrscheinlichkeit dafür bestimmen, dass es schief geht. Ist diese einigermaßen klein, sind wir mit der Wahl unserer Trennlinie zufrieden.

Dazu überlegen wir uns, wie wahrscheinlich die Ereignisse sind, keine, eine oder zwei schwarze Kugeln zu ziehen. Dies muss für beide Verteilungen separat ausgerechnet werden. Denn die Wahrscheinlichkeiten für k x schwarz

Diagramm 9.2: Eine Urne mit 2 schwarzen und 18 weißen und eine mit 10 schwarzen und 10 weißen Kugeln. Zwei werden ohne Zurücklegen gezogen.

94

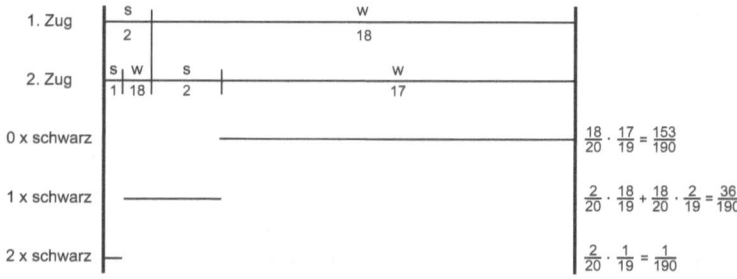

Diagramm 9.3: Urne mit 2 schwarzen und 18 weißen Kugeln (V_{18}^2). Zwei Kugeln werden gezogen. Es interessiert 0-, 1- und 2-Mal schwarz.

sind für V_{18}^2 und V_{10}^{10} unterschiedlich. Die Diagramme 9.3 und 9.4 zeigen für beide Verteilungen diese Wahrscheinlichkeiten.

Diagramm 9.3 zeigt, dass $P(0 \text{ x schwarz}) = \frac{153}{190} \approx 81\%$, falls V_{18}^2 vorliegt. Das heißt, falls wir eine Urne mit zwei schwarzen und 18 weißen Kugeln haben, ist die Wahrscheinlichkeit nur knapp 19%, mindestens eine schwarze Kugel zu ziehen ($P(1 \text{ x schwarz}) + P(2 \text{ x schwarz}) = \frac{36}{190} + \frac{1}{190} \approx 0{,}19$).

Falls V_{10}^{10} gegeben ist, dann liegt die Wahrscheinlichkeit für 0 schwarze Kugeln bei $\frac{45}{190} \approx 24\%$ und mindestens eine schwarze Kugel zu ziehen bei etwa 76% (Diagramm 9.4).

Daher scheint die Wahl unserer Trennlinie vernünftig zu sein: 0 x schwarz lässt eher auf V_{18}^2 schließen (längstes Segment in Diagramm 9.3), 1 x schwarz oder 2 x schwarz dagegen auf V_{10}^{10} (ergibt längstes Segment in Diagramm 9.4).

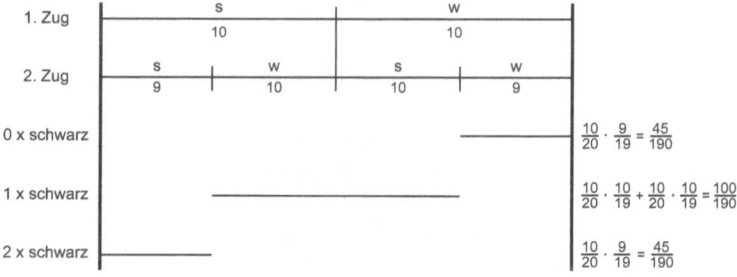

Diagramm 9.4: Urne mit 10 schwarzen und 10 weißen Kugeln (V_{10}^{10}). Zwei Kugeln werden gezogen. Es interessiert 0-, 1- und 2-Mal schwarz.

9.1.2 Fehler 1. und 2. Art

Es gibt vier Möglichkeiten: Wir erraten richtig V_{18}^2 oder V_{10}^{10} oder wir schließen versehentlich auf V_{18}^2 beziehungsweise auf V_{10}^{10}. Ob wir richtig oder falsch liegen, hängt von drei Dingen ab: was tatsächlich in der Urne ist, was die Stichprobe zeigt und wo sich die willkürlich festgelegte Trennlinie befindet.

In der Statistik werden folgende Begriffe unterschieden. V_{18}^2 ist die *Erst-hypothese* und V_{10}^{10} die *Alternativhypothese*. Eine Stichprobe ohne schwarze Kugel stellt den *Annahmebereich* der Ersthypothese dar. Der *Ablehnungsbereich* zeigt, dass mindestens eine schwarze Kugel in der Stichprobe ist. Die Trennlinie bestimmt Annahme- und Ablehnungsbereich (Diagramm 9.5).

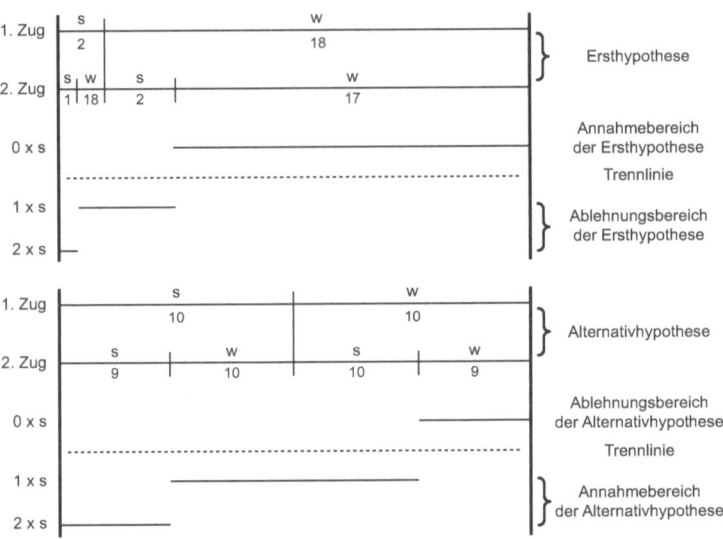

Diagramm 9.5: V_{18}^2 und V_{10}^{10} im Vergleich.

Falls die Urne die Verteilung V_{18}^2 enthält, die Stichprobe aber im Ablehnungsbereich der Ersthypothese liegt, schließen wir auf V_{10}^{10}. Wir begehen einen *Fehler 1. Art*. In diesem Fall befindet sich mindestens eine schwarze Kugel in der Stichprobe, obwohl es nur zwei schwarze Kugeln gibt.

Ist die Stichprobe im Ablehnungsbereich der Alternativhypothese, obwohl V_{10}^{10} in der Urne ist, schließen wir auf V_{18}^2 und begehen einen *Fehler 2. Art*. Nur wenn V_{18}^2 vorliegt und die Stichprobe im Annahmebereich der Ersthypothese liegt oder falls V_{10}^{10} gegeben ist und die Stichprobe im Annahmebereich der Alternativhypothese liegt, raten wir richtig.

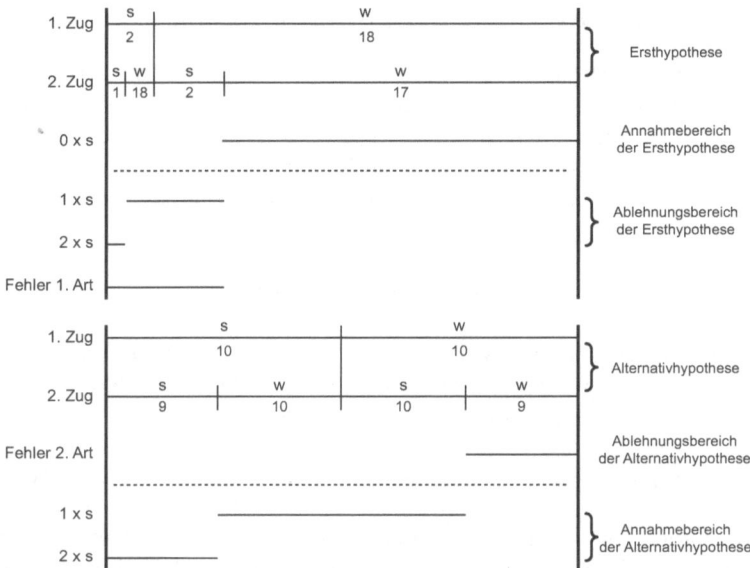

Diagramm 9.6: Fehler 1. Art (α-Fehler) und Fehler 2. Art (β-Fehler). Die Trennlinie bestimmt diese Fehler und muss für beide Verteilungen an derselben Stichprobengrenze (hier zwischen 0 x schwarz und 1 x schwarz) verlaufen.

Die Wahrscheinlichkeit einen Fehler 1. Art zu begehen (bei V_{18}^2 nachsehen) beträgt (siehe oberer Teil in Diagramm 9.6)

$$P(\text{1 x schwarz}) \; oder \; P(\text{2 x schwarz}) = \frac{36}{190} + \frac{1}{190} = \frac{37}{190} \approx 0{,}19 \qquad (9.1)$$

Um die Wahrscheinlichkeit des Fehlers 2. Art zu berechnen (bei V_{10}^{10} nachsehen), müssen wir im unteren Teil in Diagramm 9.6 nachschauen, da man diesen Fehler nur begehen kann, wenn V_{10}^{10} vorliegt:

$$P(\text{0 x schwarz}) = \frac{45}{190} \approx 0{,}24 \qquad (9.2)$$

Die Wahrscheinlichkeit, einen dieser Fehler zu machen, wird häufig auch als *Irrtumswahrscheinlichkeit* bezeichnet. Des Weiteren steht α für einen Fehler 1. Art und β für einen Fehler 2. Art.

9.1.3 Erweiterung des Annahmebereichs

Unser willkürlich gewählter Annahmebereich für V^2_{18} besteht aus einer Stichprobe mit ausschließlich weißen Kugeln. Wir können diesen Annahmebereich erweitern, indem zusätzlich auch eine schwarze Kugel in der Stichprobe sein darf, um auf V^2_{18} zu schließen (Trennlinie wandert nach unten zwischen 1 x schwarz und 2 x schwarz). Dies führt zur Veränderung der α- und β-Wahrscheinlichkeiten. Der α-Fehler beträgt dann (Diagramm 9.3):

$$P(2 \text{ x schwarz}) = \frac{1}{190} \approx 0{,}005 \tag{9.3}$$

Das ist deutlich kleiner als zuvor (0,005 < 0,19). Das heißt die Wahrscheinlichkeit eines α-Fehlers wird geringer, wenn ich den Annahmebereich erweitere. Wie aber verändert sich dann der β-Fehler (Diagramm 9.4)?

$$P(0 \text{ x schwarz}) \; oder \; P(1 \text{ x schwarz}) = \frac{45}{190} + \frac{100}{190} = \frac{145}{190} \approx 0{,}76 \tag{9.4}$$

Das ist schade. Die Wahrscheinlichkeit eines β-Fehlers nimmt merklich zu (0,76 > 0,24). Wir lernen, dass eine Erweiterung des Annahmebereichs den α-Fehler verringert, zugleich aber den β-Fehler vergrößert. Allgemein: Eine Verkleinerung des einen Fehlers führt zur Vergrößerung des anderen Fehlers. Man sollte auf Basis der Anwendung entscheiden, ob man eher einen α- oder β-Fehler zulassen will und die Trennlinie entsprechend festlegen.

9.1.4 Vergrößerung der Stichprobe

Je umfangreicher die Stichprobe, desto besser die Abschätzung der zugrunde liegenden Verteilung. Im Extremfall ist die Stichprobe gleich der Grundgesamtheit (20 Kugeln). Der Urneninhalt wäre mit Sicherheit bekannt.

Wie verändert sich unsere Schätzung, wenn wir die Stichprobe zumindest um ein Element vergrößern (Diagramm 9.7)? Der Ersthypothese zufolge gibt es nur zwei schwarze Kugeln. Daher hat das Ereignis 3 x schwarz die Wahrscheinlichkeit null. Der Fehler 1. Art berechnet sich wie folgt:

$$P(\text{mindestens 1 x s}) = 1 - P(0 \text{ x s}) = 1 - \frac{18}{20} \cdot \frac{17}{19} \cdot \frac{16}{18} = 1 - \frac{4896}{6840} \approx 0{,}28 \tag{9.5}$$

Der Fehler 2. Art ist (siehe untere Verteilung in Diagramm 9.7):

$$P(0 \text{ x s}) = \frac{10}{20} \cdot \frac{9}{19} \cdot \frac{8}{18} = \frac{720}{6840} \approx 0{,}11 \tag{9.6}$$

Der Fehler 1. Art ist größer geworden, der Fehler 2. Art aber kleiner. Ihre Summe ist bei Betrachtung der größeren Stichprobe kleiner geworden:

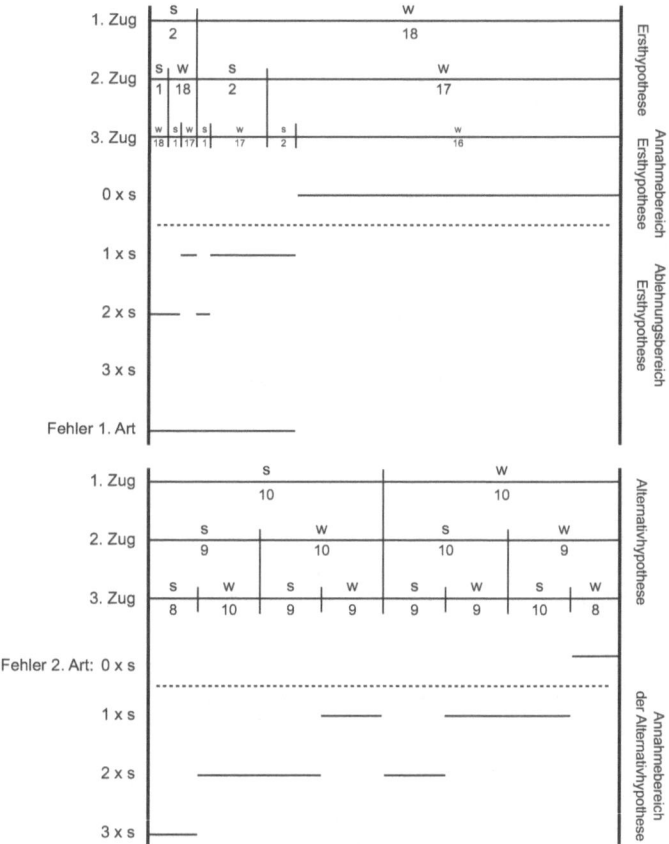

Diagramm 9.7: V_{18}^2 oben, V_{10}^{10} unten. Es werden drei Kugeln gezogen.

- Stichprobenumfang 2: α-Fehler $+$ β-Fehler $= 0{,}19 + 0{,}24 = 0{,}43$
- Stichprobenumfang 3: α-Fehler $+$ β-Fehler $= 0{,}28 + 0{,}11 = 0{,}39$

Wir könnten berechnen, wie viele Kugeln gezogen werden müssen, um die Irrtumswahrscheinlichkeit unter eine Schwelle zu drücken. Hierzu müssen wir die Stichprobe Schritt für Schritt vergrößern, bis wir eine Irrtumswahrscheinlichkeit ausrechnen, die kleiner dieser Schwelle ist.

Ich greife in eine Urne und ziehe zwei weiße Kugeln. Ich errate V_{18}^2. Die Wahrscheinlichkeit, dass ich falsch liege, beträgt 0,24 (β-Fehler). Ich ziehe nächstes Mal drei weiße Kugeln und tippe erneut auf V_{18}^2. Die Wahrscheinlichkeit, dass ich falsch liege, ist diesmal nur 0,11.

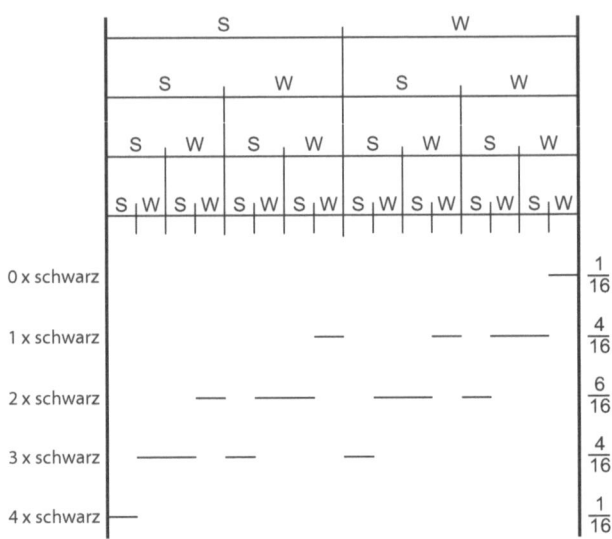

Diagramm 9.8: Eine Urne mit gleich vielen schwarzen und weißen Kugeln. Es werden vier Kugeln mit Zurücklegen gezogen. Es interessiert k x schwarz.

9.2 Signifikanztests

Anstelle zweier alternativer Hypothesen hat man es häufig mit nur einer einzigen sogenannten *Nullhypothese* zu tun. Diese besagt etwa, dass es in einer Urne gleich viele schwarze und weiße Kugeln gibt. Die Mittel zur Überprüfung der Nullhypothese sind dieselben wie bei Alternativtests: Man nimmt eine Stichprobe und wertet diese aus. Hier: Wir ziehen vier Mal mit Zurücklegen und zählen die Anzahl schwarzer Kugeln (Diagramm 9.8).

Dass man alle Möglichkeiten für k x schwarz berücksichtigt, kann man im Diagramm überprüfen. Dazu sind alle Segmente für k x schwarz (k = 0,...,4) auf dieselbe Horizontale zu schieben. Das resultierende Segment darf keine Lücken aufweisen, muss also dem sicheren Ereignis entsprechen. Außerdem darf es keine zwei Segmente geben, die einen gemeinsamen Abschnitt haben. Denn wie sollten zwei Ereignisse 1 x schwarz und 2 x schwarz zugleich möglich sein?

Wir legen fest, dass die Nullhypothese angenommen wird, wenn eine, zwei oder drei schwarze Kugeln in der Stichprobe sind. Es gilt $k \in \{1, 2, 3\}$. Der Fehler 1. Art ($k \in \{0, 4\}$) ist dann:

$$P(0 \text{ x schwarz}) + P(4 \text{ x schwarz}) = \frac{1}{16} + \frac{1}{16} = \frac{2}{16} = \frac{1}{8} \qquad (9.7)$$

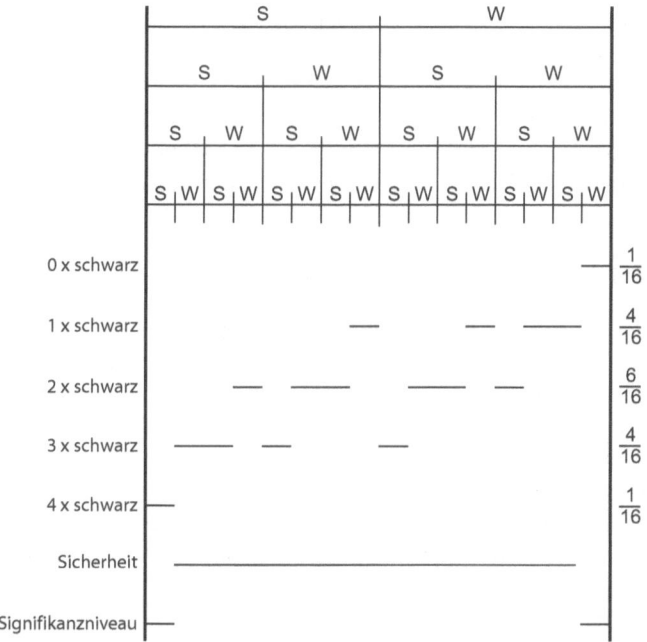

Diagramm 9.9: Sicherheit von $\frac{14}{16} = \frac{7}{8}$ und Signifikanzniveau von $\frac{1}{8}$.

Man sagt, dass das *Signifikanzniveau* $\frac{1}{8}$ und die *Sicherheitswahrscheinlichkeit* $1 - \frac{1}{8} = \frac{7}{8}$ beträgt.

Wenn die Anzahl der gezogenen schwarzen Kugeln 1, 2 oder 3 ist, haben wir eine 87,5%-ige Sicherheit ($= \frac{7}{8}$), dass wir es tatsächlich mit gleich vielen schwarzen und weißen Kugeln in der Urne zu tun haben – wie die Nullhypothese behauptet. Haben wir dagegen in der Stichprobe keine oder vier schwarze Kugeln, dann nehmen wir an, dass in der Urne nicht gleich viele schwarze und weiße Kugeln sind. Die Wahrscheinlichkeit beträgt $\frac{1}{8}$ sich hierbei zu täuschen.

Diagramm 9.9 zeigt explizit die Sicherheitswahrscheinlichkeit und das Signifikanzniveau. Man sieht, dass die Sicherheit hoch ist (im Diagramm durch ein verhältnismäßig langes Segment dargestellt). Heißt: Die Sicherheit ist hoch, mit der Annahme der Gleichverteilung von schwarz und weiß richtig zu liegen, wenn in der Stichprobe eine, zwei oder drei schwarze Kugeln liegen.

Diagramm 9.9 hilft zu verstehen, wie das Signifikanzniveau zu bestimmen ist. Dieses setzt sich aus den weniger häufigen Ereignissen 0 x schwarz und 4 x schwarz zusammen. Denn das Signifikanzniveau entspricht dem Fehler 1. Art, der möglichst gering sein soll. Entsprechend kann man für andere Aufgaben diejenigen Ereignisse heraussuchen, die ebenfalls die geringste Wahrscheinlichkeit haben, um den Fehler 1. Art möglichst klein zu halten. Dies sollten natürlich Ereignisse sein, die gegen die Nullhypothese sprechen.

Das Beispiel zeigt auch, dass *zweiseitige* Tests sinnvoll sind, bei denen sich das Signifikanzniveau auf 0 x schwarz und 4 x schwarz verteilt. Hier gibt es zwei Trennlinien. Die Tests in Abschnitt 9.1 sind einseitig.

9.2.1 Ein Signifikanzniveau fordern

Wir sind davon ausgegangen, wann die Nullhypothese zutreffen soll, nämlich bei 1, 2 oder 3 schwarzen Kugeln. Umgekehrt gibt es Aufgaben, die ein bestimmtes Signifikanzniveau vorgeben, das mindestens erreicht werden soll. Dies bedeutet, dass angegeben wird, wie hoch maximal der Fehler sein darf, den man beim Abschätzen machen kann. Gefragt wird dann nach der Anzahl schwarzer Kugeln, die den Annahmebereich der Nullhypothese darstellen.

Um diese umgekehrte Fragestellung zu beantworten, benötigen wir dasselbe Diagramm. Wir müssen uns entscheiden, ob wir es mit einem einseitigen oder zweiseitigen Test zu tun haben. Falls es sinnvoll ist, dass der Ablehnungsbereich sich verteilt (wie bei 0 x schwarz und 4 x schwarz), haben wir es mit einem zweiseitigen Test zu tun. Wir müssen lediglich die Längen (Wahrscheinlichkeiten) der Ereignisse, die man dem Ablehnungsbereich zuordnen will, addieren, bis wir das geforderte Signifikanzniveau erreicht haben. Soll dieses beispielsweise $\leq \frac{1}{8}$ sein, wählen wir die Lösung aus Diagramm 9.9.

Soll das Signifikanzniveau sogar $\leq \frac{1}{16}$ sein, könnten wir uns für einen einseitigen Test entscheiden und nur 0 x schwarz in den Ablehnungsbereich aufnehmen. Bei der Überprüfung der Gleichverteilung mag dies aber nicht sinnvoll sein, da wir denken, dass 4 x schwarz ebenfalls gegen eine Gleichverteilung spricht. Wir müssen den Stichprobenumfang vergrößern, um mit einem feineren zweiseitigen Signifikanzniveau arbeiten zu können.

9.2.2 Häufigkeitsverteilung möglicher Stichproben

Diagramm 9.10 fasst zusammen: Der Test besteht im viermaligen Ziehen mit Zurücklegen. Das Diagramm veranschaulicht die Häufigkeitsverteilung, die sich aus diesem Test ergibt. Während eine *Gleichverteilung* schwarzer und weißer Kugeln in der Grundgesamtheit angenommen wird, entspricht die Häufigkeitsverteilung schwarzer Kugeln der möglichen Stichproben keiner Gleichverteilung. Dies sieht man, wenn man die Häufigkeiten der Ereignisse nach rechts aus dem Diagramm heraus- und dann zusammenschiebt. Das ermöglicht einen besseren Vergleich der Häufigkeiten der fünf Ereignisse (k x S).

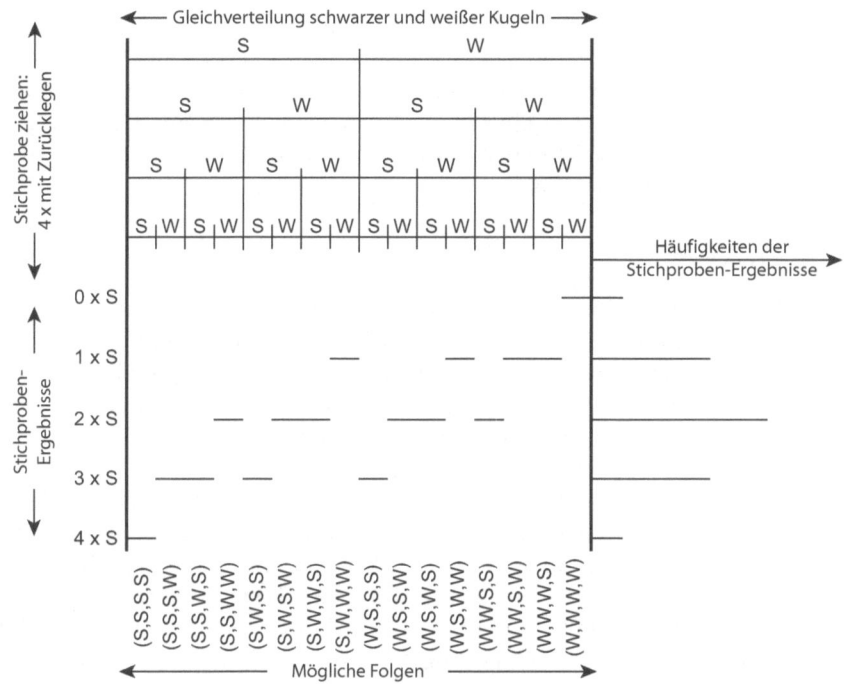

Diagramm 9.10: Testsituation über die Annahme einer Gleichverteilung.

9.2.3 Nullhypothese versus Alternativhypothese

Häufig werden die Begriffe *Nullhypothese* und *Alternativhypothese* wie folgt verwendet. Die Alternativhypothese (abgekürzt mit H_1) bezeichnet eine gemachte Annahme. Das Teilwort *alternativ* verweist darauf, dass diese Annahme eine Alternative zum bisherigen Stand der Forschung ist.

Nach dem *Falsifikationsprinzip* der Logik beweist man etwas, indem man zeigt, dass das Gegenteil nicht zutrifft. Denn oftmals ist es einfacher zu zeigen, dass etwas nicht richtig ist anstatt direkt die Korrektheit nachzuweisen.

Will man eine Alternativhypothese untermauern, formuliert man daher zunächst eine Hypothese, die das Gegenteil darstellt. Diese muss sich als falsch erweisen, falls die Alternativhypothese zutrifft. Diese Gegenhypothese wird als Nullhypothese (abgekürzt mit H_0) bezeichnet. Der Teilbegriff *Null* verweist auf ihre vermutete *Null- und Nichtigkeit*.

Man versucht nun die Nullhypothese zu falsifizieren, indem man prüft, ob die Stichprobendaten gegen sie sprechen. Trifft dies zu, fasst man das als Bestätigung der Alternativhypothese auf.

Abschnitt 9.1.2 diskutiert die Fehler 1. und 2. Art. Die Nullhypothese gleicht in diesem Zusammenhang der Ersthypothese. Das bedeutet, ein Fehler 1. Art wird begangen, wenn H_0 zugunsten von H_1 verworfen wird, obwohl H_0 zutrifft. Umgekehrt wird ein Fehler 2. Art gemacht, wenn H_1 richtig ist, jedoch auf die Korrektheit von H_0 geschlossen wird. Viele Tests sind darauf ausgerichtet, primär einen Fehler 1. Art zu vermeiden.

9.2.4 p-Wert

Mit Hilfe des Falsifikationsprinzips soll gezeigt werden, dass es unterschiedlich viele schwarze und weiße Kugeln gibt. So wird als Nullhypothese eine Gleichverteilung schwarzer und weißer Kugeln formuliert. Diese gilt als widerlegt, wenn eine Stichprobe so beschaffen ist, dass ihr zufälliges zustande kommen unter der Annahme von H_0 sehr unwahrscheinlich wäre. In diesem Fall liegt die Stichprobe im Ablehnungsbereich von H_0.

Die Anzahl schwarzer Kugeln wird als *Teststatistik*[1] bezeichnet. Sie betrachtet die interessierende Eigenschaft des Versuchsausgangs. Im Beispiel fasst sie die Stichprobe in einem einzigen Wert zusammen: der Anzahl schwarzer Kugeln. Diese bilden die möglichen Werte der Teststatistik.

Der *p-Wert* ist ein Maß für die Stärke der Gewissheit, dass man die Nullhypothese ablehnen darf. Anders gesagt ist es die Wahrscheinlichkeit, dass der Zufall zu einem *mindestens so aussagekräftigen* Ergebnis kommen kann wie das, was die Stichprobe zeigt. Der p-Wert muss daher für Werte der Teststatistik berechnet werden, das heißt in Abhängigkeit der Anzahl schwarzer Kugeln, gegeben die zu widerlegende Nullhypothese. Gibt es 0 schwarze Kugeln in der Stichprobe ist dies *mindestens so aussagekräftig* wie 0 weiße Kugeln. Beides spricht im selben Grade gegen eine Gleichverteilung. Die Summe beider Wahrscheinlichkeiten bestimmen daher den p-Wert:

$$P(\text{mindestens so gut wie 0 x schwarz} \mid H_0) = \frac{1}{16} + \frac{1}{16} = \frac{1}{8}$$

Die Wahrscheinlichkeit ist $\frac{1}{8}$, dass wir nur zufällig dieses Stichprobenergebnis erzeugt haben (die Werte finden sich in Diagramm 9.9 auf Seite 101).

Angenommen es gibt 1 schwarze Kugel in der Stichprobe. Zur Beurteilung der Ablehnung einer Gleichverteilung ist es *mindestens so aussagekräftig* 0 schwarze oder 1 oder 0 weiße Kugeln vorzufinden. Die Summe der Wahrscheinlichkeiten dieser vier Fälle bestimmen in diesem Fall den p-Wert:

$$P(\text{mindestens so gut wie 1 x schwarz} \mid H_0) = \frac{1}{16} + \frac{4}{16} + \frac{4}{16} + \frac{1}{16} = \frac{5}{8}$$

---

[1]Manchmal auch *Testgröße*, *Prüfgröße*, *Prüffunktion* oder lapidar *Statistik* genannt.

Bei einseitigen Tests liegen die gleichwertigen Fälle (*mindestens so aussa-gekräftig*) immer nur auf einer Seite, was deren Bestimmung vereinfacht. Es gibt nur eine Trennlinie.

Je kleiner der p-Wert des Versuchsausgangs ist, desto eher kann man davon ausgehen, dass der Versuchsausgang nicht zufällig zustande gekommen ist – dass eine Gesetzmäßigkeit für das Ergebnis verantwortlich ist, die in der Alternativhypothese formuliert ist. Ist der p-Wert kleiner als das Signifikanz-niveau, wird die Nullhypothese abgelehnt. Daher wählt man das Signifikanz-niveau sehr klein, wenn man zum Beispiel im Falle eines neuen Medikaments sicher gehen will: dessen Wirksamkeit wird mit H_1 formuliert, während dessen Gleichheit mit einem Placebo durch H_0 repräsentiert wird.

9.3 Hypothesen und Tests

In Abschnitt 7.8 auf Seite 79 wurden schon einmal Hypothesen und Tests behandelt. Dort waren die Tests jedoch Teil eines mehrstufigen Experiments (Diagramm 9.11). Dagegen bestehen die Tests im vorliegenden Kapitel in der Entnahme von Stichproben und der Betrachtung derjenigen Ereignisse, die in der Stichprobe auftreten können. In Abschnitt 7.8 stellen Hypothesen und Tests Teilexperimente in Folgen dar und müssen im Konstruktionsschritt berücksichtigt werden. Dagegen sind Tests hier Teil des Inspektionsschritts.

Ein wesentlicher Unterschied im vorliegenden Kapitel: Die Verteilungen von Wahrscheinlichkeiten sind unbekannt und sollen erraten werden. Hierzu werden Annahme- und Ablehnungsbereiche der Hypothesen bestimmt. Dagegen waren die Wahrscheinlichkeiten in Abschnitt 7.8 alle bekannt. Es ging lediglich darum, die vier Fälle zu unterscheiden, die in Testsituationen auftreten können (*true negative, false positive, true positive* und *false negative*).

Insbesondere besteht die Hypothese beim Wurf des Kerngehäuses darin, dass es im Papierkorb gelandet ist. Der Test wird in diesem Beispiel mit Hilfe meines Gehörs durchgeführt. Mein Gehör kann sich hierbei täuschen, was selbst durch ein Teilexperiment dargestellt wird (*false positive* und *false negative*). In diesem Kapitel besteht dagegen jeder Test in der Entnahme einer

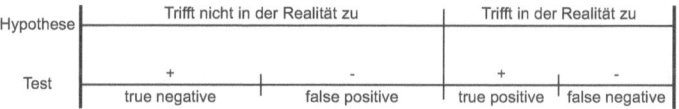

Diagramm 9.11: Korrekte und nicht korrekte Bestätigung oder Widerlegung der Hypothese, falls die Wahrscheinlichkeiten alle bekannt sind.

Stichprobe von beispielsweise zwei Kugeln. Damit will man die Hypothese testen, ob eine bestimmte Verteilung für schwarz und weiß vorliegt. Auch hierbei kann man sich täuschen und unterscheidet die Fehler 1. und 2. Art. Die Alternativhypothese entspricht der Möglichkeit Hypothese trifft in der Realität zu. Entsprechend verkörpert die Nullhypothese den Fall Hypothese trifft nicht in der Realität zu. Die Teststatistik wird durch mein Gehör repräsentiert. Damit entspricht der Fehler 1. Art einem *false positive* und der Fehler 2. Art einem *false negative*. Wenn mein Gehör korrekterweise die Nullhypothese ablehnt, haben wir es mit einem *true negative* zu tun. Höre ich, dass das Kerngehäuse im Papierkorb landet, falls ich tatsächlich den Papierkorb getroffen habe, liegt ein *true positive* vor.

9.4 Zusammenfassung

Nicht immer sind die Wahrscheinlichkeiten in einer Aufgabe gegeben. Stattdessen gibt es Alternativvorschläge oder nur einen Einzelvorschlag, den es nachzuweisen gilt. Entsprechend führt man einen Alternativtest oder Signifikanztest durch.

Während bisher Wahrscheinlichkeitsverteilungen gegeben waren und es um die Berechnung der Wahrscheinlichkeiten spezifischer Ereignisse ging, hat sich dieses Kapitel mit dem umgekehrten Fall beschäftigt: Man findet in einer Stichprobe bestimmte Häufigkeiten und versucht auf die zugrundeliegende Wahrscheinlichkeitsverteilung zu schließen, von Ereignissen der Stichprobe zu verallgemeinern. Mit diesem umgekehrten Weg beschäftigt sich die *schließende Statistik*. Diese soll in diesem Buch zumindest im Ansatz erklärt werden, um die Konzepte der Wahrscheinlichkeitstheorie auf die Statistik übertragen zu lernen.

Dieses Kapitel hat sich dabei auf einfache Urnenbeispiele beim Erraten von Verteilungen beschränkt, wie der Gleichverteilung schwarzer und weißer Kugeln. Wesentlich interessantere Verteilungen werden im nächsten Kapitel vorgestellt. Je nach Experiment beschreibt eine bestimmte Verteilung den Zufall der gegebenen Experimentiersituation. Diese Verteilung muss man dann als Nullhypothese wählen, damit man die Zufälligkeit des Zustandekommens einer Stichprobe berechnen kann.

Kapitel 10

Segmente mit endlich vielen Teilen

In realen Situationen kennt man nicht immer die Verteilung der Wahrscheinlichkeiten, wie beim Münzwurf oder Würfeln. Es gibt aber typische Verteilungen, die immer wieder auftreten. Diese zeigen sich in bestimmten Aufteilungen des Ereignisraums und leiten sich häufig aus mehrstufigen Experimenten mit bestimmten Eigenschaften ab. Dieses und das nächste Kapitel stellen einige der geläufigsten Verteilungen vor.

10.1 Den Ereignisraum ordnen

Diagramm 10.1 zeigt eine *Gleichverteilung* der Wahrscheinlichkeiten, die wir vom Würfeln her kennen. Jede Gleichverteilung segmentiert den Ereignisraum in gleich lange Abschnitte. In wie viele, hängt vom konkreten Experiment ab. Beim Würfeln sind es sechs Abschnitte, beim Münzwurf nur zwei. Die Gleichverteilung kommt immer dann zum Zuge, wenn alle Elementarereignisse gleich wahrscheinlich sind.

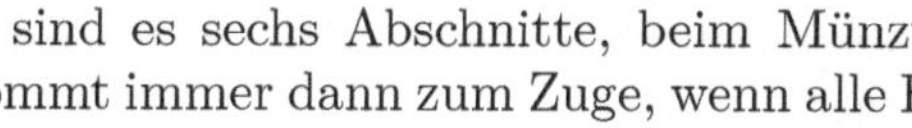

Diagramm 10.1: Die Gleichverteilung beim Würfeln mit einem fairen Würfel.

Diagramm 10.2 zeigt dagegen eine Verteilung mit verschiedenen Wahrscheinlichkeiten für die Ereignisse, die mit den Großbuchstaben A bis G bezeichnet werden. A und G sind gleich wahrscheinlich, ebenso B und F sowie

Diagramm 10.2: Eine Normalverteilung.

C und E. D ist am wahrscheinlichsten, während die Wahrscheinlichkeiten von {C,E}, {B,F} und {A,G} in dieser Reihenfolge immer kleiner werden. Auch dies ist eine typische Verteilung. Eine vereinfachte Form der *Normalverteilung.*

In jeder Normalverteilung liegt das Ereignis mit der höchsten Wahrscheinlichkeit in der Mitte (D in Diagramm 10.2). Dagegen werden zu beiden Seiten hin die Wahrscheinlichkeiten immer kleiner. – Ab sofort vereinbaren wir, dass die möglichen Ereignisse im Diagramm in einer bestimmten Reihenfolge angeordnet werden. Aus einer festen Anordnung können gewisse Vorteile gezogen werden, wie wir bald sehen werden.

Um eine Reihenfolge zu erhalten, bilden wir jedes Ereignis eindeutig auf eine Zahl ab. Hierdurch wird eine Ordnung hergestellt. Beim Würfeln ist eine solche Abbildung schon durch die möglichen Ereignisse selber gegeben (die Zahlen 1 bis 6). In anderen Experimenten ergibt sich diese aus dem Zusammenhang. Beispielsweise werfen wir in einer Experimentfolge dreimal eine Münze und zählen wie häufig Kopf geworfen wird. Diese Häufigkeit legt dann eine bestimmte Anordnung der Ereignisse nullmal Kopf, einmal Kopf, zweimal Kopf und dreimal Kopf fest.

Indem die Ereignisse eine bestimmte Ordnung bekommen, können wir sogar Experimente beschreiben, die aus beliebig vielen Ereignissen bestehen. Dies eröffnet weitere, viel interessantere Anwendungsbereiche:

- Wir spannen eine Zeitskala im Ereignisraum auf. Dann beschreiben Ereignisse Phänomene, die eine bestimmte Zeit andauern. Zum Beispiel wie lange ein Würfel braucht, bis er zur Ruhe kommt. Oder wie lange Sie brauchen, bis Sie ihn wiedergefunden haben, nachdem er unter den Tisch gefallen ist.

- Der Ereignisraum kann durch ein Metermaß überspannt werden. Dann lassen sich Ereignisse unterscheiden, die durch bestimmte Längen charakterisiert sind. Zum Beispiel die Strecke, die ein Würfel zurücklegt.

Aber bevor wir auf solche Experimente zu sprechen kommen, bleiben wir zunächst noch bei endlich vielen Ereignissen und wenden uns einer sehr verbreiteten Verteilung zu: der Binomialverteilung.

10.2 Binomialverteilung

Wir interessieren uns für die fünf Ereignisse: nullmal, einmal, zweimal, dreimal oder viermal Kopf zu werfen. Die Wahrscheinlichkeiten ermitteln wir mit Hilfe von Diagramm 10.3.

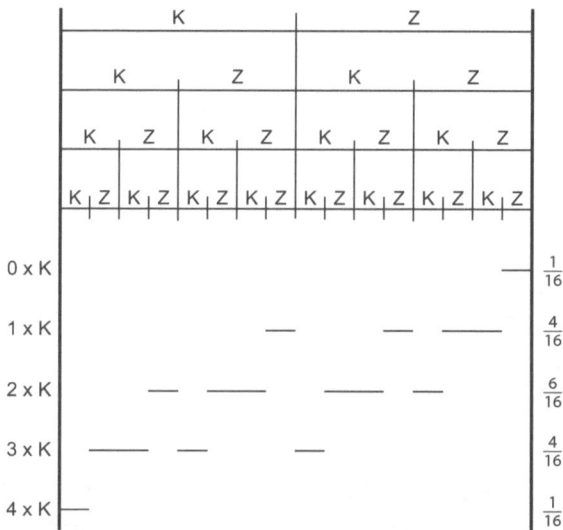

Diagramm 10.3: 4 x Münze werfen: k x Kopf, für $k \in \{0, 1, 2, 3, 4\}$.

Für die fünf Ereignisse k x Kopf sehen wir uns deren Wahrscheinlichkeiten etwas genauer an. Hierzu verschieben wir die Segmente nach rechts bis sie aus dem Diagramm heraus geschoben wurden. So sind wir schon einmal mit Diagramm 9.10 auf Seite 103 verfahren. Hieraus resultiert das Stabdiagramm, das auf der rechten Seite in Diagramm 10.4 zu sehen ist.

Rechts neben dem Stabdiagramm sehen wir zusätzlich unsere um 90° gedrehte diagrammatische Darstellung derselben Häufigkeitsverteilung. So wird aus der Gleichverteilung des einzelnen Münzwurfs und seiner viermaligen Ausführung eine so genannte *Binomialverteilung*: das Experiment k x Kopf.[1]

Für ein Experiment, das einer Binomialverteilung genügt, gilt:

- Es gibt eine feste Sequenz von Teilexperimenten (vier Münzwürfe).

---

[1] *Binomisch* lässt sich wörtlich mit *zwei Namen* übersetzen. Es bezeichnet solche Experimente, in denen es zwei Möglichkeiten gibt (Kopf oder Zahl). Man sagt auch, man habe es mit einer *dichotomen* Grundgesamtheit zu tun. Dichotom bedeutet *zweigeteilt*.

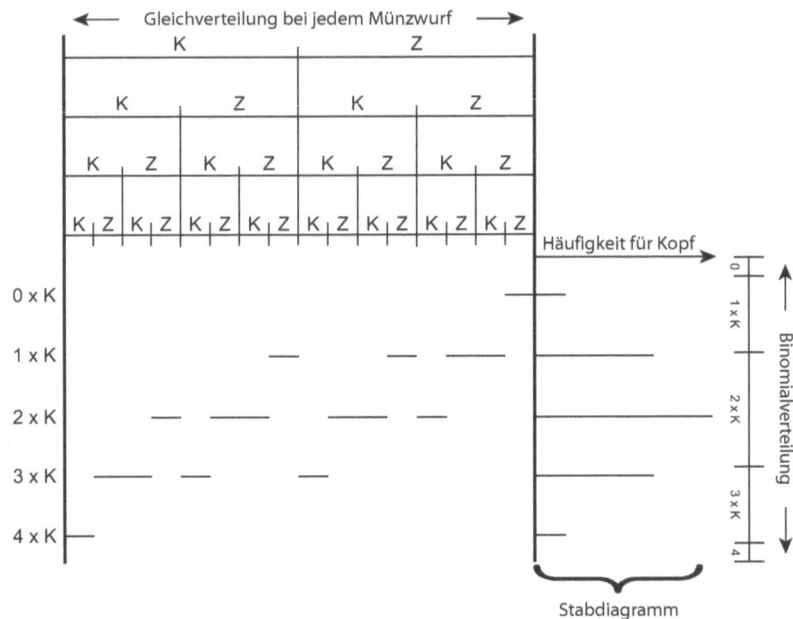

Diagramm 10.4: Der einzelne Münzwurf entspricht einer Gleichverteilung. Es interessiert die Häufigkeit für Kopf beim viermaligen Münzwurf. Die Wahrscheinlichkeiten für das Experiment k x Kopf ergeben eine Binomialverteilung.

- Jedes Teilexperiment besteht aus zwei Ereignissen, die zusammen das sichere Ereignis ergeben und sich nicht überlappen (Kopf und Zahl).

- Alle Teilexperimente sind gleich aufgebaut und unabhängig (in jedem Teilexperiment ist $P(\text{Kopf}) = P(\text{Zahl}) = \frac{1}{2}$).

Dass die Binomialverteilung rechts in Diagramm 10.4 so symmetrisch ist, liegt daran, dass die Wahrscheinlichkeiten für Kopf und Zahl gleich sind. Dies wird für Binomialverteilungen jedoch nicht gefordert. Die Wahrscheinlichkeiten der beiden Möglichkeiten dürfen auch verschieden sein.

Ein Beispiel hierfür zeigt Diagramm 10.5 mit drei Münzwürfen. Hier gilt: $P(\text{Kopf}) = \frac{3}{4}$ und $P(\text{Zahl}) = \frac{1}{4}$. Das Experiment k x Kopf führt in diesem Fall zu einer Binomialverteilung, die eine aufsteigende Treppe von Häufigkeiten darstellt, wobei die dritte und vierte Stufe gleich hoch sind.

Anhand der Diagramme 10.4 und 10.5 lernen wir, dass die aus Experimentfolgen resultierenden Binomialverteilungen nicht immer gleich aussehen, selbst wenn wir jedesmal dieselben Ereignisse k x Kopf betrachten. Das Ausse-

110

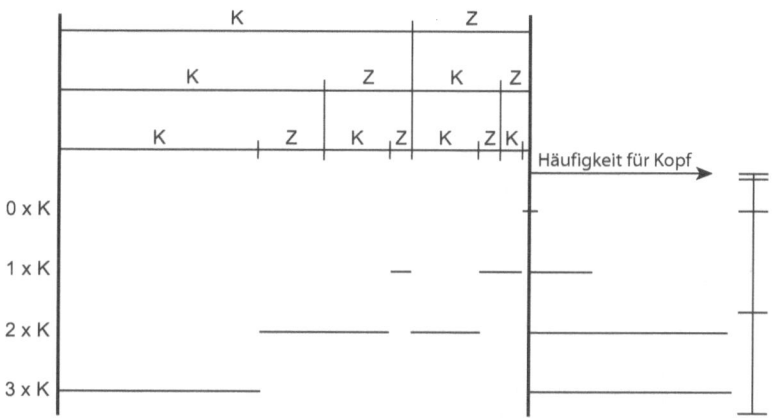

Diagramm 10.5: Binomialverteilung mit $P(\mathsf{Kopf}) = \frac{3}{4}$ und $P(\mathsf{Zahl}) = \frac{1}{4}$.

hen von Binomialverteilungen ist vielmehr von den Einzelwahrscheinlichkeiten der Teilexperimente abhängig. Nur falls Kopf und Zahl gleich wahrscheinlich sind, sieht die resultierende Binomialverteilung symmetrisch aus.

Anstelle der Anzahl Kopf-Würfe kann man sich auch für andere Ereignisse interessieren. Zum Beispiel für die Häufigkeiten der Wechsel aufeinanderfolgender Würfe: (K, K) und (Z, Z) zeigen keinen Wechsel, jedoch (K, Z) und (Z, K). (K, K, K, Z) und (K, K, Z, Z) besitzen jeweils einen Wechsel, (Z, K, K, Z) dagegen zwei (Diagramm 10.8 auf Seite 114).

In den Beispielen sind Folgen auf natürliche Zahlen k abgebildet worden: k x Kopf oder k Wechsel. Diese Folgen stellen bestimmte Ereignisse in Binomialverteilungen dar. Um deren Wahrscheinlichkeiten geht es als nächstes.

10.2.1 Die genauen Längen der Segmente

Interessant sind die Längen der Ereignisse der Binomialverteilungen (also diejenigen für k x Kopf). Es gibt eine Möglichkeit, diese Längen zu berechnen. Hierzu muss man folgende Größen kennen:

- n: die Länge der Folge (3 in Diagramm 10.5)

- p: die Wahrscheinlichkeit für Kopf ($\frac{3}{4}$ in Diagramm 10.5)

- k: die Anzahl Würfe für Kopf ($k \in \{0,1,2,3\}$ in Diagramm 10.5)

Diese Parameter sind in die folgende Formel einzusetzen, in der B für Binomialverteilung steht:

111

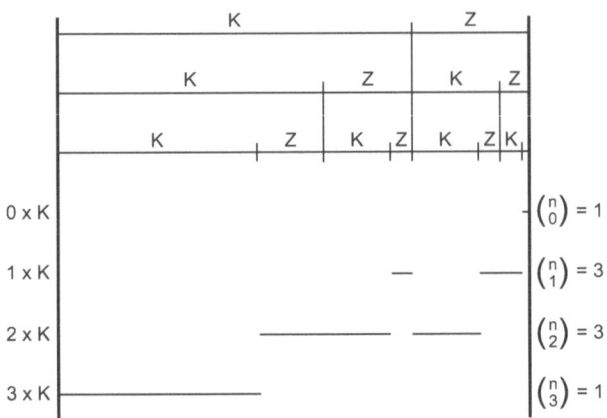

Diagramm 10.6: Die Binomialkoeffizienten ($k = 0...n$, $n = 3$) geben an, auf wie viele Arten man 0 x Kopf, 1 x Kopf, 2 x Kopf und 3 x Kopf erhalten kann.

$$B(n; p; k) = \binom{n}{k} \cdot p^k \cdot (1-p)^{n-k} \tag{10.1}$$

$\binom{n}{k}$ steht für eine Häufigkeit: wie viele Möglichkeiten es gibt, aus einer Menge mit n Elementen k auszuwählen. Wenn $k = 0$ ist, ergibt sich hierfür 1. Denn so blöd sich das auch anhören mag, aber es gibt eine Möglichkeit, kein Element aus n Elementen auszuwählen. In Diagramm 10.6 entspricht dies 0 x K oder, was gleichbedeutend ist, 3 x Z.

Die Anzahl Kopf-Würfe in einer Folge von n Experimenten ist $\binom{n}{k}$. Die Wahrscheinlichkeit für 0 x K berechnet sich wie folgt:

$$B(n; p; k) = \binom{n}{k} \cdot p^k \cdot (1-p)^{n-k}$$

$$B\left(3; \frac{3}{4}; 0\right) = \binom{3}{0} \cdot \left(\frac{3}{4}\right)^0 \cdot \left(1 - \frac{3}{4}\right)^{3-0}$$

$$= 1 \cdot 1 \cdot \left(1 - \frac{3}{4}\right)^{3-0} \tag{10.2}$$

$$= \left(\frac{1}{4}\right)^3$$

$$= \frac{1}{64}$$

Das heißt, der kleinste Abschnitt (0 x k) in Diagramm 10.6 ist $\frac{1}{64}$.

Für $k = 1$ errechnet sich:

$$B\left(3; \frac{3}{4}; 1\right) = \binom{3}{1} \cdot \left(\frac{3}{4}\right)^1 \cdot \left(1 - \frac{3}{4}\right)^{3-1}$$

$$= 3 \cdot \frac{3}{4} \cdot \left(\frac{1}{4}\right)^2 \qquad (10.3)$$

$$= 3 \cdot \frac{3}{4} \cdot \frac{1}{16}$$

$$= \frac{9}{64}$$

Der zweitkürzeste Abschnitt ist 9 Mal so lang wie der kürzeste.

Für $k = 2$ gilt:

$$B\left(3; \frac{3}{4}; 2\right) = \binom{3}{2} \cdot \left(\frac{3}{4}\right)^2 \cdot \left(1 - \frac{3}{4}\right)^{3-2}$$

$$= 3 \cdot \frac{9}{16} \cdot \left(\frac{1}{4}\right)^1 \qquad (10.4)$$

$$= 3 \cdot \frac{9}{64}$$

$$= \frac{27}{64}$$

2 x K und 3 x K sind gleich lang, nämlich $\frac{27}{64}$. Wenn die Wahrscheinlichkeiten aller Ereignisse dieser Binomialverteilung addiert werden, erhalten wir

$$P(\Omega) = B\left(3; \frac{3}{4}; 0\right) + B\left(3; \frac{3}{4}; 1\right) + B\left(3; \frac{3}{4}; 2\right) + B\left(3; \frac{3}{4}; 3\right)$$

$$= \frac{1}{64} + \frac{9}{64} + \frac{27}{64} + \frac{27}{64} = \frac{64}{64} = 1 \qquad (10.5)$$

Diese Summe von 1 entspricht wie immer der Länge eines Ereignisraums. Dieser wird für die besprochene Binomialverteilung in Diagramm 10.7 dargestellt.

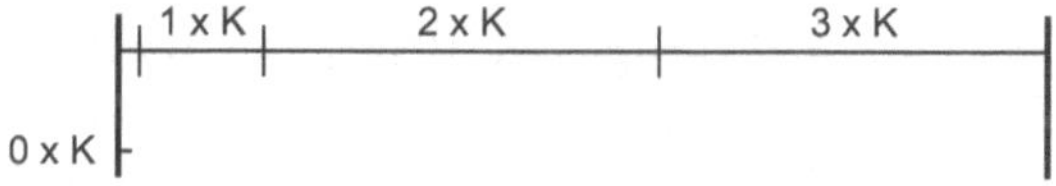

Diagramm 10.7: Die Binomialverteilung $B\left(3; \frac{3}{4}; k\right)$.

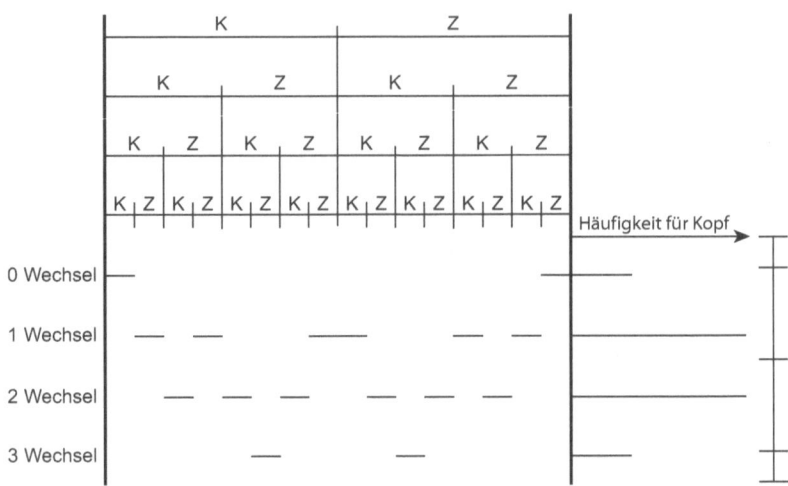

Diagramm 10.8: Experiment k Wechsel.

10.3 Verteilung aus Experimentfolge erzeugen

Diagramm 10.9 fasst zusammen, wie sich aus einer Experimentfolge und der Betrachtung bestimmter Ereignisse eine neue Verteilung ergibt. Zu diesem Zweck müssen Ereignisse ausgewählt werden, die im Rahmen der Experimentfolge eine Eigenschaft erschöpfend erfassen. In den Beispielen haben wir es mit Folgen von drei beziehungsweise vier Münzwürfen zu tun und eine Eigenschaft beschreibt die Anzahl der Kopfwürfe. Ihre Häufigkeit wird erschöpfend mit den Ereignissen nullmal bis viermal Kopf erfasst. Genauso erschöpfend sind die Häufigkeiten der Wechsel von Kopf und Zahl in Diagramm 10.8 gegeben: Es sind zwischen null und drei Wechsel beim viermaligen Münzwurf möglich.

Nachdem wir auf diese Weise eine bestimmte Verteilung hergeleitet habe, können wir diese einem neuen Einzelexperiment zugrunde legen. Es beschreibt die Situation, vier Münzen zugleich zu werfen. Mit einem Schlag werden die Wahrscheinlichkeiten für k x Kopf im Ereignisraum verteilt. Dies kommt einer Zusammenfassung von Diagramm 10.3 auf Seite 109 gleich: Was zunächst neun Zeilen in Anspruch nimmt (Schritt 1 in Diagramm 10.9), wird auf nur eine Zeile abgebildet (Schritt 3 in Diagramm 10.9). In diesem neuen Experiment sind die kleinsten Wahrscheinlichkeiten links und rechts im Diagramm und stehen für nullmal Kopf beziehungsweise viermal Kopf. In der Mitte ist das längste Segment, das für zweimal Kopf steht und beim viermaligen Münzwurf am wahrscheinlichsten ist.

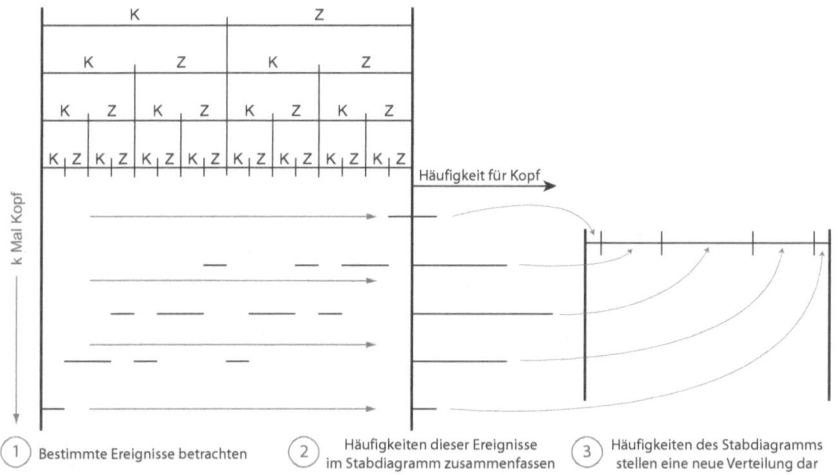

Diagramm 10.9: In drei Schritten neue Verteilung aus Experimentfolge gewinnen. Im Gegensatz zu den Diagrammen 10.4 - 10.8 ist die resultierende Verteilung nicht um 90° verdreht. Im dritten Schritt wurden die Längen der fünf Möglichkeiten gleichmäßig gestaucht, damit das Diagramm in eine einzige Abbildung passt.

10.3.1 Eine Experimentfolge der neuen Verteilung

Doch damit nicht genug. Der Spaß geht jetzt erst richtig los: Wir betrachten eine Folge von zwei Experimenten (hört sich ja nicht weiter schlimm an, da wir dies bereits seit Kapitel 5 tun). Außerdem sind beide Teilexperimente gleich aufgebaut (leichter geht es gar nicht). Jedoch steht jedes Teilexperiment für das folgende komplexe Experiment, das wir gerade hergeleitet haben:

Vier Münzen werfen und die Häufigkeit für Kopf betrachten.

Somit steht eine Folge zweier solcher Teilexperimente für

Zweimal hintereinander vier Münzen werfen und jeweils die Häufigkeit für Kopf betrachten.

Damit lassen sich dann ganz besonders verrückte Aufgaben stellen:

A: *Wie hoch ist die Wahrscheinlichkeit, das erste Mal* zweimal Kopf *und beim zweiten Mal* zweimal Kopf *zu werfen, wenn ich zweimal hintereinander jeweils vier Münzen in die Luft werfe und separat die Häufigkeit für* Kopf *zähle?*

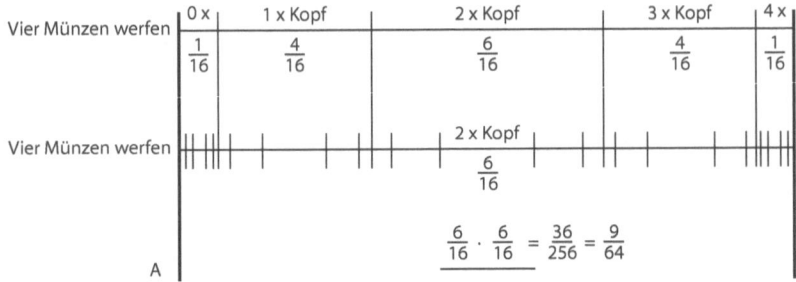

Diagramm 10.10: Neue Verteilung als Experimentfolge nutzen. Die Wahrscheinlichkeiten können Diagramm 10.3 auf Seite 109 entnommen werden.

Die Lösung schütteln wir ganz lässig mit Diagramm 10.10 aus dem Ärmel.

Zur Übung sehen wir uns zwei weitere Ereignisse an. Diese werden in Diagramm 10.11 mit B und C bezeichnet. B entspricht:

$$P(2 \times K \mid 1 \times K)$$

Also: *Die Wahrscheinlichkeit für zweimal* K *beim zweiten Viererwurf, gegeben dass beim ersten Viererwurf einmal* K *geworfen wurde.*

C steht dagegen für

$$P(1 \times K) \cdot P(2 \times K)$$

Dies ist *die Wahrscheinlichkeit für einmal* K *beim ersten Viererwurf und zweimal* K *beim zweiten Viererwurf.*

Fehlen nur noch die genauen Wahrscheinlichkeitswerte, die oben im Diagramm stehen: $P(1 \times K) = \frac{4}{16}$ und $P(2 \times K) = \frac{6}{16}$. Daher gilt

$$P(B) = P(2 \times K \mid 1 \times K) = \frac{\frac{6}{16} \cdot \frac{4}{16}}{\frac{4}{16}} = \frac{6}{16} = \frac{3}{8}$$

und

$$P(C) = P(1 \times K) \cdot P(2 \times K) = \frac{4}{16} \cdot \frac{6}{16} = \frac{24}{256} = \frac{3}{32}$$

Dass B mit $\frac{3}{8} = \frac{12}{32}$ größer ist als C mit $\frac{3}{32}$, ist unmittelbar aus dem Diagramm ersichtlich, da B lediglich zu dem Ereignis 1 x Kopf im ersten Teilexperiment, C jedoch zum gesamten Ereignisraum ins Verhältnis zu setzen ist. Mit anderen Worten, während C im Verhältnis zum gesamten Ereignisraum recht kurz ist, ist B relativ lang, da es aufgrund der Bedingtheit zu einem kleinen Teilraum ins Verhältnis zu setzen ist.

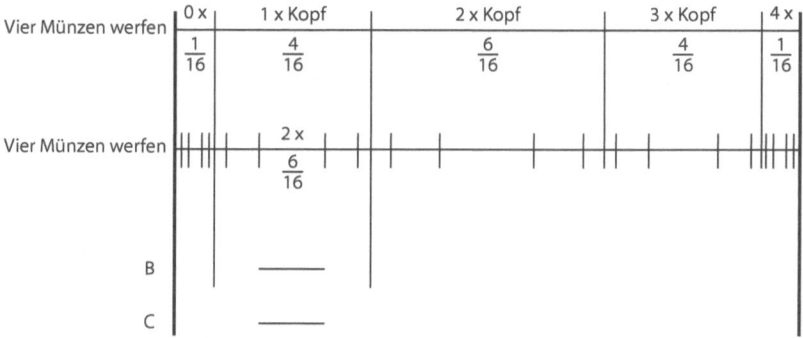

Diagramm 10.11: Zwei Vierermünzwürfe in zweistufiger Experimentfolge.

10.3.2 Verteilungen aus Verteilungen bilden ...

Als nächstes nehmen wir die Ereignisse

D: Beide Viererwürfe zeigen gleich häufig Kopf.

E: Es wird unterschiedlich häufig Kopf geworfen.

Dies führt erneut zu einer Verteilung, die nun aus nur zwei Ereignissen besteht. Damit gibt es in dieser neuen Verteilung so viele Ereignisse wie in unserer Ausgangslage, in der wir eine Münze in einem Teilexperiment einmal geworfen haben. Dann wäre ein neues Elementarereignis der neuen Verteilung gleich dem komplexen Ereignis

F: *Es wird in zwei aufeinanderfolgenden Viererwürfen beide Male gleich häufig* Kopf *geworfen.*

Dieses Spiel können wir beliebig weit treiben und die Ereignisse werden immer komplexer. Hierbei hat man es mit einem Wechsel aus Folgen und hieraus resultierenden, immer komplizierteren Teilexperimenten zu tun.

Umgekehrt könnte man bei einer schwierigen Aufgabenstellung überlegen, ob man diese auf dieselbe Art, nur eben umgekehrt, aufschlüsseln kann. Hierzu ist zu analysieren, welche Folgen sich mit welchen Teilexperimenten auf der Basis der Aufgabenstellung bestimmen lassen. Stößt man dabei wiederholt auf verwickelte Teilexperimente, ist zu untersuchen, ob sich diese wiederum in Folgen auflösen lassen – solange bis man Teilexperimente ermittelt hat, für deren Elementarereignisse Wahrscheinlichkeiten angegeben werden können.

Aber anstatt uns in diesen Überlegungen zu verlieren, wenden wir uns lieber der nächsten Verteilung zu.

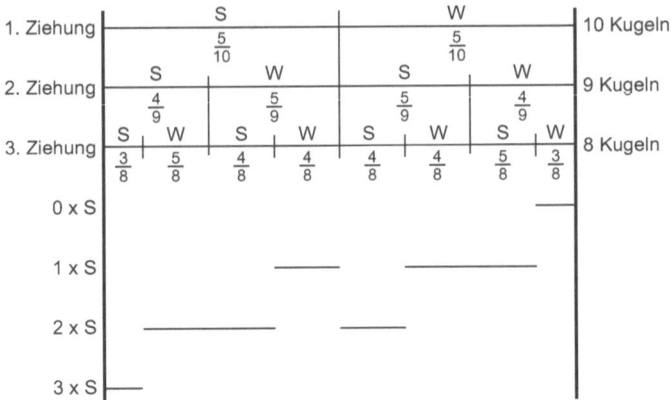

Diagramm 10.12: In der Urne sind 5 schwarze und 5 weiße Kugeln. Drei werden ohne Zurücklegen gezogen. Wie viele schwarze Kugeln sind dabei?

10.4 Hypergeometrische Verteilung

Anders als bei der Binomialverteilung geht es bei der hypergeometrischen Verteilung um Experimente *ohne Zurücklegen*. Es gelten folgende Bedingungen:

- Es gibt eine feste Sequenz von Teilexperimenten.

- Jedes Teilexperiment besteht aus zwei Ereignissen, die zusammen das sichere Ereignis ergeben und sich nicht überlappen.

- In jedem Teilexperiment wird aus der gegebenen Population ein Objekt *ohne Zurücklegen* gezogen. Daher ändern sich die Wahrscheinlichkeiten.

Wie im Übrigen auch bei der Binomialverteilung darf es durchaus mehr als zwei Elementarereignisse geben. Es wird lediglich gefordert, dass man alle Elementarereignisse gemäß eines Kriteriums in zwei disjunkte Klassen unterteilen kann (zum Beispiel **gerade** und **ungerade** beim Würfeln).

In Diagramm 10.12 werden 3 Kugeln aus einer Urne mit 5 schwarzen und 5 weißen Kugeln ohne Zurücklegen gezogen. Es interessieren die Wahrscheinlichkeiten für **k Mal schwarz**. Rechts am Diagramm steht für jedes Teilexperiment die Anzahl der verbleibenden Kugeln. Diese bestimmen die sich ändernden Wahrscheinlichkeiten für **schwarz** und **weiß**. Beispielsweise ist

$$P(1 \times S) = (S\ W\ W) \vee (W\ S\ W) \vee (W\ W\ S)$$
$$= \left(\frac{5}{10} \cdot \frac{5}{9} \cdot \frac{4}{8}\right) + \left(\frac{5}{10} \cdot \frac{5}{9} \cdot \frac{4}{8}\right) + \left(\frac{5}{10} \cdot \frac{4}{9} \cdot \frac{5}{8}\right) = \frac{300}{720} = \frac{5}{12}$$

118

10.4.1 Die genauen Längen der Segmente

Anstatt den Pfaden im Diagramm zu folgen, gibt es auch einen rechnerischen Weg, um die Längen der Ereignisse (k x S) der hypergeometrischen Verteilung zu bestimmen. Hierzu muss man folgende Größen kennen, die alle Diagramm 10.12 entnommen werden können:

- N: Umfang der Grundgesamtheit (10 Kugeln)

- M: Anzahl Treffer in Grundgesamtheit (5 Schwarze)

- n: Länge der Folge (3)

- k: Anzahl Treffer in der Folge ($k \in \{0,1,2,3\}$)

Diese Parameter sind in die folgende Formel einzusetzen, in der h für hypergeometrische Verteilung steht:

$$h(k \mid N; M; n) = \frac{\binom{M}{k}\binom{N-M}{n-k}}{\binom{N}{n}} \tag{10.6}$$

$\binom{M}{k}$ ist die Anzahl Möglichkeiten, k Treffer von den M Schwarzen zu erhalten. Weiß erhält man entsprechend auf $\binom{N-M}{n-k}$ Arten. Schließlich kann man aus der Grundgesamtheit mit N Elementen auf $\binom{N}{n}$ Arten n Kugeln auswählen. Für obiges Beispiel (10.6) muss sich $\frac{5}{12}$ ergeben:

$$h(1 \mid 10; 5; 3) = \frac{\binom{5}{1}\binom{10-5}{3-1}}{\binom{10}{3}} = \frac{5 \cdot 10}{120} = \frac{5}{12} \tag{10.7}$$

10.5 Geometrische Verteilung

Bisher war für jedes Experiment eine feste Anzahl an Stufen vorgegeben. Möglicherweise kennt man diese Anzahl aber nicht. Beispielsweise stellt sich die Frage, wie oft man in die Urne greifen muss bis man zum ersten Mal schwarz zieht. In diesem Fall hilft weder die Binomialverteilung noch die hypergeometrische Verteilung. Denn beide Verteilungen basieren auf einer festgelegten Anzahl von Teilexperimenten. In Diagramm 10.12 sind es beispielsweise drei. Wir wissen jedoch nicht, beim wievielten Teilexperiment das erste Mal schwarz gezogen oder das erste Mal Kopf geworfen wird. Dies kann sofort passieren, beim zweiten Mal oder möglicherweise erst später. Diese Fragestellung erfordert eine weitere Verteilung.

Diagramm 10.13 zeigt die Wahrscheinlichkeiten, beim x-ten Wurf Kopf zu werfen, für x = 1 bis 4. Die Wahrscheinlichkeit für Kopf beträgt stets $\frac{1}{2}$. Das

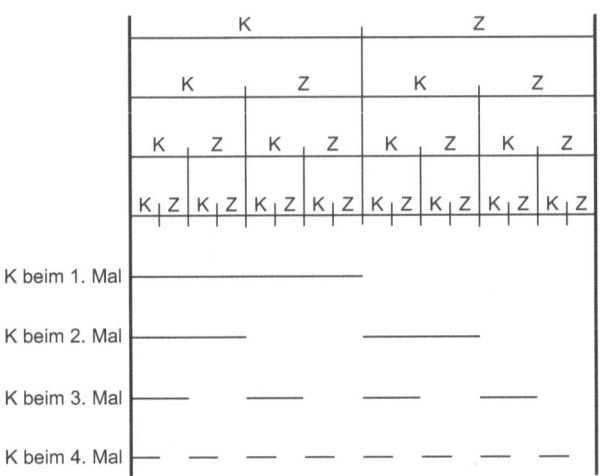

Diagramm 10.13: Wahrscheinlichkeit beim x-ten Wurf Kopf zu werfen.

macht offensichtlich Sinn, da beim einmaligen Münzwurf die Wahrscheinlichkeit für Kopf $\frac{1}{2}$ ist und beim mehrmaligen Münzwurf die Unabhängigkeit der Teilexperimente eine angemessene Annahme darstellt.

Je größer x ist, desto kleiner werden die Segmente, die für Kopf stehen. Denn der Ereignisraum wird gemäß der Teilexperimente in eine Menge kleiner Abschnitte fragmentiert, deren Anzahl durch Stufe x bestimmt wird: 2^{x-1} (Anzahl Abschnitte auf Stufe 1: $2^{1-1} = 2^0 = 1$, auf Stufe 4: $2^{4-1} = 2^3 = 8$). In der Summe aber bekommen wir immer den Wert $\frac{1}{2}$ für das Ereignis Kopf beim x-ten Wurf.

Soll beim x-ten Wurf das erste Mal Kopf auftreten (Diagramm 10.14), muss bis dahin immer Zahl geworfen worden sein. Daher sind die Ereignisse Kopf beim x-ten Wurf disjunkt (zu *disjunkt* siehe Tabelle 3.1 auf Seite 39).

Die Wahrscheinlichkeit für das erste Mal Kopf wird immer kleiner, je größer x ist. Denn es ist sehr wahrscheinlich, Kopf bereits bekommen zu haben, wenn man schon häufig die Münze geworfen hat, also x entsprechend groß ist. So können wir uns vorstellen, dass die Segmente sehr klein werden, wenn x noch größer ist, größer als 10 oder gar 100. Diese immer stärker werdende Abnahme der Wahrscheinlichkeit, beim x-ten Wurf das erste Mal einen Treffer (Kopf) zu haben, ist für eine geometrische Verteilung typisch.[2]

---

[2]Diese Bezeichnung ist an die sogenannte *geometrische Reihe* angelehnt, bei der immer kleinere Brüche in einer Reihenentwicklung aufsummiert werden. Diese entsprechen den in Diagramm 10.14 immer kürzer werdenden Ereignissegmenten. Diese schrumpfen im vorliegenden Beispiel exponentiell, denn für ihre Länge gilt $\frac{1}{2^x}$ für $x \geq 1$.

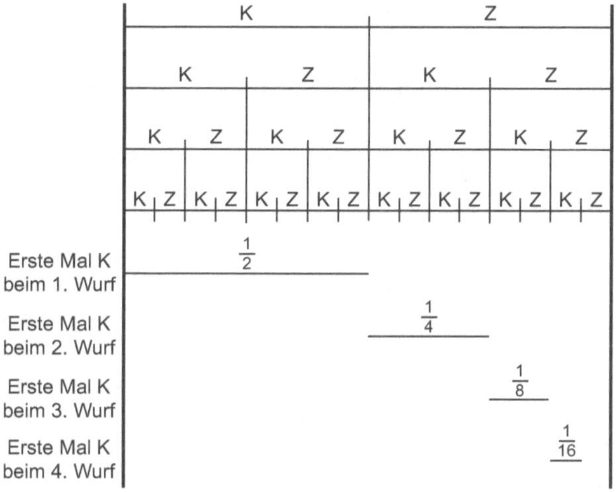

Diagramm 10.14: Wahrscheinlichkeit, Kopf das erste Mal bei Wurf x.

10.5.1 Die genauen Längen der Segmente

Die Wahrscheinlichkeit beim x. Teilexperiment das erste Mal Erfolg zu haben:

$$P(x) = p \cdot (1 - p)^{x-1} \tag{10.8}$$

Mit $p = \frac{1}{2}$ erhählt man für das erste Mal Kopf beim 4. Wurf:

$$P(4) = \frac{1}{2} \cdot \left(1 - \frac{1}{2}\right)^{4-1} = \frac{1}{2} \cdot \frac{1}{8} = \frac{1}{16} \tag{10.9}$$

Diese Verteilung ähnelt der Binomialverteilung. Im Gegensatz zu dieser kommt es hier jedoch nur darauf an, immer den 1. Treffer abzuwarten. Daher gibt es bedeutend weniger Fälle, so dass der Binomialkoeffizient und der Exponent bei p wegfallen. Denn für die geometrische Verteilung ist k stets 1, da Kopf nur einmal auftreten soll (vergleiche Gleichung 10.1 auf Seite 112).

10.6 Variationen für x Mal treffen

Bei allen besprochenen Verteilungen geht es uns immer um dasselbe: Es gibt ein bestimmtes Ereignis, das wir als Treffer bezeichnen (etwa Kopf oder Schwarz) und uns interessiert die Wahrscheinlichkeit, dass es eine bestimmte Anzahl an Treffern gibt. Dabei können wir unter verschiedenen Experimentierbedingungen wählen, die unterschiedliche Verteilungen erfordern.

Im Falle der geometrischen Verteilung sind die Experimentierbedingungen besonders einfach: Wir führen solange ein Teilexperiment nach dem anderen durch bis wir das erste Mal einen Treffer haben. Erst danach ist das Experiment beendet. Dagegen erfordern sowohl die Binomial- als auch die hypergeometrische Verteilung, eine festgelegte Anzahl von Teilexperimenten, die das Gesamtexperiment bestimmen.

Im Folgenden besprechen wir eine weitere Experimentierbedingung, mit der noch ganz andere Situationen des täglichen Lebens erfasst werden können: Die Anzahl n der Teilexperimente kann beliebig groß werden und die Einzelwahrscheinlichkeit eines Treffers wird mit zunehmendem n immer kleiner. Dies beschreibt Experimente, bei denen der Durchschnittswert für einen Treffer gleich bleibt, zugleich aber auf zunehmend filigraneren Ebenen Treffer erwartet werden. Da eine diagrammatische Vorstellung dieser Verteilung schwierig ist, darf man auch direkt zu Abschnitt 10.9 auf Seite 126 springen, falls einem diese Verteilung zu abstrakt ist.

10.7 Poissonverteilung

Ich zähle die Anzahl der Telefonanrufe, die mich im Laufe eines Tages erreichen. Im Schnitt sind es 5. Nun möchte ich jedoch wissen, ob mich innerhalb einer bestimmten Minute jemand anruft (*ausgerechnet dann wenn ...*). Ein Tag hat 24 Stunden á 60 Minuten, macht $24 \cdot 60 = 1440$ Minuten. Entsprechend viele Teilexperimente gibt es. So kann ich mich in jeder der 1440 Minuten fragen, ob es in eben dieser Minute klingeln wird. Wenn es im Schnitt 5 Anrufe am Tag gibt, dann gibt es im Schnitt $\frac{5}{1440} = \frac{1}{288}$ Anrufe pro Minute und die Wahrscheinlichkeit ist sehr gering, dass es in einem von 1440 *Teilexperimenten* gerade klingelt. Betrachte ich Sekunden, wird diese Wahrscheinlichkeit sogar noch viel kleiner, da es dann $1400 \cdot 60 = 86400$ Sekunden, das heißt Teilexperimente gibt, auf die sich die 5 Durchschnittsanrufe verteilen.

Ist die Anzahl der Teilexperimente sehr groß, während die Wahrscheinlichkeit für Treffer sehr klein ist, nennen wir die zugrunde liegende Verteilung *Poissonverteilung*.[3] Aufgabenstellungen, die eine Poissonverteilung zugrunde legen, nennen anstelle der Trefferwahrscheinlichkeit und der Anzahl von Teilexperimenten die *Ereignisrate*. Diese gibt uns darüber Auskunft, wie häufig durchschnittlich das interessierende Ereignis eintritt (die durchschnittlichen Anrufe im Laufe eines Tages). Diesen Durchschnittswert kürzen wir mit λ (sprich: lambda) ab. Kennen wir λ, dann können wir berechnen, wie hoch die Wahrscheinlichkeit ist, eine bestimmte Anzahl von Treffern in einem festgelegten Zeitraum zu erzielen (einer bestimmten Minute oder Sekunde).

---

[3]Diese Verteilung ist nach dem Mathematiker Siméon Denis Poisson benannt.

Man könnte im Falle der Poissonverteilung das Wahrscheinlichkeitsdiagramm zeichnen. Aufgrund der hohen Anzahl an Teilexperimenten wird das Diagramm jedoch extrem hoch, das heißt es besteht aus sehr vielen Zeilen (1440 beziehungsweise 86400 im Falle der Granularitätsstufe von Sekunden). Zugleich werden die Segmentlängen für Treffer minimal, mutieren zu kaum mehr sichtbaren Punkten (der Länge $\frac{1}{288}$ beziehungsweise $\frac{1}{17280}$ des Ereignisraums: so lässt sich schon nicht einmal mehr das zweite Teilexperiment – unter der Bedingung Treffer im 1. Teilexperiment – zeichnen).

Der Struktur nach handelt es sich um ein Diagramm der Binomialverteilung mit zwei Ereignissen und unabhängigen Teilexperimenten. Allerdings wird das Treffersegment jeweils sehr klein und die Anzahl Teilexperimente sehr groß.

10.8 Eine konkrete Poissonverteilung

Am Tag erreichen mich 5 Anrufe. Daher erreichen mich in jeder Minute des Tages mit derselben Ereignisrate $\frac{5}{1440} = 0{,}003472$ Anrufe. Diese Division setzt allerdings voraus, dass die Anrufe gleich über den Tag verteilt sind.

Um die Wahrscheinlichkeit zu berechnen, dass mich k Anrufe bei einer gegebenen Ereignisrate λ erreichen, benutzt man die Formel der Poissonverteilung:

$$P(k) = \frac{\lambda^k e^{-\lambda}}{k!} \tag{10.10}$$

10.8.1 Erläuterungen zur Formel 10.10

e ist eine Konstante, die ungefähr 2,718 beträgt und λ ist die Ereignisrate, die wir aus der Aufgabenstellung kennen. Zusammen ergibt $e^{-\lambda}$ einen Wert der natürlichen Exponentialfunktion. Je größer λ ist, desto kleiner wird dieser Wert, da der Exponent negativ ist. Ein negativer Exponent führt dazu, dass der Wert der Exponentialfunktion sich immer mehr dem Wert 0 annähert. So sorgt $e^{-\lambda}$ dafür, dass im Zähler ein sehr kleiner Faktor steht, je größer λ ist. Umgekehrt sorgt λ^k dafür, dass der Zähler mit zunehmendem k wächst.

Die Fakultät $k!$ im Nenner zeigt, dass der Nenner schnell sehr groß wird. Der Zähler kann die Größe des Nenners weder bei kleinem λ noch bei großem λ ausgleichen. Solange k noch kleiner als λ ist, werden die Wahrscheinlichkeiten immer größer sein, als wenn k größer λ wird. Mit zunehmend größerem k wächst der Nenner schneller als der Zähler, da im Zähler lediglich der Faktor λ mit jedem weiteren k hinzukommt, während im Nenner der Wert von k direkt als Faktor auftritt.

Diese Formel erfordert weder die Anzahl an Teilexperimenten n (im Beispiel 1440), noch die Einzelwahrscheinlichkeit p eines Treffers. Von der Struktur her handelt es sich bei der gestellten Aufgabe um eine Binomialverteilung, siehe Seite 109 und folgende Formel 10.11:

$$B(n; p; k) = \binom{n}{k} \cdot p^k \cdot (1 - p)^{n-k} \tag{10.11}$$

Würde man jedoch versuchen, direkt die Formel der Binomialverteilung anzuwenden, müsste man einen sehr großen Binomialkoeffizienten handhaben. Das heißt, es wäre $\binom{1440}{k}$ zu berechnen, was durch geschickte Umformungen möglich ist, jedoch nicht mit Hilfe eines Taschenrechners, der nämlich an der Fakultät 1440! scheitern würde. So benutzt man stattdessen als Annäherung an die Binomialverteilung die Poissonverteilung.

10.8.2 Grenzen der Wahrscheinlichkeitsdiagramme

Verteilungen lernt man zum Beispiel dadurch kennen, dass man Werte in die Formel der betrachteten Verteilung einsetzt und beobachtet, wie sich für verschiedene Spektren an Werten die Formel verhält. So wie im vorherigen Abschnitt. Man bildet dabei den abstrakten Zusammenhang einer Formel auf konkrete Fälle ab.

Soweit sich unsere Wahrscheinlichkeitsdiagramme anwenden lassen, bilden wir stattdessen Werte auf geometrische Größen ab und können so den Zusammenhang mehrerer konkreter Fälle darstellen. Im besten Fall spiegeln sich darin Eigenschaften der Verteilung wider. Bloße numerische Werte beschränken sich aber zunächst einmal nur auf Einzelfälle und weitere Zusammenhänge gehen verloren (hier helfen aber klassische Funktionsgraphen).

Im Falle der Poissonverteilung konnten wir im vorherigen Abschnitt grob skizzieren, wie das entsprechende Diagramm mit extrem vielen Zeilen und sehr kurzen Segmenten aussehen müsste. So dienen die Diagramme zumindest noch der groben Vorstellung der Verteilung.

Um ein besseres Gefühl für die Poissonverteilung zu bekommen, sehen wir uns im Folgenden einige Beispiele an.

10.8.3 Beispiel 1 für Formel 10.10

Einen relativ hohen Wahrscheinlichkeitswert erhalten wir für $k = 5$ Anrufe pro Tag, weil das der durchschnittliche Wert an einem Tag ist:

$$P(k = 5) = \frac{\lambda^k \cdot e^{-\lambda}}{k!} = \frac{5^5 \cdot 2{,}718^{-5}}{5!} \approx 0{,}18 = 18\% \tag{10.12}$$

10.8.4 Beispiel 2 für Formel 10.10

Setzen wir beispielsweise die Anzahl der Anrufe auf $k = 10$. Dann erhalten wir bei den durchschnittlich 5 Anrufen am Tag

$$P(k = 10) = \frac{\lambda^k \cdot e^{-\lambda}}{k!} = \frac{5^{10} \cdot 2{,}718^{-5}}{10!} \approx 0{,}02 = 2\% \qquad (10.13)$$

Dass $P(k = 10)$, also die Wahrscheinlichkeit 10 Mal an einem Tag angerufen zu werden, nicht besonders groß ist, ist schon deswegen nicht verwunderlich, da im Schnitt nur fünfmal pro Tag das Telefon klingelt. Dass wir 10 Treffer erhalten, ist dann verständlicherweise nicht sehr wahrscheinlich. Andererseits ist dies nicht unmöglich (zum Beispiel an meinem Geburtstag). Die Ereignisrate λ ist eben nur ein Durchschnittswert und keine obere Schranke.

10.8.5 Beispiel 3 für Formel 10.10

In diesem Beispiel wird das zugrundeliegende Intervall von einem Tag stark fragmentiert. Hierbei entstehen weit über Tausend Teilexperimente, für die wahrscheinlichkeitstheoretische Aussagen gemacht werden sollen. Dabei ist die Ereignisrate in die neue Fragmentierungsgranularität zu übersetzen. Dies heißt nichts anderes, als nun mit Minuten anstatt Tagen zu rechnen. Die mittlere Rate für **Treffer** bleibt dabei unverändert.

Wie hoch ist die Wahrscheinlichkeit für einen Anruf in einer bestimmten Minute ($k = 1$), falls die Anrufe gleichmäßig über alle 24 Stunden verteilt sind? In diesem Fall ist

$$\lambda_{Minute} = \frac{\lambda_{Tag}}{Minuten\ am\ Tag} = \frac{5}{1440} = \frac{1}{288}$$

Anrufe pro Minute (wobei λ_{Tag} für das bisherige einfache λ steht).

$$P(k = 1) = \frac{\lambda_{Minute}^k \cdot e^{-\lambda_{Minute}}}{k!} = \frac{\frac{1}{288}^1 \cdot 2{,}718^{-\frac{1}{288}}}{1!} \approx 0{,}0034 \approx 0{,}3\%$$

Dieser Wert ist verständlicherweise recht klein, da es unwahrscheinlich ist, in einer von 1440 Minuten einen Anruf zu erhalten, wenn es im Schnitt nur 5 Anrufe für alle 1440 Minuten am Tag gibt.

Im entsprechenden Diagramm gibt es 1440 Zeilen für alle 1440 Teilexperimente. Jedes einzelne steht dafür, dass es entweder einen Anruf innerhalb der jeweiligen Minute, für die dieses Teilexperiment steht, gibt oder nicht. In jedem dieser Teilexperimente nimmt die Segmentlänge für einen Treffer etwa 0,34% der Länge des Teilexperiments ein.

10.8.6 Poissonverteilung anderer Aufgabenstellungen

In anderen Aufgabenstellungen wird ebenfalls ein Durchschnittswert λ genannt. Allerdings muss sich die Aufgabenstellung nicht auf Zeitintervalle beziehen. Es kann auch um andere Größen gehen, wie etwa Rechtschreibfehler pro Buchseite. Dann können Sie zum Beispiel ausrechnen, wie wahrscheinlich es ist, dass Sie 10 Rechtschreibfehler auf einer zufällig aufgeschlagenen Seite dieses Buches finden. Dazu müssen Sie allerdings die durchschnittliche Ereignisrate kennen, die hoffentlich nahe null liegt.

10.9 Zusammenfassung

In diesem Kapitel haben wir einige typische Verteilungen beschrieben. Der Begriff *Verteilung* bezieht sich darauf, wie das Wahrscheinlichkeitsdiagramm in Abschnitte zu segmentieren ist. Anders gesagt, wie hoch die Wahrscheinlichkeiten der möglichen Ereignisse sind. Die Wahrscheinlichkeiten können ganz unterschiedlich auf die möglichen Ereignisse verteilt sein. Meistens zeigt sich hierbei eine bestimmte Systematik.

Verschiedene Verteilungen ergeben sich aus möglichen Situationen mehrstufiger Experimente: Es gibt eine feste Anzahl von Teilexperimenten (Binomialverteilung mit Zurücklegen und hypergeometrische Verteilung ohne Zurücklegen); oder es gibt keine feste Anzahl von Teilexperimenten: Experimentierfolge wiederholen bis der erste Treffer eintritt (geometrische Verteilung).

Im Falle der Poissonverteilung gibt es zwar eine feste Anzahl von Teilexperimenten. Jedoch kann diese Anzahl beliebig hoch werden (in einem physikalischen Experiment die Fragmentierung eines Zeitraums in Nanosekunden), während zugleich die Wahrscheinlichkeit eines Treffers sehr klein ist (Detektion eines Elementarteilchens). Die Poissonverteilung ist von der Struktur her gleich einer Binomialverteilung, jedoch mit einer gegen unendlich strebenden Anzahl an Teilexperimenten und einer gegen 0 strebenden Wahrscheinlichkeit für einen Treffer.

Wir haben uns in diesem Kapitel auf diskrete Experimente beschränkt. Das sind solche Experimente, für die wir alle möglichen Elementarereignisse aufzählen können (Kopf oder Zahl, Weiß oder Schwarz, Anzahl der Telefonanrufe). Dagegen gibt es Experimente, für die das nicht mehr möglich ist. Beispielsweise bei zeitlichen Phänomenen wie der Dauer bis die Münze auf einer ihrer Seiten liegen bleibt. Oder welche Strecke die Münze zurücklegt. Da man die Zeit und die zurückgelegten Wege beliebig genau messen kann, gibt es hierfür unendlich viele Ereignisse. Diesen wenden wir uns im nächsten Kapitel zu.

Kapitel 11

Stetige Segmente

Bisher wurden verschiedenste Experimentfolgen untersucht. Häufig ist die Situation jedoch so einfach, dass wir es lediglich mit einem Einzelexperiment zu tun haben. Im Gegensatz zum Münzwurf gibt es aber wesentlich interessantere Einzelexperimente mit sehr vielen Möglichkeiten. Wie sich sogar unendlich viele Ereignisse den endlichen Ereignisraum teilen, wird im Folgenden erklärt.

11.1   Beliebig viele Ereignisse

Mit unendlich vielen Ereignissen hat man es zu tun, sobald sich nicht mehr alle Möglichkeiten in endlicher Zeit *aufzählen* lassen. Sogar noch umfangreicher sind Ereignismengen, die sich nicht einmal *abzählen* lassen. Ereignisse solcher *überabzählbaren* Mengen lassen sich jedoch zumindest messen. Beispiele sind Ereignisse über stetige Wertebereiche: Gewichte, Längen oder Zeiten.

Beispielsweise benötige ich zwischen einer Sekunde und zwanzig Minuten bis ich eine Folie für meine Vorlesung angefertigt habe. Ich kann die Zeit, die ich benötige, recht genau messen. Über viele Jahre habe ich festgestellt, dass in etwa alle Größenordnungen zwischen einer Sekunde und zwanzig Minuten gleich häufig auftreten. In nur ein bis zehn Sekunden habe ich Abschnittsfolien kopiert und eventuell den einen oder anderen Buchstaben geändert. Alle weiteren Folien können sehr einfach oder recht komplex sein. Mehr als zwanzig Minuten benötige ich aber niemals, um eine Folie zu erstellen.

Der hierfür notwendige Ereignisraum kommt nicht mehr mit endlich vielen Abschnitten aus. Vielmehr bezeichnen unendlich viele Abschnitte bestimmte Ereignisse, da man die Zeit beliebig genau messen kann. Selbst wenn ich die Zeit nur bis auf eine Sekunde genau ermittel, hätte ich sehr viele Ereignisse, die beispielsweise folgendermaßen lauten:

- Die Anfertigung einer Folie dauert mindestens zehn Sekunden.

- Die Anfertigung einer Folie dauert höchstens eine Minute.

- Die Anfertigung einer Folie dauert zwischen vier und acht Minuten.

Beim Münzwurf gibt es zwei mögliche Ereignisse. In diesem Beispiel aber können wir beliebig viele benennen.

11.2 Der stetige Ereignisraum

Im letzten Kapitel wurden bestimmte Anordnungen der Ereignisse aus Folgen abgeleitet, etwa k Mal Kopf bei der Binomialverteilung (siehe auch Abschnitt 10.1 Seite 108). Eine bestimmte Anordnung ist auch für Einzelexperimente sinnvoll, wenn uns eine messbare Größe interessiert. So kann man im Ereignisraum die Zeit darstellen, die ich benötige, um eine Folie anzufertigen. Diagramm 11.1 zeigt den Ereignisraum für eine Zeitskala, die bei einer Sekunde startet und bei zwanzig Minuten endet. Dazwischen gibt es unendlich viele Zeitpunkte. Ereignisse, die weniger als eine Sekunde oder länger als 20 Minuten andauern, können in diesem Diagramm nicht dargestellt werden.

Diagramm 11.1: Der Ereignisraum zeigt eine Zeitskala, die von 1 Sekunde auf der linken Seite bis 20 Minuten auf der rechten Seite reicht.

Wie bisher stellen wir ein Ereignis durch ein Segment dar. Ein Segment muss eine Mindestlänge haben, wenn es nicht das unmögliche Ereignis repräsentieren soll (siehe Abschnitt 2.2 und Diagramm 2.3 auf Seite 23). Hier steht jedes Segment für eine Zeitdauer. Diese startet zu einem Zeitpunkt t_0 und endet zu einem späteren Zeitpunkt t_1 (Diagramm 11.2).

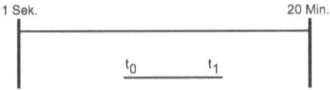

Diagramm 11.2: Ein Ereignis, das bei t_0 startet und bei t_1 endet.

Wir interessieren uns im Ereignisraum nur für Zeitintervalle, jedoch nicht für Zeitpunkte. Ein Zeitpunkt hat eine Dauer von null Sekunden, das heißt besitzt de facto keine Dauer. Zeitpunkte entsprechen daher Segmenten der Länge null, die für das unmögliche Ereignis stehen.

Diagramm 11.3: Das Ereignis A: zwischen 59 Sekunden und 61 Sekunden Dauer (1200 Sekunden entsprechen 20 Minuten).

Was machen wir, wenn uns dennoch interessiert, *exakt* eine Minute für eine Folie zu benötigen? Wir müssen auf Zeitintervalle zurückgreifen. Wir können das Ereignis definieren, dass die Erstellung einer Folie mindestens 59 Sekunden und höchstens 61 Sekunden dauert (siehe Diagramm 11.3). Auch können wir beliebig genau werden und fordern, dass die Anfertigung zwischen 59,99 und 60,01 Sekunden dauert. Allerdings: haargenau zu treffen, hat seinen Preis: Das Segment wird entsprechend klein und das korrespondierende Ereignis unwahrscheinlich – je genauer desto unwahrscheinlicher. *Exakt* können wir im Falle stetiger Merkmale immer nur in Relation zu einer bestimmten Genauigkeit sein; beispielsweise in Relation zu zwei Nachkommastellen.

Weitere Fälle zeigt Diagramm 11.4. X bezeichnet die Zeit zur Anfertigung einer Folie. Neben Einzelintervallen können Beziehungen wie *kürzer als 61* (X < 61) oder *länger als 61* (X > 61) berücksichtigt werden. Natürlich sind die Intervalle für [59; 61] und [119; 121] in Diagramm 11.4 zu lang geraten, sollen aber nur der Veranschaulichung dienen. Das sichere Ereignis bedeutet, dass ich zwischen einer Sekunde und zwanzig Minuten für eine Folie benötige. Das trifft immer zu und hat daher die Wahrscheinlichkeit 1.

Analog zur Zeitskala können andere stetige Merkmale, etwa Entfernungen, repräsentiert werden. In stetigen Ereignisräumen gibt man den kleinsten und größten Wert oben links und oben rechts an (1 Sek. und 1200 Sek.). Diese Werte bestimmen den Definitionsbereich. Ein Ereignis, das den kompletten

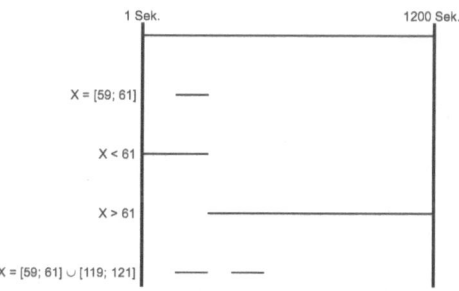

Diagramm 11.4: Verschiedene Ereignisse auf der Zeitskala.

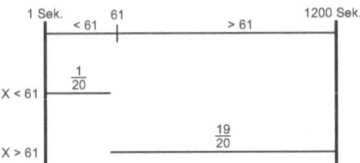

Diagramm 11.5: Teilung des stetigen Ereignisraums in zwei Abschnitte.

Bereich abdeckt, entspricht dem sicheren Ereignis. Auch bei stetigen Merkmalen liegen die möglichen Wahrscheinlichkeiten zwischen null und eins.

Einen stetigen Ereignisraum kann man je nach Interesse in beliebige Abschnitte aufteilen. So zeigt Diagramm 11.5, dass $P(\mathsf{X} < 61) < P(\mathsf{X} > 61)$. Denn das Segment, das für das Ereignis **weniger als 61 Sekunden** steht, ist kürzer als das andere Segment.

11.3 Stetige Gleichverteilung

Wie hoch ist die Wahrscheinlichkeit $P(\mathsf{X} \leq 61)$? Da wir es mit einer Gleichverteilung zu tun haben[1], ist es einfach, die Wahrscheinlichkeiten in Form von Brüchen anzugeben. Da 60 Sekunden ein zwanzigstel von 1200 Sekunden sind, muss $P(\mathsf{X} \leq 61) = \frac{1}{20}$ sein (Diagramm 11.5).[2]

Wir verallgemeinern dieses Beispiel indem wir festlegen, dass der kleinste Wert des Definitionsbereiches a heißt und der größte Wert b. Uns interessiert die Wahrscheinlichkeit eines Ereignisses C. Damit wir uns weiterhin im normierten Ereignisraum zwischen den Wahrscheinlichkeitswerten null und eins bewegen, muss das Ereignis C in Relation zum Definitionsbereich gesetzt werden: Wenn die Dauer von C mit |C| abgekürzt wird, dann gilt für die Wahrscheinlichkeit von C: $P(\mathsf{C}) = \frac{|\mathsf{C}|}{b-a}$. Diagramm 11.6 zeigt dies.

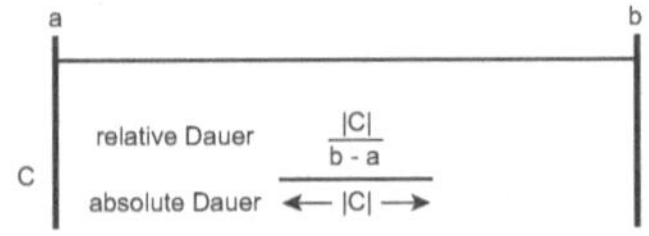

Diagramm 11.6: Die Wahrscheinlichkeit eines Ereignisses C bei einer stetigen Gleichverteilung ist gleich seiner relativen Dauer $\frac{|\mathsf{C}|}{b-a} = \frac{60}{1200-1} \approx \frac{1}{20}$.

---

[1]*...über viele Jahre habe ich festgestellt, dass in etwa alle Größenordnungen zwischen einer Sekunde und zwanzig Minuten gleich häufig auftreten* - siehe Seite 127.

[2]Wobei der Definitionsbereich eigentlich nur über $1200 - 1 = 1199$ Sekunden reicht.

11.4 Bedingtheit in stetiger Gleichverteilung

Mir ist aus Erfahrung bekannt, dass ich niemals länger als 10 Minuten für Folien ohne Bilder benötige. Wie hoch ist die Wahrscheinlichkeit, dass ich mehr als fünf Minuten für eine Folie benötige, auf der kein Bild ist? Das zusätzliche Wissen, dass ich nicht länger als 10 Minuten benötigen werde, führt zu einer bedingten Wahrscheinlichkeit. Das heißt der Definitionsbereich wird verkürzt zu einer Sekunde bis 10 Minuten. In Relation zu diesem Definitionsbereich muss die Wahrscheinlichkeit für $P(5 < \mathsf{X})$ berechnet werden. Offensichtlich liegt die Wahrscheinlichkeit bei $\frac{1}{2}$ (Diagramm 11.7).

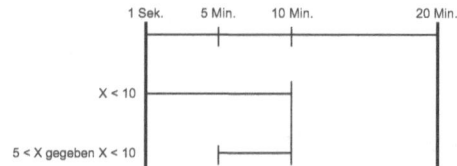

Diagramm 11.7: $P(5 < \mathsf{X} \mid \mathsf{X} < 10) = \frac{1}{2}$.

11.5 Quantile

Es ist auch eine ganz andere Fragestellung sinnvoll: Wie lange benötige ich höchstens für 90 Prozent aller Folien? *Höchstens* fragt nach einem Maximalwert. Nennen wir diesen t_1. In diesem Fall gilt $P(\mathsf{X} < t_1) = 0{,}90$ (Diagramm 11.8). Gesucht ist der Wert für t_1 und nicht der Wahrscheinlichkeitswert (0,90), wie das bisher der Fall war.

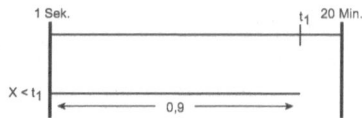

Diagramm 11.8: $P(\mathsf{X} < t_1) = 0{,}90$.

Aus Abschnitt 11.3 wissen wir: $P(\mathsf{C}) = \frac{|\mathsf{C}|}{b-a}$. Nun haben wir aber $P(\mathsf{C})$ gegeben und suchen stattdessen $|\mathsf{C}|$. Daher formen wir um: $|\mathsf{C}| = P(\mathsf{C}) \cdot (b-a)$.

Diagrammatisch wollen wir wissen, bis wohin das Segment mit der relativen Länge von 0,9 im Definitionsbereich des Ereignisraums reicht. Um einen Anteil von 0,9 zu bestimmen, muss die Gesamtlänge des Definitionsbereiches mit 0,9 multipliziert werden. Außerdem muss der kleinste Wert $a = 1$ Sekunde

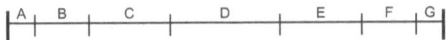

Diagramm 11.9: Eine Normalverteilung.

dazu addiert werden. Das heißt: $t_1 = 0{,}9 \cdot 1199 + 1 = 1080{,}1$ Sekunden oder ungefähr 18 Minuten ($\frac{1080{,}1}{60} = 18{,}001 \approx 18$). Ich benötige also für eine Folie in 90 Prozent aller Fälle höchstens 18 Minuten.

Allgemein gesagt haben wir ein *p-Quantil* betrachtet. Dieses teilt eine Verteilung bei dem Wert $0 < p < 1$ in zwei Bereiche auf. In unserem Fall ist $p = 0{,}9$. Das heißt wir unterscheiden alles, was kleiner als 0,9 ist, von allem, was größer ist. Häufig auftretende Quantile sind die p-Quantile, für die p die Werte 0,25 oder 0,5 oder 0,75 annimmt: die sogenannten *p-Quartile*.

11.6 Normalverteilung

Eine verbreitete Verteilung ist die Normalverteilung. Bei dieser Verteilung findet man die höchsten Wahrscheinlichkeitswerte um die Mitte des Diagramms herum. Dagegen werden die Wahrscheinlichkeiten immer kleiner, je weiter man sich von der Mitte weg bewegt (Diagramm 11.9).

Beim Würfeln gebe ich immer ähnlich viel Schwung, so dass im Mittel der Würfel eine Strecke von 60 cm zurücklegt, manchmal mehr, manchmal weniger. Niemals ist die Strecke kürzer als 0 cm (wie sollte das gehen?) oder länger als 120 cm (auf meinem Schreibtisch liegt ein dickes Buch, das den Würfel abbremst). Jede Strecke zwischen 0 cm und 120 cm ist möglich. Jedoch sind Weglängen, die näher an 60 cm sind, wahrscheinlicher als Weglängen, die weiter von 60 cm entfernt sind (Diagramm 11.10). Der Definitionsbereich zwischen 0 cm und 120 cm wird im Diagramm nicht gleichmäßig aufgeteilt: Der Abschnitt zwischen 50 cm und 60 cm ist beispielsweise länger als derjenige zwischen 40 cm und 50 cm. Denn es ist wahrscheinlicher, dass der Würfel eine Strecke zwischen 50 cm und 60 cm zurücklegt.

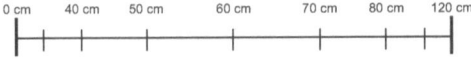

Diagramm 11.10: Entfernungen, die ein Würfel zurücklegt.

Wahrscheinlichkeiten interessieren, dass der Würfel *mindestens* eine bestimmte Strecke zurücklegt, *höchstens* eine gewisse Strecke benötigt oder eine Weglänge zurücklegt, die *zwischen* zwei Werten liegt. Aber dadurch, dass die Wahrscheinlichkeiten nicht gleich verteilt sind, ist die Berechnung nicht mehr so direkt wie bei einer Gleichverteilung möglich. Wir brauchen eine Vorgehensweise, die uns die richtigen Wahrscheinlichkeiten liefert. Anders gesagt suchen wir eine Methode, um die verschiedenen Längen zwischen 50 cm und 60 cm sowie zwischen 40 cm und 50 cm in Diagramm 11.10 zu bestimmen. Hierzu sehen wir uns eine besondere Normalverteilung an.

11.7 Die Standardnormalverteilung

Ich sitze in meinem Büro an einem sechs Meter breiten Schreibtisch. In der Regel sitze ich irgendwo um die Mitte herum, selten weiter außen. Meine Sitzposition kann durch eine *Standardnormalverteilung* beschrieben werden. Die Wahrscheinlichkeit ist am höchsten, dass ich irgendwo in der Nähe der Mitte bin. Zum Rand hin, nach links oder rechts, wird die Wahrscheinlichkeit immer kleiner, dass ich dort sitze. Gelegentlich bin ich aber auch dort zu finden. Ich halte mich standardmäßig mit einer Abweichung von einem Meter von der Schreibtischmitte entfernt auf. Diagramm 11.11 zeigt diese Situation.

Diagramm 11.11: Sitzpositionen an meinem Schreibtisch.

Tun wir mal so, als könnte es ernsthaft jemanden interessieren, dass ich mindestens einen Meter links von meiner Schreibtischmitte entfernt sitze. Die Wahrscheinlichkeit dafür veranschaulicht Diagramm 11.12. Wie können wir die Länge (sprich Wahrscheinlichkeit) für A bestimmen? Im Falle der Gleichverteilung müssten wir lediglich 2 m (A reicht von -1 m bis -3 m) durch 6 m teilen (Gesamtlänge des Ereignisraums), was $\frac{2}{6} = \frac{1}{3}$ ergibt. Im vorliegenden Fall werden die Wahrscheinlichkeiten zum Rand hin aber immer kleiner, so dass die Berechnung für $P(A)$ nicht mehr so einfach ist.

Anstatt $P(A)$ mit einer Formel auszurechnen, greifen wir auf eine verbreitete Methodik zurück: $P(A)$ können wir aus einer Tabelle ablesen, in der alle gängigen Wahrscheinlichkeiten der Standardnormalverteilung stehen. Man muss nur wissen, wie man den richtigen Tabelleneintrag findet.

Gesucht wird also $P(A) = P(X \leq -1)$ (siehe Diagramm 11.12). In dieser Aufgabe steht X für meine Sitzposition am Schreibtisch. Um den gesuchten Wahrscheinlichkeitswert zu finden, benötigen wir zwei Nachkommastellen, das heißt wir interessieren uns genauer gesagt nicht für $P(X \leq -1)$, sondern für $P(X \leq -1{,}00)$ (hört sich etwas pingelig an, ist aber notwendig). Wir werden

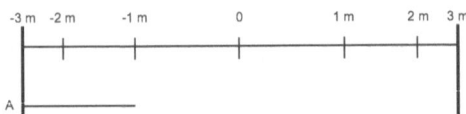

Diagramm 11.12: Wahrscheinlichkeit des Ereignisses A, dass ich mindestens einen Meter von meiner Schreibtischmitte nach links hin entfernt sitze.

gleich mit Hilfe des Wertes $-1{,}00$ aus einer Tabelle den passenden Wahrscheinlichkeitswert $P(X \leq -1{,}00)$ heraussuchen.

Vorher sehen wir uns aber einige Beispiele für die Wahrscheinlichkeitswerte der Standardnormalverteilung an (Diagramm 11.13). Es werden nur solche Ereignisse explizit betrachtet, die links im Diagramm beginnen. Diese können (mit beschränkter Genauigkeit) systematisch aufgezählt werden. Ihre Wahrscheinlichkeiten steigen stetig an. Alle anderen Ereignisse leiten sich aus diesen ab. Beispielsweise ist

$$P(-2 < X \leq -1) = P(X \leq -1) - P(X \leq -2) \tag{11.1}$$

(siehe Diagramm 11.14). Diese Wahrscheinlichkeitswerte und viele mehr werden in den Tabellen 11.1 und 11.2 auf den Seiten 136 und 137 aufgeführt.

11.7.1 Die Tabelle der Standardnormalverteilung lesen

Der Fall $X \leq w$

Die Einträge der Tabelle 11.1 fangen eigentlich alle mit einer Null vor dem Komma an, was die Tabelle aber sehr breit werden lässt.[3] Den richtigen

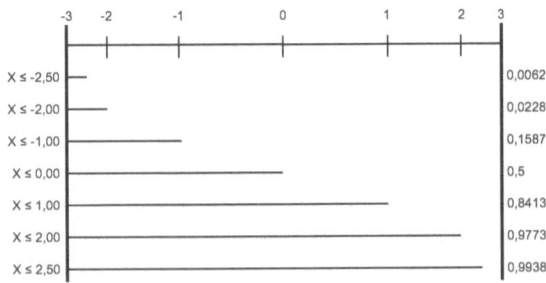

Diagramm 11.13: Einige Werte der Standardnormalverteilung.

---

[3]Diese Notation ist in den USA verbreitet, nur dass man dort anstatt des Kommas einen Punkt verwendet. Man schreibt anstelle von 0,5 schlicht .5 und spart Zeit und Platz.

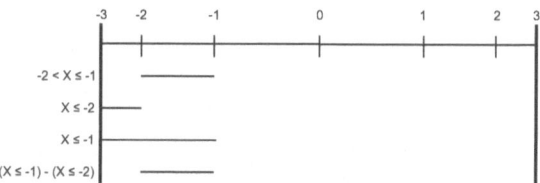

Diagramm 11.14: $P(-2 < \mathsf{X} \le -1) = P(\mathsf{X} \le -1) - P(\mathsf{X} \le -2)$.

Eintrag findet man wie folgt: Die Zeile bestimmt sich für den gesuchten Wert (im Beispiel −1,00) durch die Zahl vor dem Komma sowie der ersten Nachkommastelle (**-1,0**0), während die Spalte sich aus der zweiten Nachkommastelle ableitet (einer Null: −1,0**0**). Der Tabelleneintrag am Schnittpunkt dieser Zeile und Spalte zeigt die gesuchte Wahrscheinlichkeit (0,1587; das heißt $P(\mathsf{X} \le -1,00) = 0,1587$, Diagramm 11.15).

Das linke und das rechte Ende der Standardnormalverteilung

Wenn man es ganz genau nimmt, gibt es auch jenseits von −3 und +3 Wahrscheinlichkeitswerte ungleich null (in diesen Fällen Rolle ich mit meinem Schreibtischstuhl etwas zu weit über das Tischende hinaus). Die Wahrscheinlichkeit hierfür ist jedoch sehr klein. Beispielsweise ist $P(\mathsf{X} \le -3{,}1)$ gerade mal 0,001 und je weiter man nach links kommt, desto stärker nähert sich der Wahrscheinlichkeitswert dem Wert Null. Umgekehrt nähren sich die Wahrscheinlichkeitswerte, die bei X größer als drei auftreten, immer stärker dem Wert Eins an. Braucht man diese Werte im Einzelfall trotzdem, weil eine Aufgabenstellung dies erfordert, muss man sich diese Werte entweder selber ausrechnen oder in einer Tabelle nachschlagen, die ausführlicher ist als unsere Tabelle. Meistens reicht Tabelle 11.1 völlig aus. Deswegen beschränke ich mich im Folgenden auf diese Tabelle.

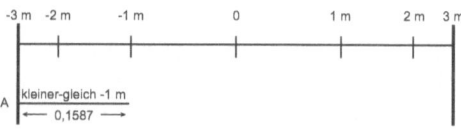

Diagramm 11.15: $P(\mathsf{A}) = P(\mathsf{X} \le -1,00) = 0,1587$; dieser Wert findet sich in Tabelle 11.1 in der Zeile −1,0 und der Spalte 0,00.

Tabelle 11.1: Wahrscheinlichkeitswerte der Standardnormalverteilung (1/2)

	0,00	0,01	0,02	0,03	0,04	0,05	0,06	0,07	0,08	0,09
-3,0	,0013	,0013	,0013	,0012	,0012	,0011	,0011	,0011	,0010	,0010
-2,9	,0019	,0018	,0018	,0017	,0016	,0016	,0015	,0015	,0014	,0014
-2,8	,0026	,0025	,0024	,0023	,0023	,0022	,0021	,0021	,0020	,0019
-2,7	,0035	,0034	,0033	,0032	,0031	,0030	,0029	,0028	,0027	,0026
-2,6	,0047	,0045	,0044	,0043	,0041	,0040	,0039	,0038	,0037	,0036
-2,5	,0062	,0060	,0059	,0057	,0055	,0054	,0052	,0051	,0049	,0048
-2,4	,0082	,0080	,0078	,0075	,0073	,0071	,0069	,0068	,0066	,0064
-2,3	,0107	,0104	,0102	,0099	,0096	,0094	,0091	,0089	,0087	,0084
-2,2	,0139	,0136	,0132	,0129	,0125	,0122	,0119	,0116	,0113	,0110
-2,1	,0179	,0174	,0170	,0166	,0162	,0158	,0154	,0150	,0146	,0143
-2,0	,0228	,0222	,0217	,0212	,0207	,0202	,0197	,0192	,0188	,0183
-1,9	,0287	,0281	,0274	,0268	,0262	,0256	,0250	,0244	,0239	,0233
-1,8	,0359	,0351	,0344	,0336	,0329	,0322	,0314	,0307	,0301	,0294
-1,7	,0446	,0436	,0427	,0418	,0409	,0401	,0392	,0384	,0375	,0367
-1,6	,0548	,0537	,0526	,0516	,0505	,0495	,0485	,0475	,0465	,0455
-1,5	,0668	,0655	,0643	,0630	,0618	,0606	,0594	,0582	,0571	,0559
-1,4	,0808	,0793	,0778	,0764	,0749	,0735	,0721	,0708	,0694	,0681
-1,3	,0968	,0951	,0934	,0918	,0901	,0885	,0869	,0853	,0838	,0823
-1,2	,1151	,1131	,1112	,1093	,1075	,1056	,1038	,1020	,1003	,0985
-1,1	,1357	,1335	,1314	,1292	,1271	,1251	,1230	,1210	,1190	,1170
-1,0	**,1587**	,1562	,1539	,1515	,1492	,1469	,1446	,1423	,1401	,1379
-0,9	,1841	,1814	,1788	,1762	,1736	,1711	,1685	,1660	,1635	,1611
-0,8	,2119	,2090	,2061	,2033	,2005	,1977	,1949	,1922	,1894	,1867
-0,7	,2420	,2389	,2358	,2327	,2296	,2266	,2236	,2206	,2177	,2148
-0,6	,2743	,2709	,2676	,2643	,2611	,2578	,2546	,2514	,2483	,2451
-0,5	,3085	,3050	,3015	,2981	,2946	,2912	,2877	,2843	,2810	,2776
-0,4	,3446	,3409	,3372	,3336	,3300	,3264	,3228	,3192	,3156	,3121
-0,3	,3821	,3783	,3745	,3707	,3669	,3632	,3594	,3557	,3520	,3483
-0,2	,4207	,4168	,4129	,4090	,4052	,4013	,3974	,3936	,3897	,3859
-0,1	,4602	,4562	,4522	,4483	,4443	,4404	,4364	,4325	,4286	,4247
-0,0	,5000	,4960	,4920	,4880	,4840	,4801	,4761	,4721	,4681	,4641

Der Fall X > w

Sehen wir uns Ereignis B in Diagramm 11.16 an. Da uns die Tabelle immer nur die Länge eines Segments liefert, das am linken Ende im Diagramm startet und bei irgendeinem Wert endet, müssen wir rechnen: $B = 1 - \overline{B}$. Anstelle des Ereignisses X > B lesen wir X $\leq$ B aus der Tabelle ab, womit wir das Gegenereignis ermitteln. Dieses müssen wir schließlich vom sicheren Ereignis subtrahieren. Da Tabelle 11.1 nur die negativen Werte für X abdeckt, müssen wir diesmal in Tabelle 11.2 nachsehen, die die Fortsetzung mit den positiven Werten für X enthält. Es ist $P(\overline{B}) = P(X < 1{,}00)$ und in der Zeile 1,0 und der Spalte 0,00 in Tabelle 11.2 steht 0,8413. Daher ist $P(B) = 1 - P(\overline{B}) = 1 - 0{,}8413 = 0{,}1587$. Nanu, das ist ja derselbe Wert wie im Falle von $P(A)$?! Kein Wunder, die Standardnormalverteilung ist so symmetrisch wie mein Schreibtisch. Das heißt es ist $P(X < 1{,}00) = P(X > 1{,}00)$.

Tabelle 11.2: Wahrscheinlichkeitswerte der Standardnormalverteilung (2/2)

	0,00	0,01	0,02	0,03	0,04	0,05	0,06	0,07	0,08	0,09
0,0	,5000	,5040	,5080	,5120	,5160	,5199	,5239	,5279	,5319	,5359
0,1	,5398	,5438	,5478	,5517	,5557	,5596	,5636	,5675	,5714	,5754
0,2	,5793	,5832	,5871	,5910	,5948	,5987	,6026	,6064	,6103	,6141
0,3	,6179	,6217	,6255	,6293	,6331	,6368	,6406	,6443	,6480	,6517
0,4	,6554	,6591	,6628	,6664	,6700	,6736	,6772	,6808	,6844	,6879
0,5	,6915	,6950	,6985	,7019	,7054	,7088	,7123	,7157	,7190	,7224
0,6	,7258	,7291	,7324	,7357	,7389	,7422	,7454	,7486	,7518	,7549
0,7	,7580	,7612	,7642	,7673	,7704	,7734	,7764	,7794	,7823	,7852
0,8	,7881	,7910	,7939	,7967	,7996	,8023	,8051	,8079	,8106	,8133
0,9	,8159	,8186	,8212	,8238	,8264	,8289	,8315	,8340	,8365	,8389
1,0	,8413	,8438	,8461	,8485	,8508	,8531	,8554	,8577	,8599	,8621
1,1	,8643	,8665	,8686	,8708	,8729	,8749	,8770	,8790	,8810	,8830
1,2	,8849	,8869	,8888	,8907	,8925	,8944	,8962	,8980	,8997	,9015
1,3	,9032	,9049	,9066	,9082	,9099	,9115	,9131	,9147	,9162	,9177
1,4	,9192	,9207	,9222	,9236	,9251	,9265	,9279	,9292	,9306	,9319
1,5	,9332	,9345	,9357	,9370	,9382	,9394	,9406	,9418	,9430	,9441
1,6	,9452	,9463	,9474	,9485	,9495	,9505	,9515	,9525	,9535	,9545
1,7	,9554	,9564	,9573	,9582	,9591	,9599	,9608	,9616	,9625	,9633
1,8	,9641	,9649	,9656	,9664	,9671	,9678	,9686	,9693	,9700	,9706
1,9	,9713	,9719	,9726	,9732	,9738	,9744	,9750	,9756	,9762	,9767
2,0	,9773	,9778	,9783	,9788	,9793	,9798	,9803	,9808	,9812	,9817
2,1	,9821	,9826	,9830	,9834	,9838	,9842	,9846	,9850	,9854	,9857
2,2	,9861	,9865	,9868	,9871	,9875	,9878	,9881	,9884	,9887	,9890
2,3	,9893	,9896	,9898	,9901	,9904	,9906	,9909	,9911	,9913	,9916
2,4	,9918	,9920	,9922	,9925	,9927	,9929	,9931	,9932	,9934	,9936
2,5	,9938	,9940	,9941	,9943	,9945	,9946	,9948	,9949	,9951	,9952
2,6	,9953	,9955	,9956	,9957	,9959	,9960	,9961	,9962	,9963	,9964
2,7	,9965	,9966	,9967	,9968	,9969	,9970	,9971	,9972	,9973	,9974
2,8	,9974	,9975	,9976	,9977	,9977	,9978	,9979	,9980	,9980	,9981
2,9	,9981	,9982	,9983	,9983	,9984	,9984	,9985	,9985	,9986	,9986
3,0	,9987	,9987	,9987	,9988	,9988	,9989	,9989	,9989	,9990	,9990

Das sichere Ereignis

Überspannt ein Segment den Ereignisraum vollständig, hat das Ereignis die Wahrscheinlichkeit 1. Es steht dafür, dass ich mich irgendwo am Schreibtisch aufhalte. Irgendwo am Schreibtisch bin ich mit Sicherheit. Die Tabelle zeigt $P(X \leq 3,00) = 0,9987$. Das ist nahe eins. Nehmen wir noch die unwahrscheinlichen Fälle dazu, dass ich mich mit dem Schreibtischstuhl etwas zu weit nach rechts gerollt habe, kommen wir der Eins immer näher.

Der Fall $X > w_1 \wedge X \leq w_2$

Schließlich müssen wir uns noch mit dem Fall des Ereignisses C befassen. Das heißt wir wollen wissen, wie wahrscheinlich es ist, dass ich mich zwischen $-1m$ und $-2m$ entfernt von der Mitte des Schreibtisches aufhalte, fragen also nach

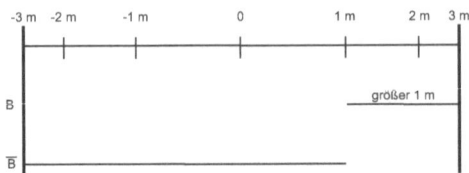

Diagramm 11.16: $P(\mathsf{B}) = P(\mathsf{X} > 1{,}00) = 1 - P(\mathsf{X} \leq 1{,}00) = 0{,}1587$.

einem Intervall irgendwo mitten im Diagramm 11.17. Die Lösung ist:

$$P(\mathsf{C}) = P(\mathsf{E}) - P(\mathsf{D}) = 0{,}1587 - 0{,}0228 = 0{,}1359 \qquad (11.2)$$

$P(\mathsf{D})$ und $P(\mathsf{E})$ können wir ja mit Hilfe der Tabelle ermitteln.

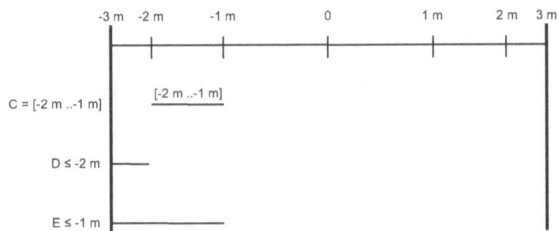

Diagramm 11.17: $P(\mathsf{C}) = P(-2{,}00 < \mathsf{X} \leq -1{,}00) = 0{,}1359$.

11.8 Der Erwartungswert

Ich sitze meistens in der Mitte meines Schreibtisches. Erwartungsgemäß findet man mich dort. In den Diagrammen 11.11 bis 11.17 haben wir diese Position mit 0 bezeichnet. Ebenso kann für jede andere Verteilung ein solcher *Erwartungswert* angegeben werden. Soweit der Ereignisraum geordnet ist (siehe Abschnitte 10.1 und 11.2), liegt dieser Wert stets in der Mitte des Diagramms.[4]

Der Erwartungswert ist die Summe aller möglicher Ergebnisse multipliziert mit ihren Wahrscheinlichkeiten. Beim Würfeln ist die Summe aller möglicher Ergebnisse gleich $\sum_{i=1}^{6} i = 21$. Die Wahrscheinlichkeit für jedes Ergebnis ist $\frac{1}{6}$.

---

[4]Der Erwartungswert ist gleich dem *Moment 1. Ordnung*, das dem Schwerpunkt entspricht. Hängt man das Diagramm an dieser Stelle wie ein Mobile auf, ist es vollkommen waagerecht, da die relativen Häufigkeiten gleichmäßig links und rechts vom Erwartungswert verteilt sind. Dies gilt mindestens für endliche Definitionsbereiche.

Daher berechnet sich der Erwartungswert E beim Würfeln wie folgt:

$$E[X_{\text{Wuerfel}}] = \sum_{i=1}^{6} i \cdot \frac{1}{6} = \frac{1}{6} + \frac{2}{6} + \frac{3}{6} + \frac{4}{6} + \frac{5}{6} + \frac{6}{6} = 3{,}5 \qquad (11.3)$$

Diagramm 11.18 zeigt, dass $E[X_{\text{Wuerfel}}]$ gleich 3,5 ist. Wenn ich häufig genug würfel, liegt der Schnitt aller Würfe bei 3,5: Ich addiere die Augen aller Würfe und teile am Ende durch die Anzahl der Würfe. Je öfter ich würfel, desto eher kann ich damit rechnen, dass der erzielte Wert nahe bei 3,5 liegt.

Diagramm 11.18: Der Erwartungswert beim Würfeln ist 3,5.

Der Erwartungswert muss nicht selber ein mögliches Ergebnis sein: Der Würfel besitzt keine Augenzahl von 3,5. Während der Erwartungswert im Falle diskreter Verteilungen mit E bezeichnet wird, benutzt man für stetige Verteilungen die Bezeichnung μ (sprich: mü). Für jede Standardnormalverteilung ist $\mu = 0$. Dies gilt auch für das Schreibtischbeispiel: Je öfter man mich besucht, desto näher kommt man dem Wert $\mu = 0$, wenn man alle beobachteten Sitzpositionen von mir mittelt.

Wenn wir durch Beobachtungen einen durchschnittlichen Wert ermitteln, müssen lediglich die beobachteten Werte (Augen auf dem Würfel) berücksichtigt werden: Diese werden addiert und durch die Anzahl an Beobachtungen geteilt. Der resultierende Durchschnitt wird den Erwartungswert meistens nicht genau treffen jedoch in seiner Nähe liegen. Berechnet man den Erwartungswert (die Mitte des Diagramms), nimmt man anstatt der Beobachtungen jedes mögliche Ergebnis und multipliziert es mit dessen Wahrscheinlichkeit. Beobachtungen implizieren sozusagen diese Wahrscheinlichkeiten. Denn die beobachteten Ereignisse treten mit bestimmten Wahrscheinlichkeiten ein.

Man darf den Erwartungswert nicht mit dem wahrscheinlichsten Ergebnis verwechseln. Der Erwartungswert kann sogar dem Ergebnis mit der geringsten Wahrscheinlichkeit entsprechen, wie in Diagramm 11.19 zu sehen.

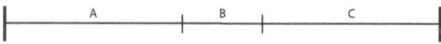

Diagramm 11.19: Drei unterschiedliche Ergebnisse. Das am wenigsten Wahrscheinlichste ist B, das zugleich dem Erwartungswert entspricht.

11.9 Varianz und Standardabweichung

In Diagramm 11.20 gibt es drei Ereignisse: A, B und C. Ereignis B in der Mitte hat eine hohe Wahrscheinlichkeit, während die beiden anderen Ereignisse eine wesentlich geringere Wahrscheinlichkeit haben.

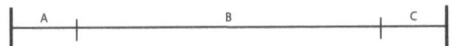

Diagramm 11.20: Drei unterschiedliche Ereignisse.

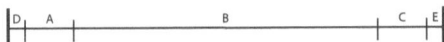

Diagramm 11.21: Fünf unterschiedliche Ereignisse.

In Diagramm 11.21 müssen sich fünf anstatt drei Ereignisse den zur Verfügung stehenden Ereignisraum teilen. Das mittlere Ereignis B hat in beiden Verteilungen dieselbe Wahrscheinlichkeit. Die an B angrenzenden Ereignisse (A und C) haben in Diagramm 11.21 geringere Wahrscheinlichkeiten, da zwei weitere Ereignisse (D und E) den zur Verfügung stehenden Platz mit beanspruchen. Die Erwartungswerte E_1 und E_2 beider Verteilungen sind gleich. Man kann diese Verteilungen nicht anhand ihrer Erwartungswerte unterscheiden.

Stattdessen kann man sich jedoch ansehen, wie die Wahrscheinlichkeiten allesamt vom Erwartungswert abweichen. In Diagramm 11.21 schlagen zusätzlich die Abweichungen von D und E zu Buche. Anders gesagt ist die *Varianz* in Diagramm 11.21 höher als in Diagramm 11.20. Die Varianz ist die durchschnittliche Abweichung der Wahrscheinlichkeiten vom Erwartungswert. Sie zeigt, wie stark sich die Wahrscheinlichkeiten über das Diagramm ausbreiten. Diese können sich nahe in der Mitte sammeln (geringe Varianz) oder sich auch weiter nach außen hin ausbreiten (höhere Varianz), so wie $P(D)$ und $P(E)$.

Im Falle diskreter Verteilungen bezeichnet man die Varianz mit Var und bei stetigen Verteilungen mit σ^2 (sprich: sigma quadrat). Im Falle der Standardnormalverteilung gilt $\sigma^2 = 1$. Ihre Berechnung ähnelt derjenigen des Erwartungswertes. Es muss nur zusätzlich die Differenz zwischen jedem Ergebnis zum Erwartungswert bestimmt werden. Eine anschließende Quadrierung sorgt dafür, dass negative Werte vermieden werden. Am Beispiel des Würfelwurfs:

$$\text{Var}(X_{\text{Wuerfel}}) = \sum_{i=1}^{6} (i - E[X_{\text{Wuerfel}}])^2 \cdot \frac{1}{6}$$

$$= (2{,}5^2 + 1{,}5^2 + 0{,}5^2 + 0{,}5^2 + 1{,}5^2 + 2{,}5^2) \cdot \frac{1}{6} \qquad (11.4)$$

$$\approx 2{,}92$$

Die Varianz beim Würfeln beträgt 2,92. Zieht man ihre Wurzel, um die vorherige Quadrierung wieder herauszunehmen, erhält man die *Standardabweichung*. Im Würfelbeispiel: Im Schnitt weicht das Ergebnis um einen Wert von $\sqrt{2{,}92} = 1{,}71$ vom Erwartungswert ab (Diagramm 11.22).

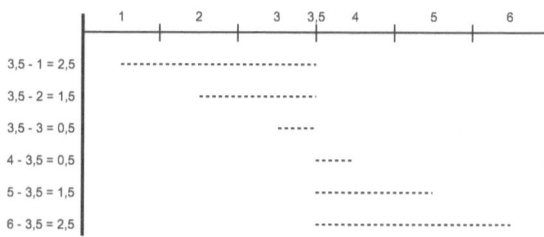

Diagramm 11.22: Abweichungen vom Erwartungswert beim Würfeln.

Abweichungen vom Erwartungswert sind in Diagramm 11.22 gepunktet dargestellt. Dazu wird jeweils die Mitte jedes Ereignisses genommen. Alle gepunkteten Abweichungen hintereinander gehängt, zeigen wie die Varianz die Breite der Verteilung repräsentiert. Oder anders, wie sich die möglichen Ergebnisse um den Erwartungswert verteilen: eng an diesem dran (geringe Varianz) oder weiter ab (höhere Varianz), sozusagen mehr verstreut. Daher wird die Varianz auch als Maß der Streuungsstärke einer Verteilung bezeichnet.

11.10 Standardnormalverteilung erzeugen

Das Schreibtischbeispiel kann durch die Standardnormalverteilung beschrieben werden. In Ihrer Mitte liegt der Wert Null und σ ist 1 (Diagramm 11.11 auf Seite 133). In der Mitte einer Normalverteilung liegt jedoch nicht immer der Wert Null. Man denke an das Würfelbeispiel: Die Entfernungen, die der Würfel zurücklegt, liegen zwischen 0 und 120 cm. Der Erwartungswert ist 60 (Diagramm 11.23). Aber auch in diesem Beispiel fallen die Wahrscheinlichkeitswerte mit zunehmender Entfernung vom Erwartungswert allmählich

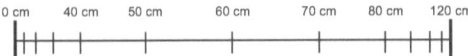

Diagramm 11.23: Wahrscheinlichkeiten für Entfernungen

ab. So haben wir es zwar mit einer Normalverteilung, jedoch nicht mit einer Standardnormalverteilung zu tun.

Durch einen einfachen Trick können wir jede Normalverteilung in eine Standardnormalverteilung übersetzen! Das hat den Vorteil, dass wir dieselbe Tabelle 11.1 nutzen können, um Wahrscheinlichkeitswerte zu ermitteln. Zwei Eigenschaften sind für die Standardnormalverteilung relevant:

- Der Erwartungswert μ ist null.

- Die Standardabweichung σ ist eins.

Beide Werte werden in der Aufgabenstellung genannt:

- Der Erwartungswert $\mu = 0$: Ich halte mich meistens um die Mitte des Schreibtisches herum auf.

- Die Standardabweichung $\sigma = 1$: Ich sitze standardmäßig mit einer Abweichung von einem Meter von der Schreibtischmitte entfernt.

Kommen wir auf das Würfelbeispiel zurück. Dieses hat einen Erwartungswert von $\mu = 60$. Da ich über lange Zeit hinweg beobachtet habe, dass der Würfel im Mittel um 20 cm vom Erwartungswert abweicht, ist die Standardabweichung $\sigma = 20$. Ich bezeichne den Weg, den der Würfel zurücklegt mit X. Diesen Weg wollen wir in einer Standardnormalverteilung beschreiben. Dazu muss lediglich von X der Erwartungswert subtrahiert und anschließend durch die Standardabweichung dividiert werden:

$$Z = \frac{X - \mu}{\sigma} \tag{11.5}$$

Diagramm 11.24 zeigt dies für die zwei Werte 20 und 100. Diese Übersetzung in Z-Werte bezeichnen wir als *Standardisierung*.

Z bezeichnet den Weg, den der Würfel im Modell der Standardnormalverteilung zurücklegt. Für Z können wir in Tabelle 11.1-11.2 nachsehen, wie wahrscheinlich Z ist. Daher wird die Tabelle auch als Z-Tabelle bezeichnet und wir benutzen immer den Buchstaben Z anstatt X, wenn wir es mit einer Standardnormalverteilung zu tun haben. Die für X zu berechnende Wahrscheinlichkeit ist dieselbe, die wir für Z bestimmt haben, nachdem wir X gemäß Gleichung 11.5 nach Z überführt haben.

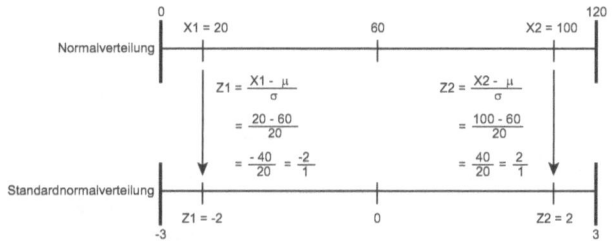

Diagramm 11.24: Oben: Die Normalverteilung beschreibt die Weglängen des Würfels; unten: die Übersetzung in die Standardnormalverteilung.

Die Wahrscheinlichkeit für eine Weglänge des Würfels kleiner als 30 cm?

$$Z = \frac{X - \mu}{\sigma} = \frac{30 - 60}{20} = -\frac{3}{2} = -1{,}5 = -1{,}50 \qquad (11.6)$$

In der Z-Tabelle auf Seite 136 steht $P(Z = -1{,}50) = 0{,}0668$. Die Wahrscheinlichkeit, dass der Würfel eine Strecke weniger als 30 cm zurücklegt, liegt bei knapp 7%. Der geringe Wert überrascht nicht, da der Würfel im Schnitt eine doppelt solange Strecke von 60 cm zurücklegt.

Wir können jede Normalverteilung unter Verwendung des Erwartungswertes und der Standardabweichung in eine Standardnormalverteilung übersetzen. Das heißt zugleich, dass wir jede Normalverteilung durch diese beiden Werte charakterisieren können. Die Notation hierzu benutzt ein großes $\mathcal{N}$ für *Normalverteilung*: $\mathcal{N}(Erwartungswert, Standardabweichung)$. Für das Beispiel gilt: $\mathcal{N}(60, 20)$. Jede Standardnormalverteilung ist gleich $\mathcal{N}(0, 1)$. Manchmal wird anstelle der Standardabweichung auch die Varianz angegeben.

11.11 Von Wahrscheinlichkeiten ausgehen

Wie weit würfel ich in 90% aller Fälle (Diagramm 11.25)? Die zu erwartende Antwort ist ein Bereich, wie beispielsweise zwischen 20 und 80 cm, den wir mit x_{unten} und x_{oben} bezeichnen. In 90% aller Fälle liegt die zurückgelegte

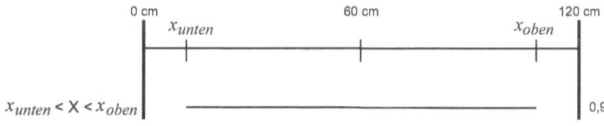

Diagramm 11.25: Gesucht sind die Entfernungen x_{unten} und x_{oben}.

143

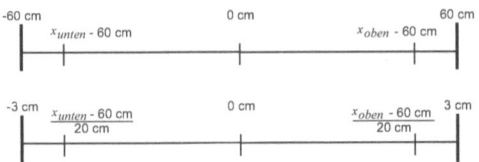

Diagramm 11.26: Zur Standardisierung wird die Verteilung oben um 60 cm nach links verschoben und unten durch $\sigma = 20$ dividiert.

Strecke des Würfels zwischen x_{unten} und x_{oben}:

$$P(x_{unten} < \mathsf{X} < x_{oben}) = 90\% = 0{,}9$$

Zur Standardisierung ist $\mu = 60$ zu subtrahieren (Diagramm 11.26 oben):

$$P(x_{unten} - 60 < \mathsf{X} - 60 < x_{oben} - 60) = 0{,}9$$

Im Anschluss muss noch durch die Standardabweichung $\sigma = 20$ dividiert werden (Diagramm 11.26 unten):

$$P\left(\frac{x_{unten} - 60}{\sigma} < \frac{\mathsf{X} - 60}{\sigma} < \frac{x_{oben} - 60}{\sigma}\right) = 0{,}9$$

Schließlich kann Z verwendet werden:

$$P\left(\frac{x_{unten} - 60}{20} < \mathsf{Z} < \frac{x_{oben} - 60}{20}\right) = 0{,}9$$

Was aber müssen wir in der Tabelle nachsehen? Der Bereich $\frac{x_{unten}-60}{20}$ bis $\frac{x_{oben}-60}{20}$ entspricht der Wahrscheinlichkeit 0,9. Links und rechts davon verbleiben jeweils 0,05 (Diagramm 11.27).

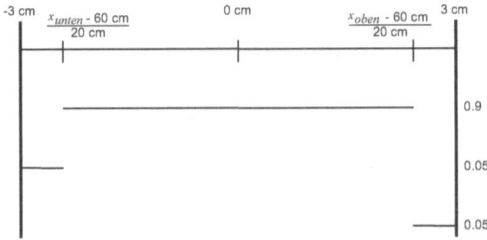

Diagramm 11.27: Aufteilung der Verteilung: $1 = 0{,}9 + 2 \cdot 0{,}05$.

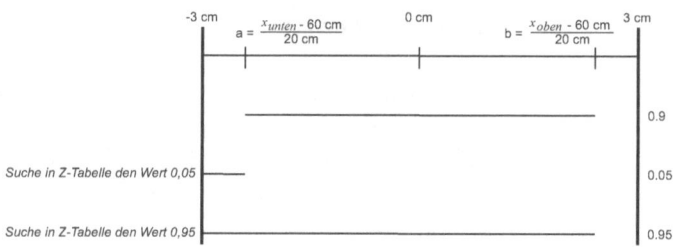

Diagramm 11.28: In Tabelle nachsehen: $P(Z < a) = 0,05$, $P(Z < b) = 0,95$.

Diagramm 11.28 zeigt die Werte, die nachzusehen sind: $P(Z < a) = 0,05$ und $P(Z < b) = 0,95$ ($a = \frac{x_{unten}-60}{20}$ und $b = \frac{x_{oben}-60}{20}$). Sehen wir uns den Tabellenausschnitt der Tabelle 11.1 an, der den Tabelleneintrag 0,05 enthält:

	0,00	0,01	0,02	0,03	0,04	0,05	0,06	0,07	0,08	0,09
-1,6	,0548	,0537	,0526	,0516	**,0505**	,0495	,0485	,0475	,0465	,0455

Die genauesten Annäherungen für 0,05 sind die Einträge 0,0505 und 0,0495. Geben wir uns mit dem ersten Wert zufrieden, bekommen wir aufgrund dieser Zeile den Wert $-1,6$ und wegen der entsprechenden Spalte den Wert 0,04, so dass gilt $a = -1,64$. Nun kann x_{unten} ermittelt werden:

$$\frac{x_{unten} - 60}{20} = -1,64$$

$$\Rightarrow x_{unten} = (-1,64 \cdot 20) + 60 = 27,2$$

Der symmetrische Tabelleneintrag für 0,95 beträgt $b = 1,64$ und für x_{oben} gilt:

$$\frac{x_{oben} - 60}{20} = 1,64$$

$$\Rightarrow x_{oben} = (1,64 \cdot 20) + 60 = 92,8$$

Damit haben wir den Bereich bestimmt, den der Würfel in 90% aller Fälle zurücklegt: $P(27,2\ cm < X < 92,8\ cm) = 0,9$ (siehe Diagramm 11.29).

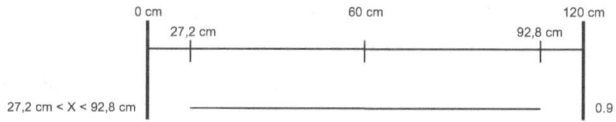

Diagramm 11.29: $P(27,2\ cm < X < 92,8\ cm) = 0,9$.

145

11.12 Exponentialverteilung

Angenommen Sie lesen dieses Buch (was offensichtlich der Fall ist) und warten darauf, den nächsten Rechtschreibfehler zu finden. Wie hoch ist die Wahrscheinlichkeit, nach einer Seite den nächsten Fehler zu finden? Das hängt davon ab, wann im Schnitt der nächste Fehler folgt: ob schon nach einer $\frac{3}{4}$ Seite oder erst nach zwanzig Seiten.

Wir legen fest, dass X aussagt, nach wie vielen Seiten der nächste Fehler auftritt. Im Schnitt sei dies alle zwei Seiten. Diagramm 11.30 fasst Seitenabschnitte in Intervallen zusammen: $2 < X < 3$ bedeutet, dass der nächste Fehler nach zwei bis drei Seiten auftritt. So sehen wir, dass die Wahrscheinlichkeit zunächst allmählich und dann (etwa bei $X > 4$) immer schneller kleiner wird. Diese Form der Abnahme der Wahrscheinlichkeiten entspricht der Kurve einer Exponentialfunktion, die dieser Verteilung ihren Namen gibt.

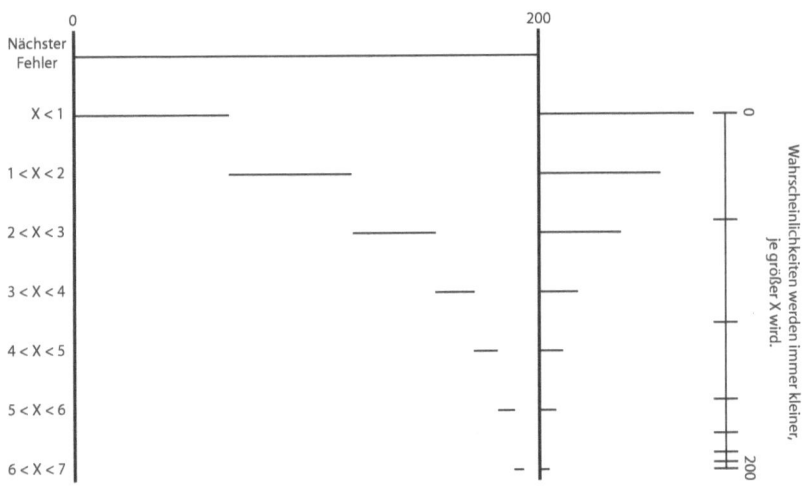

Diagramm 11.30: X stellt dar, nach wie vielen Seiten der nächste Fehler zu erwarten ist. X folgt einer (negativen) Exponentialverteilung.

Mit $X < 7$ haben wir es noch nicht mit dem sicheren Ereignis zu tun. Es verbleibt noch eine kleine Lücke bis zum rechten Rand des Ereignisraums. Diese wird rechts im resultierenden Diagramm 11.30 noch deutlicher.

Der Definitionsbereich reicht bis 200, weil das vorliegende Beispielbuch maximal 200 Seiten später den nächsten Fehler aufweist. Dieser höchste Wert hängt von der Seitenanzahl des Buches ab und kann nur auftreten, wenn wir uns am Anfang des Buches befinden.

Wenn ich im Schnitt bereits nach 2 Seiten den nächsten Fehler erwarten darf, ist es sehr unwahrscheinlich erst nach 50, 100 oder sogar erst nach 200 Seiten den nächsten Fehler zu finden. Dennoch ist dies prinzipiell möglich. Allerdings ist die Wahrscheinlichkeit hierfür umso kleiner, je weiter wir vom Durchschnittswert entfernt sind. Diesen Umstand berücksichtigen wir durch die kleine Lücke rechts am Rand, die mit wachsendem X immer kleiner wird.

Im Falle der Exponentialverteilung ist die Standardabweichung gleich dem Erwartungswert. Im Beispiel ist der Erwartungswert 2. Das heißt, dass nach 2 Seiten der nächste Fehler erwartet wird. Es werden jeweils die Seiten zwischen zwei Fehlern gezählt. Die durchschnittliche Abweichung der Wahrscheinlichkeiten vom Erwartungswert beträgt ebenfalls 2 Seiten.

11.13 Exponential- und Poissonverteilung

Mit einer Poissonverteilung betrachten wir die Anzahl der Fehler pro Seite. Wählen wir beispielsweise $\lambda = \frac{1}{2}$, entspricht dies einem Fehler alle zwei Seiten. Interessiert uns dagegen, wann der nächste Fehler auftritt, benötigen wir die Exponentialverteilung. Deren Durchschnittswert ist $\frac{1}{\lambda}$, wenn die ähnliche Experimentiersituation, die dem Modell einer Poissonverteilung genügt, die Ereignisrate λ hat. Den Zusammenhang zwischen beiden Verteilungen kann man so beschreiben: Der Abstand zwischen zwei aufeinanderfolgenden Ereignissen eines Poisson-Prozesses ist exponentialverteilt.

Nach $\frac{1}{\lambda}$ Seiten finde ich den nächsten Fehler. Im Beispiel tritt der nächste Fehler im Schnitt $\frac{1}{\frac{1}{2}}$ Seiten später auf. Dies ergibt:

$$\frac{1}{\frac{1}{2}} = \frac{1}{1} \cdot \frac{2}{1} = 2 \tag{11.7}$$

Das heißt nach zwei Seiten finde ich im Schnitt den nächsten Fehler. Klingt plausibel, da der Durchschnittswert eines Fehlers pro Seite $\lambda = \frac{1}{2}$ ist. Poissonverteilung und Exponentialverteilung hängen eng zusammen, was ihre Durchschnittswerte beziehungsweise Ereignisraten zeigen: Im Falle der Poissonverteilung ist dies λ im Falle der Exponentialverteilung $\frac{1}{\lambda}$.

Die Exponentialverteilung beschreibt die Situation, dass ich den nächsten Treffer abwarte. Das erinnert an die geometrische Verteilung, bei der ich auf den ersten Treffer warte. Ein Unterschied ist, dass ich bei der geometrischen Verteilung lediglich darauf warte, das erste Mal Erfolg zu haben. Die Diagramme zeigen die Ähnlichkeit beider Verteilungen (vergleiche Diagramm 10.14 auf Seite 121 mit Diagramm 11.30 auf Seite 146).

Der Exponentialverteilung liegt genauso wie der Poissonverteilung eine hohe Anzahl an Einheiten zugrunde, die ein Teilexperiment nach dem anderen definieren. Diese können wie im Falle der Buchseiten eine räumliche Ausdehnung haben. Aber auch für zeitbezogene Teilexperimente wird die Exponentialverteilung häufig benutzt: zum Beispiel die Zeit zwischen zwei Anrufen oder die Lebensdauer von Geräten. Vor allem ist für beide Verteilungen kennzeichnend, daß es immer um eine sehr große Anzahl an Teilexperimenten geht, es zwei Ausgänge gibt (**Treffer** oder **kein Treffer**) und die Wahrscheinlichkeit eines Treffers eher gering ist.

11.14 Eine konkrete Exponentialverteilung

Zur Berechnung konkreter Wahrscheinlichkeiten müssen wir auf die Formel der Exponentialverteilung zurückgreifen. Diese ähnelt insofern derjenigen der Poissonverteilung als sie auch den Term $e^{-\lambda}$ enthält, ist jedoch wesentlich einfacher. Für die drei bekannten Fälle lautet sie:

$$P(\mathsf{X} < a) = 1 - e^{-\lambda a} \tag{11.8}$$

$$P(\mathsf{X} > a) = e^{-\lambda a} \tag{11.9}$$

$$P(a < \mathsf{X} < b) = e^{-\lambda a} - e^{-\lambda b} \tag{11.10}$$

In diesen Formeln stehen a und b für die Anzahl Seiten zwischen zwei Fehlern. Diagramm 11.31 zeigt diese allgemeinen Fälle. Dagegen sind einige konkrete Werte in Diagramm 11.32 berechnet worden: Die Wahrscheinlichkeit, dass der nächste Fehler nach weniger als 2 Seiten auftritt beträgt:

$$P(\mathsf{X} < 2) = 0{,}63 \tag{11.11}$$

Die Wahrscheinlichkeit für einen Fehler nach mehr als 3 Seiten:

$$P(\mathsf{X} > 3) = 0{,}23 \tag{11.12}$$

Die Wahrscheinlichkeit eines Fehlers nach mehr als 2 aber weniger als 3 Seiten:

$$P(2 < \mathsf{X} < 3) = 0{,}14 \tag{11.13}$$

Vor allem im letzten Fall sollte man daran denken, dass sich die Genauigkeit nicht auf ganze Seitenzahlen beschränkt. Vielmehr wird genauer berechnet, wann der nächste Fehler auftritt, zum Beispiel nach einer halben oder auch nach 2,71828 Seiten.

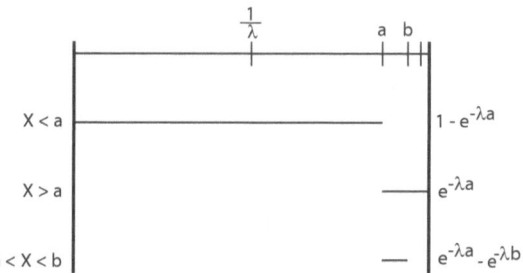

Diagramm 11.31: Die Berechnung der Wahrscheinlichkeiten der Exponentialverteilung mit der Ereignisrate λ (der Poissonverteilung) und dem Erwartungswert $\frac{1}{\lambda}$ (der Exponentialverteilung).

11.15 Zusammenfassung

In diesem Kapitel wurden stetige Experimente beschrieben. In solchen Experimenten kann der Ereignisraum in beliebig viele und beliebig genaue Ereignisse aufgeteilt werden. Damit können natürliche Größen wie die Zeit, Längen, Gewichte und dergleichen wahrscheinlichkeitstheoretisch betrachtet werden.

Es liegt in der Natur der Sache, dass diskrete Experimente einfacher in Diagrammen dargestellt werden können als stetige Experimente. Das gilt erst recht für diskrete Experimente, für die nur endlich viele Ausgänge möglich sind. Andererseits hat dieses Kapitel die wesentlichen Grundlagen stetiger Verteilungen auf dieselben Diagramme abbilden können. Damit wird die Gegensätzlichkeit diskreter und stetiger Experimente deutlich.

Wir haben uns insbesondere drei stetige Verteilungsmodelle angesehen: die Gleichverteilung, die Normalverteilung und die Exponentialverteilung.

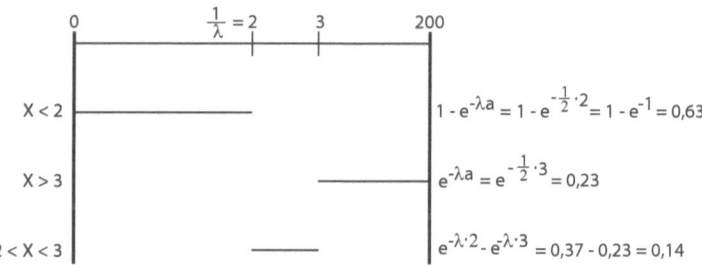

Diagramm 11.32: Die Berechnung einiger Wahrscheinlichkeiten der Exponentialverteilung mit $\lambda = \frac{1}{2}$.

149

Die Normalverteilung tritt in der Realität besonders häufig auf. Ein Spezialfall von ihr ist die Standardnormalverteilung, für die die Wahrscheinlichkeiten in einer Tabelle hinterlegt sind, aus der man sich nur noch die passenden Werte heraussuchen muss. Jede Normalverteilung kann auf die Standardnormalverteilung abgebildet werden, weshalb man auch für jede beliebige Normalverteilung auf diese Tabelle zurückgreifen kann. Hierzu muss man μ und σ kennen.

Mit derartigen Kennzahlen lässt sich jede Verteilung charakterisieren. Sie sind ein wichtiges Instrument der *beschreibenden Statistik*, um Verteilungen prägnant zu kennzeichnen. Es gibt weitere Kennzahlen, die alle bestimmte Aspekte von Verteilungen erfassen. Im Falle der Poisson- und Exponentialverteilung wird sogar mit Hilfe der Kennzahl des Erwartungswertes der Zusammenhang zwischen beiden Verteilungen hergestellt.

Ähnlich wie im Falle der Standardnormalverteilung wird für weitere Verteilungen verfahren, deren Wahrscheinlichkeiten ebenfalls in entsprechenden Tabellen hinterlegt sind. Dieser Rückgriff auf Tabellen vereinfacht in der Praxis die Nutzung von Wahrscheinlichkeiten, da man keine komplizierten Formeln verwenden muss. In technischen Systemen müssen diese Tabellen bloß hinterlegt werden und können dann sehr effizient für automatische Entscheidungssysteme eingesetzt werden.

Die Bedeutung der Normalverteilung zeigt sich noch deutlicher im folgenden Kapitel: Gibt es in einem Versuch eine hohe Anzahl von gleichen Teilexperimenten und werden die möglichen Ereignisse miteinander verrechnet, ergibt sich hieraus eine neue Verteilung. Welche Verteilung auch immer in den Teilexperimenten benutzt wird, die neue Verteilung wird durch eine Normalverteilung angenährt. Anders gesagt: Man muss nur wenig über die Teilexperimente wissen und trotzdem können Wahrscheinlichkeiten berechnet werden!

Kapitel 12

Normalverteilte Segmente

Angenommen wir führen ein Experiment häufig durch und verrechnen die Ergebnisse miteinander. Dann ergeben letztere nährungsweise eine Normalverteilung. So können trotz der Unbekanntheit der (stets gleichen) Teilexperimente konkrete Ergebnisse berechnet werden!

12.1 Zentraler Grenzwertsatz für Summen

Wir würfeln zweimal und addieren die Augenzahlen. Zwecks eines einfachen Beispiels habe der Würfel nur drei Augenzahlen: 1, 2 und 3. Wie ein solcher dreiseitiger Würfel aussieht, überlasse ich der Phantasie des Lesers.[1] Die möglichen Summen gehen von $1 + 1 = 2$ bis $3 + 3 = 6$.

Diagramm 12.1 zeigt alle möglichen Summen. Schieben wir die Ergebnisse rechts aus dem Diagramm heraus, sehen wir, dass die Häufigkeiten der Augensummen grob die Gestalt einer Normalverteilung annehmen. Genauso verfahren wir im Folgenden mit einem weiteren Beispiel. Dieses unterscheidet sich nur darin, dass es um größere Zahlen geht.

12.1.1 Bildung von Summen

Ich habe 50 Studierende, die am Ende des Semesters eine Prüfung ablegen. Wie wahrscheinlich ist es, dass ein Jahrgang besonders gut ist? Letzteres definiere ich als *der Jahrgang macht mindestens 12,5 Fehler weniger als der Durchschnitt aller bisheriger Jahrgänge*. Bevor wir dies ausrechnen, sehen wir uns das Beispiel etwas genauer an.

---

[1] Tatsächlich gibt es eine einfache Lösung, die ich aber erst später verraten werde.

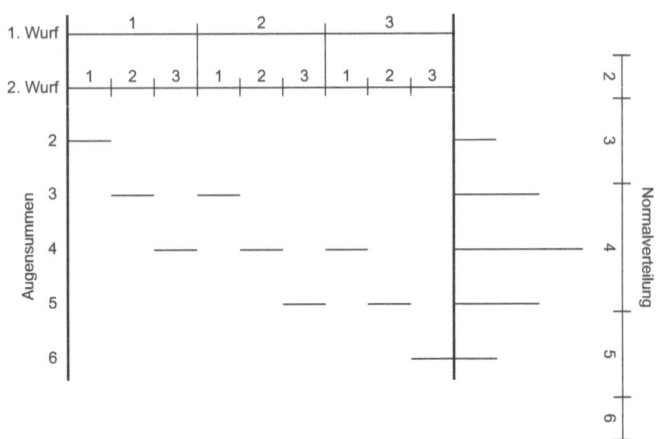

Diagramm 12.1: Augensummen zweier Würfel mit drei Augenzahlen. Die Darstellung rechts zeigt, dass die möglichen Augensummen eine Normalverteilung beschreiben (vergleiche Diagramm 11.9 auf Seite 132).

In der Klausur sind bis zu 30 Fehler möglich. Diagramm 12.2 enthält für jeden der 50 Studierenden die mögliche Anzahl gemachter Fehler zwischen 0 und 30 (angedeutet sind die ersten drei Studierenden und der Fünfzigste). Die Fehlerhäufigkeiten sind von 0 bis 30 gleich verteilt, was auch anders sein könnte. In der Tat stellt dieses Diagramm nichts anderes dar, als eine Experimentfolge 50 gleicher Teilexperimente mit Wiederholung der 31 möglichen Elemente (nur Segmente gleicher Länge, Kapitel 5). Die Reihenfolge der Teilexperimente spielt keine Rolle, wie folgender Inspektionsschritt zeigt.

Wir interessieren uns für die Anzahl aller Fehler eines Jahrgangs. Diese Summen werden analog zu den Augensummen des Würfelbeispiels gebildet. Der Unterschied ist, dass wir es mit viel mehr Möglichkeiten zu tun haben. Die möglichen Summen liegen zwischen 0 und 50·30 = 1500; 0, falls niemand einen Fehler macht; 1500, falls alle 50 Studierenden die höchst mögliche Anzahl von 30 Fehlern machen. Alle Werte dazwischen sind mögliche Kombinationen von 50 Fehlerhäufigkeiten. Diagramm 12.2 skizziert diese Summen.

In Diagramm 12.2 sind nur einige Summen beispielhaft aufgeführt. Für den Fall, dass kein Studierender einen Fehler macht, gibt es nur eine mögliche Summe (deren Summanden alle gleich null sind – ganz links im Diagramm). Ebenso gibt es nur eine Möglichkeit für den Fall, dass die Summe gleich 1500 ist, nämlich dann, wenn alle Studierende 30 Fehler machen (alle Summanden sind 30 – rechts im Diagramm). Aber für den Fall, dass nur genau ein Fehler gemacht wird, gibt es bereits 50 verschiedene Fälle: ein Studierender macht

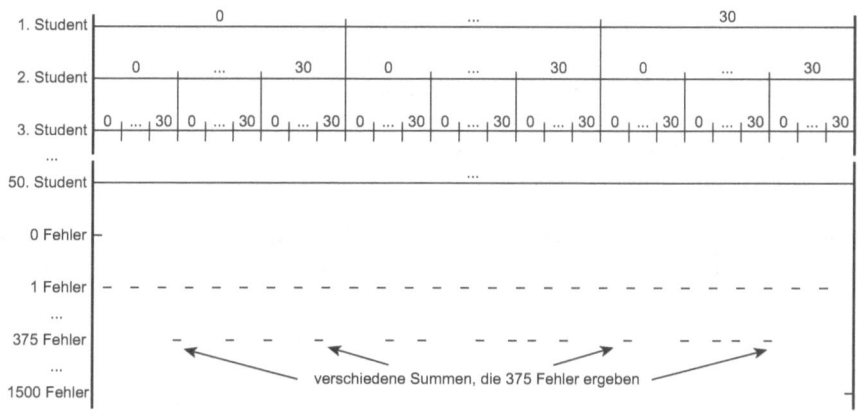

Diagramm 12.2: Jeder der 50 Studierenden macht zwischen 0 und 30 Fehler. Wenn die Fehler aufsummiert werden, gibt es Summen zwischen 0 und 1500.

einen Fehler, während alle anderen keinen Fehler machen; jeder der 50 Studenten kann einmal derjenige sein, der diesen einen Fehler begeht; dabei ist es irrelevant, bei welcher Aufgabe dieser eine Fehler gemacht wird. Für alle anderen Summen gibt es ebenso jede Menge verschiedener Fälle.

Entscheidend ist, dass eine Normalverteilung entsteht, wenn wir die Summen wieder über das rechte Ende des Diagramms hinausschieben, um die Häufigkeiten dort anzusammeln. Wir erhalten dann eine Verteilung analog zu derjenigen, die sich rechts in Diagramm 12.1 ergibt. Nur haben wir diesmal 1501 verschiedene Stäbe, die diese Normalverteilung beschreiben. Mit dieser Normalverteilung können wir nun rechnen.

12.1.2 Normalverteilung von Summen

Ich beobachte, dass ein Student im Mittel elf Fehler macht. Welcher Verteilung die Fehler einzelner Studenten folgen, weiß ich nicht. Möglicherweise wie in Diagramm 12.2 einer Gleichverteilung. Vielleicht entfallen aber auch mehr Fehler auf die schwierigeren Aufgaben.

Da die Stichprobe von $n = 50$ relativ groß ist, muss ich die Verteilung der Fehlerhäufigkeiten einzelner Studenten gar nicht kennen! Die Varianz der Stichprobe liegt nach meinen Beobachtungen bei 10 Fehlern und die Standardabweichung damit bei $\sqrt{10} \approx 3{,}16$ Fehlern.

Die Stichprobensumme über alle 50 Studenten beschreibt eine Normalverteilung, wobei der Erwartungswert bei $50 \cdot 11 = 550$ und die Varianz bei $50 \cdot 10 = 500$ liegt. Dies besagt der *zentrale Grenzwertsatz für Summen*:

Angenommen es liegt eine lange Experimentfolge mit n gleichen Teilexperimenten vor, deren Erwartungswert $E(X)$ und deren Varianz $Var(X)$ ist. Wenn die Ergebnisse aller n Teilexperimente addiert werden, dann beschreiben alle möglichen Summen zusammen eine Normalverteilung. Deren Erwartungswert ist $n \cdot E(X)$ und deren Varianz ist $n \cdot Var(X)$.

Damit haben wir die Normalverteilung $\mathcal{N}(550, \sqrt{500})$, mit der wir arbeiten können, so wie im vorherigen Kapitel 11.10 beschrieben.

12.1.3 Wahrscheinlichkeiten von Summen

Der Aufgabenstellung nach wollen wir wissen, wie wahrscheinlich es ist, dass *der Jahrgang mindestens 12,5 Fehler weniger macht als der Durchschnitt*. Der Durchschnitt macht 550 Fehler und 12,5 weniger sind 537,5.

Gefragt ist daher nach $P(X < 550 - 12,5) = P(X < 537,5)$. Nach der Transformation in die Standardnormalverteilung können wir wieder in der Z-Tabelle den Wahrscheinlichkeitswert nachsehen (Seite 136):

$$Z = \frac{X - \mu}{\sigma} = \frac{537,5 - 550}{\sqrt{500}} \approx -0,56 \tag{12.1}$$

Die Z-Tabelle zeigt den Wahrscheinlichkeitswert: $P(Z < -0,56) = 0,2877$. Die Wahrscheinlichkeit, dass ein Jahrgang besonders gut ist, liegt demnach bei etwa 29%. Anders gesagt: Etwas mehr als jeder vierte Jahrgang (25%) schneidet besonders gut ab (Diagramm 12.3).

12.2 Zentraler Grenzwertsatz für Mittelwerte

Wenden wir uns wieder dem dreiseitigen Würfel zu. Anstatt der Augensumme bilden wir nun den Mittelwert zweier Würfe. Die Möglichkeiten reichen von $\frac{1+1}{2} = 1$ bis $\frac{3+3}{2} = 3$. Hierbei treten Ereignisse auf, die es nicht als Ergebnisse in den Teilexperimenten gibt; so etwa $\frac{1+2}{2} = \frac{3}{2} = 1,5$.

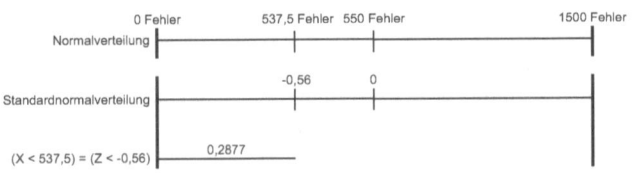

Diagramm 12.3: Berechnung von $P(X < 537,5) = P(Z < -0,56) = 0,2877$.

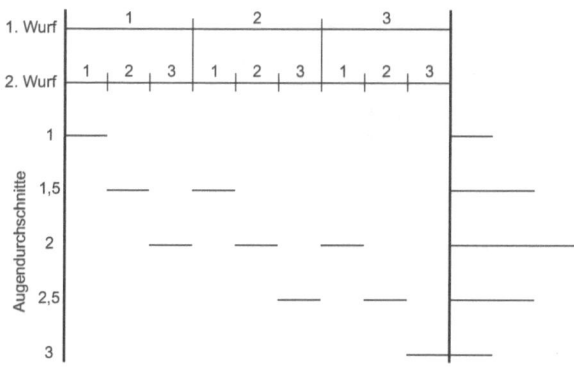

Diagramm 12.4: Mittelwerte zweier dreiseitiger Würfel.

Diagramm 12.4 illustriert, dass auch die Häufigkeiten der möglichen Mittelwerte zu einer Normalverteilung führen. In dieser Normalverteilung ist 2 der häufigste Mittelwert, während die Werte 1,5 und 2,5 die zweithäufigsten Fälle darstellen und die Werte 1 und 3 am seltensten auftreten.

12.2.1 Bildung von Mittelwerten

Anstelle der Fehler kann auch die Durchschnittsnote zur Messung der Qualität eines Jahrgangs gebildet werden. Wir sehen uns dazu die Noten der 50 Studierenden eines Jahrgangs an. Es werden die ganzzahligen Noten von 1 bis 6 vergeben (oberer Teil in Diagramm 12.5).

Da wir uns für die Durchschnittsnote aller 50 Studenten interessieren, bilden wir diese für alle möglichen Fälle. Auch die Durchschnittsnoten reichen von 1 bis 6 (unterer Teil in Diagramm 12.5). Während jedoch in jedem Teilexperiment nur die ganzen Zahlen von 1 bis 6 auftreten, gibt es viele verschiedene rationale Zahlen dazwischen, wenn wir die Durchschnittswerte aller 50 Studenten bilden. Zum Beispiel habe ein Studierender eine 6 und alle anderen eine 1. Dies ergibt die Durchschnittsnote:

$$\frac{1 \cdot 6 + 49 \cdot 1}{50} = \frac{55}{50} = \frac{11}{10} = 1{,}1$$

Sowohl für die Note 1,0 als auch für eine 6,0 gibt es nur eine einzige Möglichkeit. Aber allein schon für die 1,1 gibt es mindestens 50 Möglichkeiten, weil jeder der 50 Studenten die 6 haben könnte, während alle übrigen eine 1 haben. Wenn wir aus 50 Einzelnoten Durchschnittsnoten bilden, gibt es viele Möglichkeiten. Auch die Häufigkeiten hierfür (über das rechte Diagrammende geschoben) ergeben wieder eine Normalverteilung, ähnlich wie in

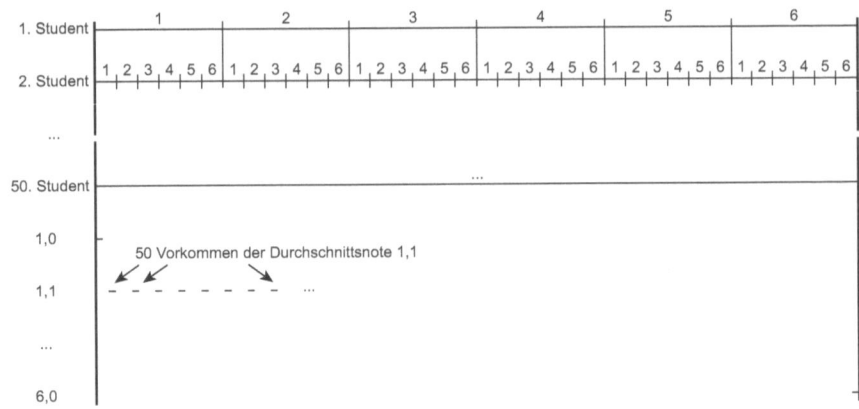

Diagramm 12.5: Durchschnittsnoten gebildet über 50 Studierende.

Diagramm 12.4. Denn der *zentrale Grenzwertsatz für Mittelwerte* findet hier seine Anwendung:

> Wenn bei einer langen Experimentfolge mit n gleichen Teilexperimenten mit Erwartungswert $E(X)$ und Varianz $Var(X)$ die Einzelergebnisse gemittelt werden, dann beschreiben alle möglichen Mittelwerte zusammen eine Normalverteilung. Deren Erwartungswert ist wie im einzelnen Teilexperiment $E(X)$ und deren Varianz ist $\frac{Var(X)}{n}$.

12.2.2 Wahrscheinlichkeiten von Mittelwerten

Man könnte versucht sein, für jedes Teilexperiment eine Gleichverteilung anzunehmen, so wie es im Diagramm dargestellt ist; auch weil die sechs Noten an die sechs Seiten eines Würfels erinnern. Die Noten müssen jedoch nicht gleich verteilt sein. Möglicherweise sind Fünfen und Sechsen seltener als Zweien und Dreien, während die Eins ähnlich häufig auftritt wie die Vier.

Ich gehe jedenfalls von meiner Beobachtung aus, dass der Erwartungswert eines Teilexperiments bei 2,7 liegt und die Varianz bei 1,7. Der Erwartungswert des Durchschnitts liegt ebenso bei 2,7. Die Varianz des Durchschnitts ist gleich der Varianz eines Teilexperiments geteilt durch 50. Die Normalverteilung lautet diesmal $\mathcal{N}(2,7\,,\sqrt{\frac{1,7}{50}})$.

Wie wahrscheinlich ist eine Durchschnittsnote zwischen 1,0 und 2,7? Da der niedrigste Wert bei 1,0 liegt, der Erwartungswert 2,7 und die Normalverteilung symmetrisch ist, müssten wir auf eine Wahrscheinlichkeit von 0,5

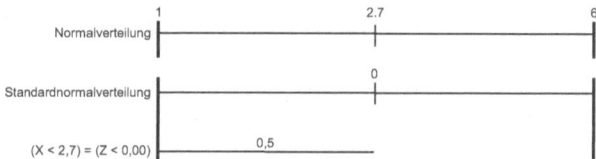

Diagramm 12.6: Berechnung von $P(X < 2{,}7)$.

kommen. Bestimmen wir zunächst den Z-Wert:

$$Z = \frac{X - \mu}{\sigma} = \frac{2{,}7 - 2{,}7}{\sqrt{\frac{1{,}7}{50}}} = 0 \qquad (12.2)$$

Es ist in der Tat $P(Z < 0{,}00) = \frac{1}{2}$, wie die Tabelle zeigt. Das ist auch deswegen plausibel, weil der Erwartungswert der Standardnormalverteilung bei 0 liegt und alles links von 0 die Hälfte der Verteilung einnimmt, also $\frac{1}{2}$ beträgt. Diagramm 12.6 fasst diese Aufgabe zusammen.

Wie ist die Wahrscheinlichkeit, dass der Schnitt schlechter als 3,0 ist? Wir nehmen das Gegenereignis: $P(X > 3{,}0) = 1 - P(X < 3{,}0)$ und berechnen $P(X < 3{,}0)$:

$$Z = \frac{X - \mu}{\sigma} = \frac{3{,}0 - 2{,}7}{\sqrt{\frac{1{,}7}{50}}} \approx 1{,}63 \qquad (12.3)$$

Die Tabelle zeigt, dass $P(Z < 1{,}63) = 0{,}9485$. Daher erhalten wir $P(X > 3{,}0) = 1 - P(X < 3{,}0) = 1 - 0{,}9485 = 0{,}0515$. Gut jeder zwanzigste Jahrgang (5%) hat eine Durchschnittsnote, die schlechter oder gleich 3,0 ist. Diagramm 12.7 fasst diese Aufgabe zusammen.

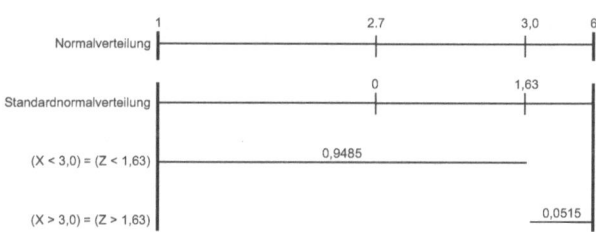

Diagramm 12.7: Berechnung von $P(X > 3{,}0)$.

12.3 Zentraler Grenzwertsatz für Anteile

Eine dritte Möglichkeit zur Anwendung des zentralen Grenzwertsatzes betrifft das Zählen der Ergebnisse mit einer bestimmten Eigenschaft. Zum Beispiel können wir die Anzahl gerader Augen zählen.

Diagramm 12.8 zeigt, dass bei zwei Würfen die drei Möglichkeiten auftreten können, nullmal, einmal oder zweimal eine gerade Zahl zu werfen. Allerdings erinnert dieses Diagramm nicht im geringsten einer Normalverteilung. Dies liegt jedoch nur an der geringen Anzahl von Würfen. In den meisten Fällen ergibt sich erst dann eine Normalverteilung, wenn man das Experiment häufiger, 30 Mal oder sogar noch öfter, durchführt.

Bei drei Würfen, sieht das Ergebnis schon anders aus (Diagramm 12.9). Je häufiger das Teilexperiment durchgeführt wird, desto besser ist die Annäherung an eine Normalverteilung.

Die resultierende Normalverteilung wäre bei einem vier- oder sechsseitigen Würfel ausgewogener. Es gäbe gleich viele gerade und ungerade Augenzahlen, was sich bei den möglichen Häufigkeiten bemerkbar machen würde. Das vorliegende Beispiel lässt dennoch eine Normalverteilung erahnen.

12.3.1 Bildung von Anteilen

Nach wie vor schreiben sich mehr männliche Studierende für ein Informatikstudium ein. Uns interessiert der Anteil an Frauen, die an einer mündlichen Prüfung teilnehmen. Es ist die Wahrscheinlichkeit zu berechnen, dass mindestens 10% der zu Prüfenden Frauen sind, falls $\frac{1}{4}$ aller Studenten über die vergangenen Jahrgänge betrachtet weiblich ist.

Es gibt zwei Möglichkeiten (geprüft wird eine Frau oder ein Mann). Außerdem haben wir eine Folge gleicher Teilexperimente (ich stelle mir vor jeder der 50 Prüfungen die Frage, ob als nächstes eine Frau oder ein Mann in mein

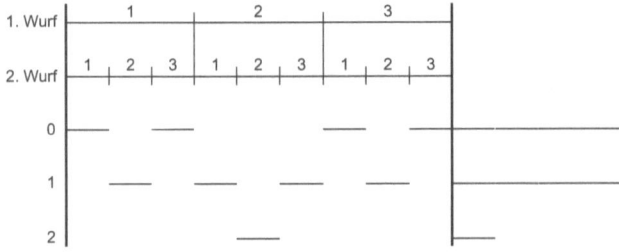

Diagramm 12.8: Häufigkeiten gerader Zahlen bei zwei Würfen. Die Verteilung der resultierenden Häufigkeiten ähnelt noch keiner Normalverteilung.

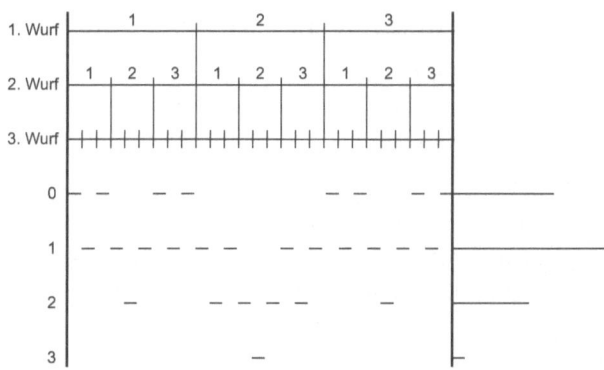

Diagramm 12.9: Häufigkeiten gerader Zahlen bei drei Würfen. Die Annährung an eine Normalverteilung lässt sich bereits bei drei Würfen erahnen.

Büro hereinkommt). Daher liegt eine Binomialverteilung vor (oberer Teil in Diagramm 12.10 und Abschnitt 10.2 auf Seite 109).

Es gibt genau eine Möglichkeit dafür, dass keine Frau in einem Jahrgang ist, nämlich wenn nur Männer mein Büro betreten. Ebenso gibt es nur eine Möglichkeit dafür, dass es 50 Frauen sind. Dass es gerade eine Frau innerhalb eines Jahrgangs gibt, kann sich in 50 Fällen zeigen (nur die erste Studierende, die geprüft wird, ist eine Frau; nur die zweite Studierende, ...nur die Fünfzigste; Diagramm 12.10 deutet dies an).

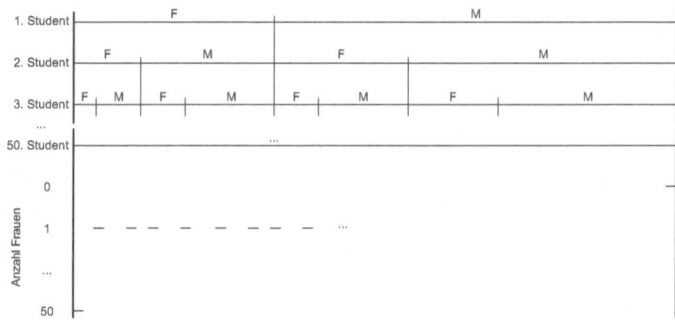

Diagramm 12.10: Jeder Studierende ist entweder eine Frau (F) oder ein Mann (M). Es können zwischen 0 und 50 Frauen unter den Studierenden sein.

159

12.3.2 Wahrscheinlichkeiten von Anteilen

Schieben wir die Häufigkeiten für die 51 Fälle (0 bis 50 Studierende sind Frauen) nach rechts aus dem Diagramm heraus, erhalten wir wieder eine Normalverteilung. Der *zentrale Grenzwertsatz für Anteile* lautet:

> Gegeben ist eine lange Experimentfolge mit n gleichen Teilexperimenten. In jeder denkbaren Folge wird der Anteil einer bestimmten Eigenschaft gezählt. Dann beschreiben alle möglichen Anteile eine Normalverteilung. Deren Erwartungswert ist p, wenn p die Wahrscheinlichkeit des Eintretens der interessierenden Eigenschaft ist. Die Varianz ist $\frac{p-p^2}{n}$.

Der Erwartungswert für den Frauenanteil ist $\frac{1}{4}$. Denn die Wahrscheinlichkeit des interessierenden Ereignisses ist $p = \frac{1}{4}$, da über die Jahre betrachtet $\frac{1}{4}$ aller Studenten weiblich ist.

Die Varianz für Anteile lautet $\frac{p-p^2}{n}$. In unserem Beispiel ist

$$\frac{p-p^2}{n} = \frac{\frac{1}{4} - \frac{1}{4}^2}{50} = 0{,}00375 \tag{12.4}$$

Demnach ist die Standardabweichung $\sqrt{0{,}00375} \approx 0{,}061$. Die Normalverteilung $\mathcal{N}(p, \sqrt{\frac{p-p^2}{n}}) = \mathcal{N}(\frac{1}{4}, \ 0{,}061)$ erhalten wir auf diese Weise.[2]

Damit lässt sich die ursprüngliche Frage beantworten, wie wahrscheinlich es ist, dass zumindest 10% Frauen unter den zu Prüfenden sind. Zunächst sind die 10% $= \frac{1}{10}$ in die Standardnormalverteilung zu transformieren:

$$Z = \frac{X - \mu}{\sigma} = \frac{\frac{1}{10} - \frac{1}{4}}{0{,}061} \approx -2{,}46 \tag{12.5}$$

Die Tabelle zeigt, dass $P(Z < -2{,}46) = 0{,}0069$. Da wir jedoch wissen wollten, wie die Wahrscheinlichkeit ist, dass *mindestens* 10% Frauen unter den zu Prüfenden sind, rechnen wir $1 - 0{,}0069 = 0{,}9931$. Das ist ein hoher Wert, allerdings nicht weiter verwunderlich, da der Erwartungswert schon bei $\frac{1}{4} = 25\%$ liegt und wir ausgerechnet haben, wie wahrscheinlich es ist, dass zwischen 10% und 100% der zu Prüfenden Frauen sind. Diagramm 12.11 fasst diese Aufgabe zusammen.

---

[2]Bei Wahrscheinlichkeiten von Anteilen hat man es mit Binomialverteilungen zu tun, die durch Normalverteilungen approximiert werden können, wenn die *Laplace-Bedingung*, eine Art Faustregel, erfüllt ist: $n \cdot p(1-p) > 9$. Für $n = 50$ und $p = \frac{1}{4}$ ist $n \cdot p(1-p) = 9{,}375 > 9$. Dies bedeutet, dass die Varianz größer 9 beziehungsweise die Standardabweichung größer 3 ist. Wenn diese Voraussetzung erfüllt ist, gilt: $B(n;p) = \mathcal{N}(np, \sqrt{np(1-p)})$.

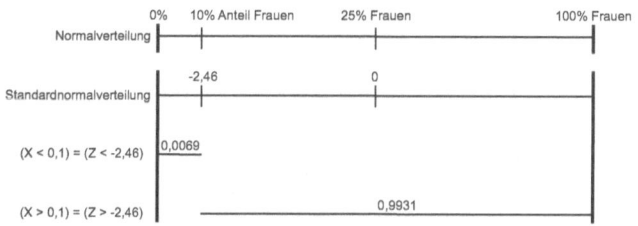

Diagramm 12.11: $P(\text{Anteil Frauen größer } 10\%) = P(X > 0{,}1)$.

Dagegen sollte es unwahrscheinlicher sein, dass es mehr als 30% Frauen gibt:

$$Z = \frac{X - \mu}{\sigma} = \frac{0{,}3 - 0{,}25}{0{,}061} \approx 0{,}82 \tag{12.6}$$

Die Tabelle zeigt, dass $P(Z < 0{,}82) = 0{,}7939$. Dann ist $P(Z > 0{,}82) = 1 - 0{,}7939 = 0{,}2061$. Die Wahrscheinlichkeit, dass mehr als 30% Frauen unter den 50 Studierenden eines Jahrgangs sind, beträgt 20,61%.

12.4 Konfidenzintervalle

Die Aufteilung männlicher und weiblicher Studenten schwankt von Jahrgang zu Jahrgang. Der Erwartungswert der Frauen liegt bei $\frac{1}{4}$. Ich möchte den Bereich kennen, der mit einer Sicherheit von 95% den korrekten Durchschnittswert weiblicher Studenten umschließt. Anders gefragt: Wie viele Frauen gibt es minimal und maximal in einem Jahrgang in 95% aller Fälle?

12.4.1 Konfidenzintervall in Standardnormalverteilung

Die Standardnormalverteilung verteilt sich symmetrisch um die Mitte herum. Daher suchen wir den Bereich, der links und rechts von der Mitte zusammen 95% ergibt. Die restlichen 5% verteilen sich auf die äußersten Bereiche links und rechts. Das heißt 2,5% liegen links außen und 2,5% ganz rechts.

Aus der Z-Tabelle lässt sich für den Tabelleneintrag 2,5% = 0,025 der Wert $-1{,}96$ ableiten. Um den Bereich rechts außen zu finden, müssen wir in der Z-Tabelle nachsehen, wo der Wert 100% - 2,5% = 97,5% = 0,975 liegt. Dies ergibt den Wert 1,96 (Diagramm 12.12). Falls eine Standardnormalverteilung vorliegt, kann auf diese Weise dieser 95%-ige *Sicherheitsbereich*, der als *Konfidenzintervall* bezeichnet wird, aus der Z-Tabelle abgelesen werden.

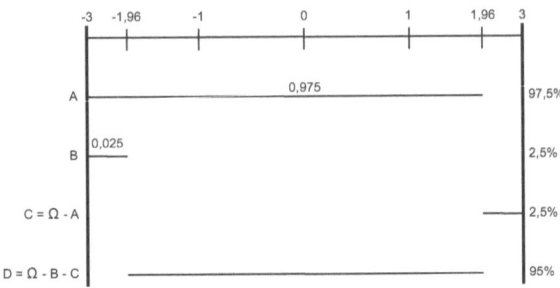

Diagramm 12.12: Zwischen -1,96 und 1,96 liegen 95% aller Werte. Die Z-Tabelle zeigt: $P(Z < -1{,}96) = 0{,}025 = 2{,}5\%$, $P(Z < 1{,}96) = 0{,}975 = 97{,}5\%$.

12.4.2 Konfidenzintervall in Normalverteilung

Da wir es im vorliegenden Beispiel nicht mit einer Standardnormalverteilung zu tun haben, können wir nicht direkt den Bereich $[-1{,}96; 1{,}96]$ als Lösung nehmen. Was unsere Normalverteilung von der Standardnormalverteilung unterscheidet sind ihr Erwartungswert und ihre Standardabweichung: $\mathcal{N}(\frac{1}{4}, 0{,}061)$ (siehe Seite 160). Mit diesen beiden Werten müssen wir die Z-Werte verändern, um den Bereich $[-1{,}96; 1{,}96]$ der Z-Verteilung auf unser Problem abzubilden.

Da wir Z-Werte gegeben haben (nämlich $-1{,}96$ und $1{,}96$) und uns für die entsprechenden X-Werte unserer Aufgabenstellung interessieren, müssen wir Formel 11.5 auf Seite 142 nach X auflösen:

$$Z = \frac{X - \mu}{\sigma} \Leftrightarrow X = Z\sigma + \mu \tag{12.7}$$

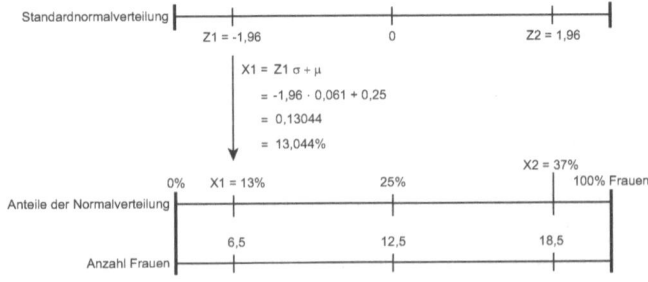

Diagramm 12.13: Übersetzung der Z-Werte in X-Werte.

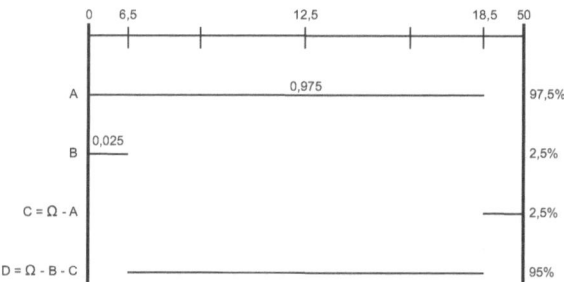

Diagramm 12.14: Mit einer Sicherheit von 95% gibt es zwischen 6,5 und 18,5 Frauen in einem Jahrgang. Da nur ganzzahlige Werte sinnvoll sind, rechnen wir mit einem Bereich von 6 bis 19 Frauen.

Diagramm 12.13 zeigt die Abbildung der Z-Werte auf die prozentualen Anteile der Frauen unter den Studierenden. Zusätzlich steht hier deren konkrete Anzahl, die sich auf die Stichprobengröße[3] 50 bezieht. Es gilt zum Beispiel $13\% \cdot 50 = 0{,}13 \cdot 50 = 6{,}5$. So ist der gesuchte Bereich: $[13\% \cdot 50; 37\% \cdot 50] = [0{,}13 \cdot 50; 0{,}37 \cdot 50] = [6{,}5; 18{,}5]$.

Zusammengefasst: In der Z-Verteilung liegen 95% aller Werte zwischen $-1{,}96$ und $1{,}96$ (Diagramm 12.12). Dies bedeutet für das Beispiel: Mit 95%-iger Sicherheit begrenzen die Werte 6,5 und 18,5 den korrekten Durchschnittswert der Anzahl an Frauen in einem Jahrgang (Diagramm 12.14).

12.4.3 Eine höhere Sicherheit fordern

Angenommen wir verlangen eine höhere Sicherheit von zum Beispiel 99%. Dann müssen wir aus der Z-Tabelle die Werte für 0,005 und 0,995 ermitteln, die das Signifikanzniveau von $100\% - 99\% = 1\%$ ergeben (Diagramm 12.15). Der Tabelle nach führen die nächsten Einträge zu den Werten $-2{,}58$ und $2{,}58$. Nach Formel 12.7 transformieren wir $Z = -2{,}58$ nach X:

$$X_{unten} = Z_{unten} \cdot \sigma + \mu = -2{,}58 \cdot 0{,}061 + 0{,}25 = 0{,}09262 \qquad (12.8)$$

Wir verfahren genauso für den oberen Wert $Z = 2{,}58$:

$$X_{oben} = Z_{oben} \cdot \sigma + \mu = 2{,}58 \cdot 0{,}061 + 0{,}25 = 0{,}40738 \qquad (12.9)$$

Hier ergibt sich der Bereich $[0{,}09 \cdot 50; 0{,}41 \cdot 50] = [4{,}63; 20{,}37] \approx [4; 21]$. Mit einer 99%-igen Sicherheit liegt der Durchschnittswert der Frauen in einem Jahrgang zwischen 4 und 21 (Diagramm 12.15). Die Bereiche $[6; 19]$ und $[4; 21]$ stellen eine *Intervallschätzung* des Durchschnittswertes dar.

---

[3]Ein Jahrgang entspricht einer Stichprobe. Die Grundgesamtheit sind alle Jahrgänge.

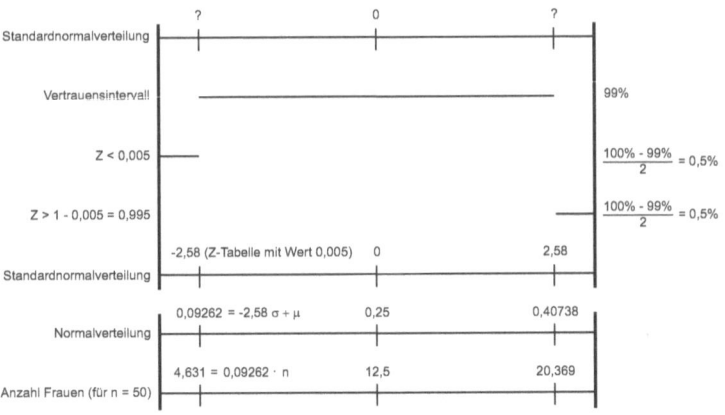

Diagramm 12.15: Mit einer Sicherheit von 99% gibt es zwischen 4 und 21 Frauen in einem Jahrgang. Der untere Wert wurde auf 4 abgerundet und der obere Wert auf 21 aufgerundet, da nur ganzzahlige Werte sinnvoll sind.

12.4.4 Vertrauen versus Schwankungsbreite

Der so bestimmte Bereich von 95% beziehungsweise 99% ist unser Konfidenzintervall (*Vertrauensintervall*). Offensichtlich bedeutet ein größeres Vertrauensintervall, dass die Schwankungsbreite höher ist (zwischen 4 und 21 Frauen). Im Gegensatz dazu ist die Schwankungsbreite geringer, wenn ein Vertrauensintervall von 95% ausreicht (zwischen 6 und 19 Frauen). Man sagt auch, dass die *Fehlergrenze* bei 6 und 19 liegt.

Sind wir bereits mit einem Vertrauensintervall von 80% zufrieden, bekommen wir ein engeres Intervall. Die übrigen 20% verteilen sich links und rechts außen. So sind die Einträge 0,1 und 0,9 in der Z-Tabelle zu suchen. Die Z-Tabelle zeigt, dass bei etwa 0,1 der Z-Wert $-1,28$ und bei etwa 0,9 der Wert 1,28 liegt. Die entsprechenden X-Werte berechnen sich wie folgt:

$$X_{\text{unten}} = Z_{\text{unten}} \cdot \sigma + \mu = -1,28 \cdot 0,061 + 0,25 = 0,17192 \qquad (12.10)$$

und

$$X_{\text{oben}} = Z_{\text{oben}} \cdot \sigma + \mu = 1,28 \cdot 0,061 + 0,25 = 0,32808 \qquad (12.11)$$

Dies ergibt den Bereich $[0,17192 \cdot 50; 0,32808 \cdot 50] \approx [8; 17]$.

Je präziser wir raten (Bereich des Frauenanteils [8; 17]), umso weniger vertrauensvoll ist unsere Abschätzung (die Fehlergrenzen sind in 80% aller Fälle korrekt). Sind wir weniger präzise (Bereich des Frauenanteils [4; 21]), ist unsere Abschätzung vertrauensvoller (in 99% aller Fälle korrekt).

12.5 Veränderung der Stichprobengröße

Am liebsten hätte man eine hohe Konfidenz (von 99,9%) und zugleich dicht beieinander liegende Fehlergrenzen (zum Beispiel, dass die Schwankung nur zwischen 11 und 13 Frauen liegt). Damit lassen sich treffendere Vorhersagen machen als bei einer geringeren Konfidenz beziehungsweise als mit breiteren Fehlergrenzen. Man kann sich diesem Ideal annähern, indem man die Stichprobe vergrößert.

Ich erfahre in einer Umfrage mit 50 Studierenden, dass $\frac{1}{4}$ rauchen. Auch die Standardabweichung sei dieselbe wie im vorherigen Beispiel. Alle Werte bleiben wie zuvor. Insbesondere bei einer Konfidenz von 99% liegen die Fehlergrenzen bei 4 und 21 Rauchern.

Was passiert bei Vergrößerung der Stichprobe? Wenn ich die Stichprobe erhöhe, indem ich 10 Mal so viele Studierende über ihre Rauchgewohnheit befrage (das sind 500), dann sollte bei derselben Konfidenz von 99% die Fehlergrenze enger sein.

Probieren wir das aus. Dazu muss zunächst die geschätzte Standardabweichung neu berechnet werden, weil diese von der Stichprobengröße n abhängt. Zuvor war $n = 50$, nun ist $n = 500$. Wir erhalten (siehe Abschnitt 12.3.2):

$$\sigma = \sqrt{\frac{p - p^2}{n}} = \sqrt{\frac{\frac{1}{4} - \frac{1}{4}^2}{500}} = \sqrt{0{,}000375} \approx 0{,}019. \qquad (12.12)$$

Somit lautet die neue Normalverteilung $\mathcal{N}(\frac{1}{4}, 0{,}019)$. Zur Berechnung der Fehlergrenzen $\mathsf{X}_{\mathsf{unten}}$ und $\mathsf{X}_{\mathsf{oben}}$ müssen die Z-Werte mit $n = 500$ und $\mathcal{N}(\frac{1}{4}, 0{,}019)$ in die X-Werte umgerechnet werden:

$$\mathsf{X}_{\mathsf{unten}} = \mathsf{Z}_{\mathsf{unten}} \cdot \sigma + \mu = -2{,}58 \cdot 0{,}019 + 0{,}25 = 0{,}20098 \qquad (12.13)$$

und

$$\mathsf{X}_{\mathsf{oben}} = \mathsf{Z}_{\mathsf{oben}} \cdot \sigma + \mu = 2{,}58 \cdot 0{,}019 + 0{,}25 = 0{,}29902 \qquad (12.14)$$

Zur Erinnerung: $[-2{,}58; 2{,}58]$ steht für ein Vertrauensintervall von 99% in der Standardnormalverteilung. Dies bedeutet für $\mathcal{N}(\frac{1}{4}, 0{,}019)$:

$$[0{,}20098 \cdot 500; 0{,}29902 \cdot 500] \approx [100; 150]$$

Absolut gesehen ist dieser Bereich zwar breiter als für $n = 50$, in Relation zur Stichprobengröße jedoch enger. Denn dieser Bereich entspricht einer Schwankungsbreite von 10% im Gegensatz zu der Schwankung von etwa 34%, wenn wir nur eine Stichprobe des Umfangs 50 haben. Diagramm 12.16 stellt die beiden Fälle gegenüber.

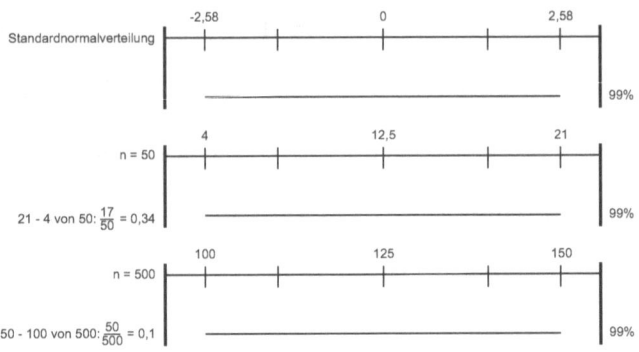

Diagramm 12.16: Mit einer Sicherheit von 99% gibt es zwischen 4 und 21 Raucher bei einer Stichprobengröße von 50 und zwischen 100 und 150 Raucher, falls die Stichprobe die Größe 500 hat. Da 0,1 < 0,34, ist die Schwankungsbreite für $n = 500$ geringer, als für $n = 50$.

12.6 Stichprobengröße bestimmter Konfidenz

Will man wissen, wie groß eine Stichprobe n sein sollte, um ein bestimmtes Signifikanzniveau zu erreichen, hilft folgende Formel, mit der man einen ganz guten Vorschlag für n berechnen kann:

$$n = \frac{1}{Signifikanzniveau^2} \qquad (12.15)$$

Es sei beispielsweise unser Wunsch, ein Signifikanzniveau von 5% = 0,05 einzuhalten. Dann ist

$$n = \frac{1}{0,05^2} = 400 \qquad (12.16)$$

Es reicht also für das Signifikanzniveau von 5% aus, nur 400 anstatt 500 Studierende zu befragen. Anders gesagt sollte $n = 400$ sein, wenn eine Konfidenz von 95% gefordert wird.

Diese Regel zur Berechnung der Stichprobengröße ist ein Beispiel dafür, dass es aufgrund der vagen Umstände, für die die Statistik ja gerade erfunden worden ist, oftmals nur ebenso vage Regeln und Vereinbarungen gibt. Weitere Vereinbarungen betreffen etwa den Sprachgebrauch bestimmter Signifikanzniveaus von 5% (signifikant), 1% (sehr signifikant) und 0,1% (hoch signifikant).

12.7 Zusammenfassung

Dieses Kapitel hat gezeigt, dass lange Experimentfolgen gleicher Teilexperimente zum zentralen Grenzwertsatz führen: Werden die Ergebnisse der Teilexperimente verrechnet, ergibt sich hieraus eine Normalverteilung. Dies gilt insbesondere dann, wenn die Ergebnisse der Teilexperimente aufsummiert werden, ihr Durchschnitt gebildet wird oder Anteile mit einer bestimmten Eigenschaft bestimmt werden.

Das funktioniert für alle möglichen Experimente. Daher müssen wir deren Verteilungen nicht kennen, um bei häufiger Durchführung konkrete Ergebnisse berechnen zu können. Allerdings müssen zumindest Erwartungswert und Varianz des Teilexperiments gegeben sein oder abgeschätzt werden können.

Konfidenzintervalle können für diese Verteilungen bestimmt werden, um Bereiche zu identifizieren, in denen eine Größe liegt, nimmt man ein bestimmtes Signifikanzniveau an. Da die Ergebnisse von den Stichprobengrößen abhängen, wurde zudem eine Formel zur Abschätzung einer nützlichen Stichprobengröße vorgestellt.

Wie aber sieht denn nun ein dreiseitiger Würfel aus? - Nun, genauso wie ein normaler Würfel mit sechs Seiten, nur dass anstelle der Zahlen 4 bis 6 noch einmal die Zahlen 1 bis 3 wiederholt werden. Denn es geht ja nur um die relativen Häufigkeiten. Die Äquivalenz eines solchen Würfels mit einem imaginären dreiseitigen Würfel kann man sich klar machen, wenn man alle 3 Ereignisse der ersten Zeile in Diagramm 12.1 in zwei gleich lange Segmente aufteilt.

Dieses Kapitel schließt den Theorieteil ab. Es zeigt, dass nicht nur die Zusammenhänge der Wahrscheinlichkeitstheorie diagrammatisch veranschaulicht werden können. Vielmehr ermöglichen die Diagramme auch ansatzweise Grundlagen der Statistik zu beschreiben. Letztere ist ein weites Feld. Dieses Kapitel sowie Kapitel 9 schlagen zumindest eine Brücke zwischen der Wahrscheinlichkeitstheorie (dem Errechnen von Wahrscheinlichkeiten bei gegebenen Verteilungen) und dem umfangreichen Gebiet der Statistik (dem Erraten von Verteilungen bei gegebenen Stichproben).

Teil IV

Hartnäckige Experimente

Kapitel 13

Klassiker in Strichen

13.1 Das Gefangenenproblem

Auf dem Weg zur Arbeit höre ich im Autoradio etwas über eine Geiselnahme. Zwangsläufig muss ich an das Gefangenenproblem denken:[1]

Drei Gefangene A, B *und* C *sitzen im Gefängnis. Um Geld zu sparen, will der Direktor einen Insassen entlassen.* A *hat das spitz bekommen, weiß jedoch nicht wer der Glückliche sein wird.* A *hält sich für ganz besonders schlau und fragt einen Wärter:*

"Da zwei von uns hierbleiben müssen, weiß ich mit Sicherheit, dass B *oder* C *bleiben wird. Du verrätst mir daher nichts, wenn Du sagst, ob* B *oder* C *hierbleibt."*

Der Wärter denkt nach und verrät schließlich: B *muss bleiben. Daraufhin fühlt sich* A *besser, da sich seine Chance entlassen zu werden, angeblich von $\frac{1}{3}$ zu $\frac{1}{2}$ verbessert hat. Wieso täuscht sich* A*? Wieso bleibt die Wahrscheinlichkeit seiner Entlassung bei $\frac{1}{3}$?*

Diagramm 13.1 zeigt die Ausgangssituation.

Diagramm 13.1: Die Entlassung der Gefangenen ist gleichverteilt.

---

[1]S. Shimojo, S. Ichikawa. *Intuitive reasoning about probability: Theoretical and experimental analyses of the 'problem of the three prisoners'.* Cognition 32: 1–24, 1989.

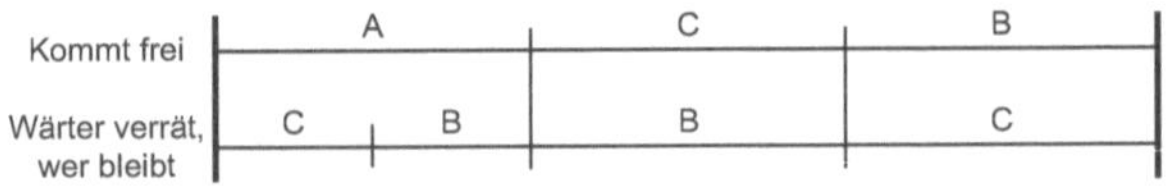

Kommt frei	A		C		B	
Wärter verrät, wer bleibt	C	B	B		C	

Diagramm 13.2: Was der Wärter verraten darf, zeigt Zeile zwei.

Die Möglichkeiten des Wärters, A zu antworten, zeigt Diagramm 13.2. Falls A frei kommt, hat der Wärter die freie Wahl, ob er sagt, dass B bleiben muss oder C. Kommt C frei, darf der Wärter nur antworten, dass B bleiben muss, weil er ja über A nichts verraten will. Ähnlich ist es, falls B frei kommt. Dann darf der Wärter nur sagen, dass C bleiben muss.

Die Informationslage ändert sich angeblich in dem Moment, in dem der Wärter verrät, dass B bleiben muss (Diagramm 13.3). Das eigentlich interessierende Segment, dass A nämlich gehen darf, zeigt Diagramm 13.4 in der letzten Zeile.

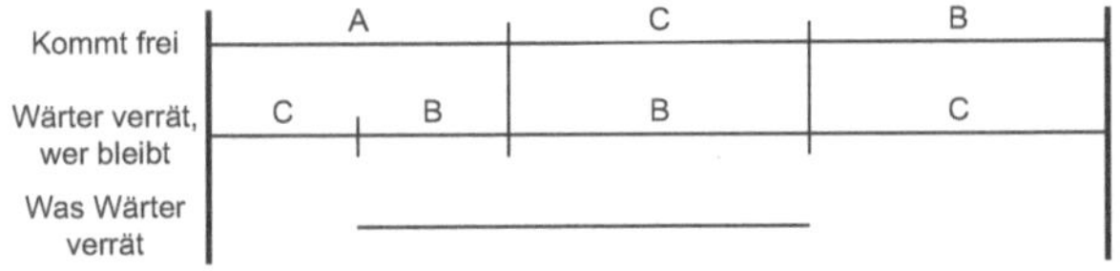

Kommt frei	A		C		B	
Wärter verrät, wer bleibt	C	B	B		C	
Was Wärter verrät						

Diagramm 13.3: Was der Wärter tatsächlich verrät.

Die Wahrscheinlichkeit, dass A frei kommt, bemisst sich in Relation zu dem, was der Wärter verraten hat. Dies ist in Diagramm 13.4 durch die vertikalen Begrenzungen der Bedingtheit hervorgehoben. Daher bleibt die Wahrscheinlichkeit für die Entlassung von A nach Äußerung des Wärters $\frac{1}{3}$.

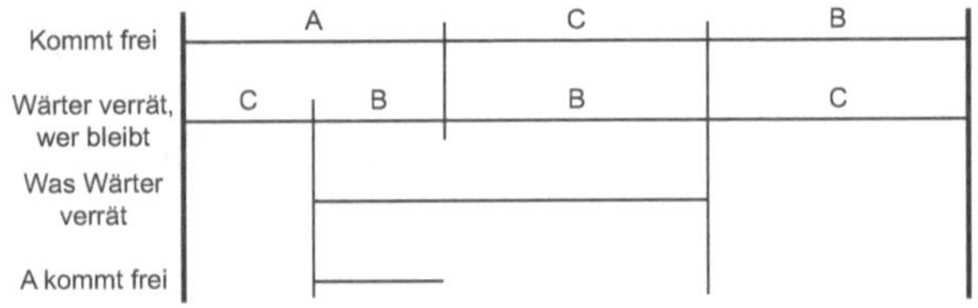

Kommt frei	A		C		B	
Wärter verrät, wer bleibt	C	B	B		C	
Was Wärter verrät						
A kommt frei						

Diagramm 13.4: Wahrscheinlichkeit für: A kommt frei, gegeben B bleibt.

Für den Lösungsweg dieser Aufgabe ist es entscheidend zu erkennen, dass man es mit einem mehrstufigen Experiment zu tun hat. Dieses besteht aus zwei Teilexperimenten: der Informationslage zu Beginn und der geänderten Informationslage, nachdem der Wärter verraten hat, dass B bleiben muss.

13.2 Das Sitzbankparadoxon

Ich komme in meinem Büro an und hole mir erst einmal einen Becher Kaffee, da ich die ersten Studenten nicht vor 10 Uhr erwarte. Im Wartezimmer meines Büros gibt es drei Sitzbänke mit jeweils zwei Sitzplätzen. Angenommen zwei Studierende betreten das Wartezimmer. Wie hoch ist die Wahrscheinlichkeit, dass sich beide auf dieselbe Sitzbank setzen? Vorausgesetzt wird, dass sich jeder auf einen eigenen Sitzplaz setzt und keiner darauf achtet, alleine oder mit dem anderen auf einer Sitzbank Platz zu nehmen.

Diagramm 13.5 zeigt eine Lösung: Obwohl sich beide Personen gleichzeitig hinsetzen, können wir dies durch eine Folge darstellen. Beide Personen haben die Wahl zwischen drei Sitzbänken. Dies zeigen die ersten beiden Zeilen des Diagramms. Die dritte Zeile hebt die drei Fälle hervor, dass beide Personen zusammen sitzen. Die Wahrscheinlichkeit hierfür beträgt $\frac{3}{9} = \frac{1}{3}$.

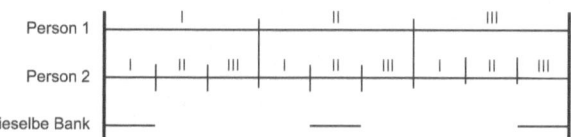

Diagramm 13.5: Sitzbankparadoxon Lösung 1 ergibt $\frac{3}{9} = \frac{1}{3}$.

Man könnte aber auch anders vorgehen. Anstatt die drei Sitzbänke im Konstruktionsschritt zu berücksichtigen, sehen wir uns die sechs unterscheidbaren Plätze an (Diagramm 13.6): Die erste Person hat sechs Möglichkeiten, die zweite Person nur noch fünf mögliche Sitzplätze zur Auswahl, abhängig davon, wo sich die erste Person hingesetzt hat.

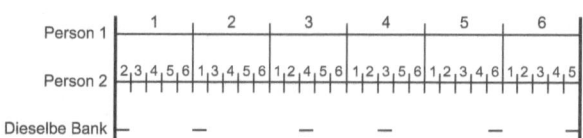

Diagramm 13.6: Sitzbankparadoxon Lösung 2 ergibt $\frac{6}{30} = \frac{1}{5}$.

Wir nehmen an, dass die beiden Sitzplätze eins und zwei, die Sitzplätze drei und vier sowie fünf und sechs auf jeweils einer Bank sind. Dann kann man die relevanten sechs Fälle hervorheben, die in der letzten Zeile des Diagramms stehen. Diese haben eine Wahrscheinlichkeit von $\frac{6}{30} = \frac{1}{5}$. Leider sind wir so auf zwei plausiblen Wegen zu verschiedenen Ergebnissen gekommen. Welche Lösung ist korrekt?

Die Aufgabe spezifiziert nicht, ob sich ein Student mit derselben Wahrscheinlichkeit für die drei Sitzbänke oder die sechs Sitzplätze entscheidet. Je nachdem was man in der Problemstellung zugrunde legt, sind beide Antworten korrekt. Die Benennung der Elementarereignisse wird jedoch versäumt. Die diagrammatische Konstruktion zwingt uns dagegen, Elementarereignisse explizit darzustellen. Während der erste Lösungsweg dem Urnenmodell *mit Zurücklegen* entspricht (auf einer Bank können beide sitzen), stellt der zweite ein Experiment *ohne Zurücklegen* dar (auf einem Platz kann nur einer sitzen).

13.3 Gewinnchancen

Inzwischen sitzen zwei Studierende in meinem Wartezimmer. Beide wollen eine Prüfung ablegen und zuerst drankommen. Daher werfen sie eine Münze. Wer Kopf wirft erhält einen Punkt. Wer zuerst fünf Punkte hat gewinnt. Werfen beide Kopf erhält keiner einen Punkt.

Es steht vier zu drei in dem Moment, in dem ich die Tür öffne, um den nächsten herein zu bitten. Da ich nicht länger warten will, soll derjenige zuerst hereinkommen, der zu diesem Zeitpunkt die höhere Gewinnchance hat. Wie errechnet sich diese?

Die Gewinnchancen für beide Studierende, A und B, sind oben in Diagramm 13.7 dargestellt. Nach dem siebten Wurf steht es entsprechend der Aufgabenstellung für A 4:3. Die Spielstände ab dem achten Wurf sind jeweils unter den Segmenten im Diagramm aufgeführt. Da wir den Spielstand von 4:3 kennen, müssen wir nur den (Unter-) Ereignisraum betrachten, der sich hier anschließt. Dieser ist zur Berechnung der Gewinnchancen maßgeblich.

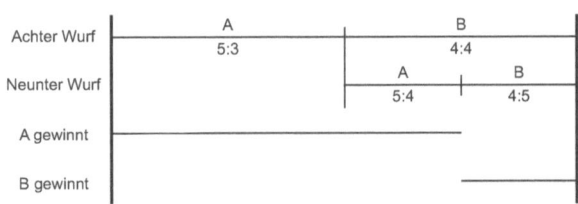

Diagramm 13.7: Die Gewinnchance für A beträgt $\frac{3}{4}$ und für B $\frac{1}{4}$.

Man sieht, A hat die bessere Gewinnchance. Wie hoch ist diese genau? Ein bekannter Fehler besteht darin, bloß die Möglichkeiten durchzuzählen, unter denen A oder B gewinnt. Dies führt zu dem Ergebnis, dass A in zwei und B in einem von drei Fällen gewinnt. Das ist jedoch verkehrt. Es müssen die Wahrscheinlichkeiten der kompletten Pfade berücksichtigt werden. Dies führt zu einer Gewinnchance von $\frac{3}{4}$ für A (Diagramm 13.7).

13.4 Das Botenproblem

Die Studierenden haben bestanden und nun will ich noch einen Projektantrag an die Deutsche Forschungsgemeinschaft schicken. Damit dieser schnell in Bonn ist, wähle ich anstelle der langsamen Hauspost einen Botendienst. Zwei stehen mir zur Auswahl: X und Y. X ist doppelt so teuer wie Y aber auch doppelt so zuverlässig. So stehe ich vor der Frage, ob ich den Dienst von X beanspruche oder zum selben Preis zwei unabhängige Boten von Y beauftrage.

Ich hätte mir niemals vorgenommen, das vorliegende Buch zu schreiben, wenn ich nicht in so einer Situation an mein Whiteboard gehen würde, um ein Diagramm aufzuzeichnen. Hierbei muss ich aufpassen, dass X und Y zwei verschiedene Experimente darstellen! Diagramm 13.8 zeigt eine Abschrift meines Whiteboards. *Ok* bezeichnet, dass der Botendienst erfolgreich ist.

Die Längen im Diagramm sind nicht genau, sondern so gewählt, dass das Diagramm lesbar bleibt. Dafür habe ich überall korrekte Brüche angegeben, die die eigentlichen Längen bezeichnen. Diese Vorgehensweise bietet sich häufig an, da es in der Regel nur darum geht, alle relevanten Fälle mit Hilfe des Diagramms zu identifizieren und geeignet zu berücksichtigen. Die genauen Werte sind außerdem so gewählt worden, dass wir leichter damit rechnen können. Anstatt der angegebenen Erfolgsgarantie von $\frac{9}{10}$, liegt diese möglicherweise eher bei $\frac{99}{100}$.

In Diagramm 13.8 bemühen wir zwei Mal Botendienst Y: Y2 kann funktionieren, gegeben, dass Y1 funktioniert oder gegeben, dass Y1 nicht funktioniert.

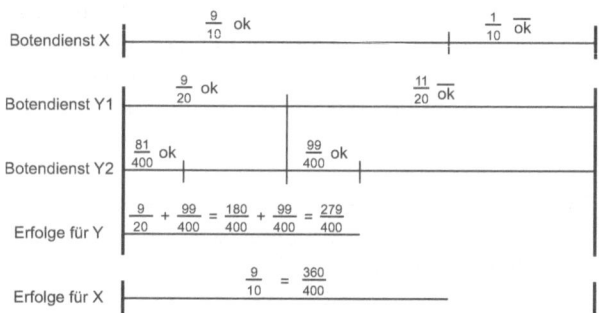

Diagramm 13.8: Einmal Botendienst X ist sicherer als zweimal Y: $\frac{360}{400} > \frac{279}{400}$.

Dies ist zwar nur ein Beispiel mit willkürlichen Größen. Jedoch haben wir die Existenz eines Falles nachgewiesen, für den X ein doppelt so sicherer Dienst ist wie Y: $\mathsf{ok}(Y) = \frac{1}{2} \cdot \mathsf{ok}(X)$. Bei Aufgaben ohne Wahrscheinlichkeitsangaben überlegt man sich ein Beispiel. Hier haben wir eine Zuverlässigkeit von 90% für X angenommen und alles andere relativ dazu berechnet.

Diagramm 13.9: 60% der Studenten sind männlich, 40% weiblich.

13.5 Rauchende Studenten

Ich muss mir eine Klausuraufgabe ausdenken: An der Uni sind 60% der Studenten männlich. Insgesamt rauchen 10% aller Studenten. Unter den weiblichen Studenten rauchen sogar 15%. Wie hoch ist der Anteil der weiblichen Raucher unter allen Studenten?

60% der Studenten sind männlich wie in Diagramm 13.9 dargestellt. 40% der Studenten sind weiblich.

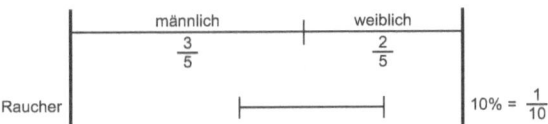

Diagramm 13.10: 10% aller Studenten sind Raucher.

10% aller Studenten sind Raucher (Diagramm 13.10). Es gibt sowohl männliche als auch weibliche Raucher, weshalb das Ereignis **Raucher** die männlichen und weiblichen Studenten überlappt. Die 10% der Aufgabenstellung bezieht sich auf alle Studenten und damit auf den gesamten Ereignisraum. Anders ist es mit den angegebenen $15\% = \frac{3}{20}$ weiblicher Studenten, die rauchen. Diese beziehen sich auf den Unterereignisraum der weiblichen Studenten (Diagramm 13.11). Die Segmente sind zwar zu lang geraten, dienen jedoch wiederum nur der Veranschaulichung.

Damit sind alle in der Aufgabenstellung genannten Größen im Diagramm berücksichtigt und wir können uns der Frage der Aufgabenstellung zuwenden: wieviele unter allen Studenten weiblich sind und rauchen. Dies sind offensicht-

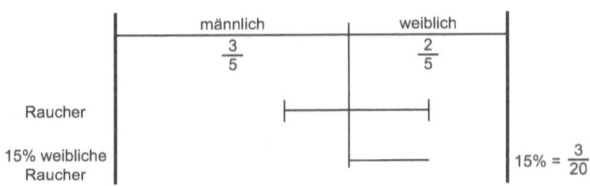

Diagramm 13.11: 15% der weiblichen Studenten rauchen.

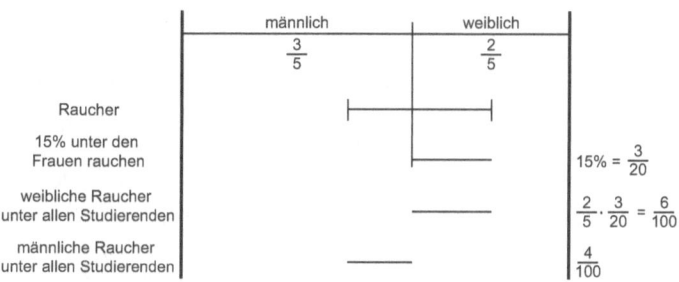

Diagramm 13.12: $\frac{6}{100}$ aller Studenten sind weibliche Raucher. Daraus ergibt sich, dass $\frac{1}{10} - \frac{6}{100} = \frac{4}{100}$ aller Studenten männliche Raucher sind.

lich $\frac{2}{5} \cdot \frac{3}{20} = \frac{6}{100}$. Denn das Segment aus dem letzten Konstruktionsschritt muss nun zum gesamten Ereignisraum betrachtet werden (vorletzte Zeile in Diagramm 13.12).

Mit welcher Wahrscheinlichkeit ist ein beliebig gewählter Student S weiblich, gegeben dass S raucht? An dieser Stellen muss das Segment der weiblichen Raucher zu dem Segment aller Raucher ins Verhältnis gesetzt werden. Denn Letzteres ist die in der Fragestellung gegebene Bedingtheit. Setzen wir beide Segmente ins Verhältnis erhalten wir: $\frac{\frac{6}{100}}{\frac{1}{10}} = \frac{6}{100} \cdot \frac{10}{1} = \frac{60}{100} = 60\%$.

Analog hierzu kann die Frage beantwortet werden, mit welcher Wahrscheinlichkeit ein beliebig herausgegriffener Student S männlich ist, gegeben dass S raucht: $\frac{\frac{4}{100}}{\frac{1}{10}} = \frac{4}{100} \cdot \frac{10}{1} = \frac{40}{100}$.

Etwas anderes ist dagegen damit gemeint: Mit welcher Wahrscheinlichkeit ist ein beliebig herausgegriffener Student S Raucher, falls S männlich ist? Diagramm 13.13 zeigt, wonach gefragt ist. Wir müssen die männlichen Raucher ins Verhältnis zu den männlichen Studenten setzen: $\frac{\frac{4}{100}}{\frac{3}{5}} = \frac{20}{300} = \frac{1}{15} = 0,0\overline{6} \approx$ 6,7%. Wenn ich also einen männlichen Studenten bei mir im Büro erwarte, dann ist das mit einer Wahrscheinlichkeit von 6,7% ein Raucher.

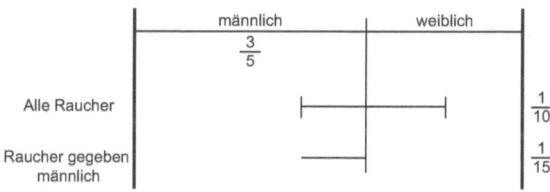

Diagramm 13.13: Der Anteil Raucher unter den männlichen Studenten.

13.6 Störungen bei der Videokonferenz

Wenn ich über's Internet mit Kollegen in fernen Ländern spreche, kommt es bei der Übertragung der Bilder in 10% aller Fälle zu Bildstörungen. Eine Bildstörung impliziert mit einer Wahrscheinlichkeit von 70% auch eine Tonstörung. Ist das Bild jedoch einwandfrei, so ist in 95% aller Fälle auch der Ton in Ordnung. Wie hoch ist die Wahrscheinlichkeit für ein einwandfreies Bild, wenn es eine Tonstörung gibt?

Eins nach dem anderen: In 10% aller Fälle kommt es zu Bildstörungen (Diagramm 13.14).

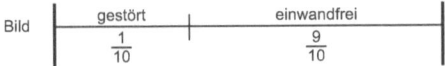

Diagramm 13.14: In $\frac{1}{10}$ aller Fälle kommt es zu Bildstörungen. Mit anderen Worten, in $\frac{9}{10}$ aller Fälle ist das Bild einwandfrei.

Wenn es zu Bildstörungen kommt, dann gibt es in 70% dieser Fälle auch Tonstörungen (Diagramm 13.15).

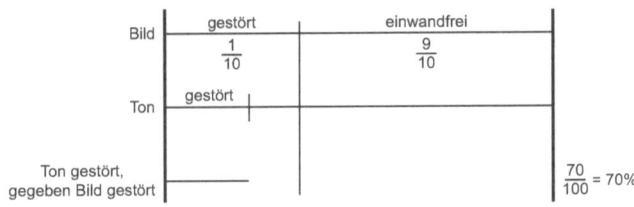

Diagramm 13.15: Wenn Bildstörungen auftreten, dann gibt es auch in 70% dieser Fälle Tonstörungen.

Ist das Bild jedoch einwandfrei, so ist in 95% aller Fälle auch der Ton in Ordnung und damit gibt es in 5% dieser Fälle eine Tonstörung (2. Zeile, 3. Segment in Diagramm 13.16 oder 4. Zeile).

Wie groß ist die Wahrscheinlichkeit für ein einwandfreies Bild, wenn es eine Tonstörung gibt? Hierzu müssen wir das Segment des einwandfreien Bildes mit Tonstörung ($\frac{9}{200}$) zu dem Segment aller Tonstörungen ($\frac{23}{200}$) ins Verhältnis setzen (letzte Zeile in Diagramm 13.16):

$$\frac{\frac{9}{200}}{\frac{23}{200}} = \frac{9}{200} \cdot \frac{200}{23} = \frac{9}{23}$$

Interessant ist, ob die Ereignisse „Es tritt keine Bildstörung auf " und „Es tritt

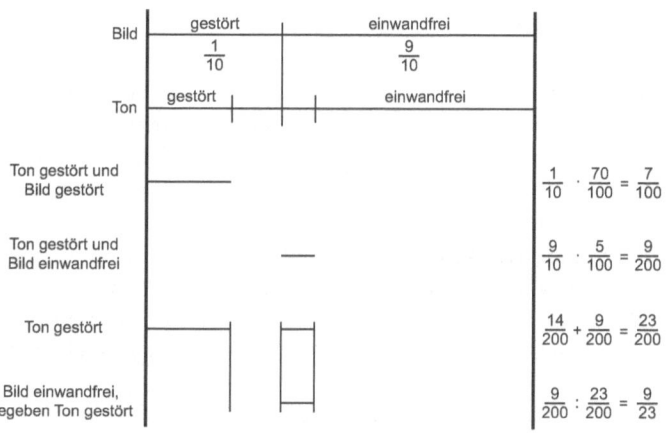

Diagramm 13.16: Abhängigkeiten zwischen Bild- und Tonstörungen.

eine Tonstörung auf " stochastisch unabhängig sind. Dies ist für zwei Ereignisse A und B der Fall, wenn gilt:

$$P(A \cap B) = P(A) \cdot P(B)$$

Sehen wir uns dies für das Beispiel an:

$$P(\text{Es tritt keine Bildstörung auf}) = P(\overline{B}) = \frac{9}{10}$$

und

$$P(\text{Es tritt eine Tonstörung auf}) = P(T) = \frac{23}{200}$$

Daher:

$$P(\overline{B} \cap T) = \frac{9}{200} = 0{,}045$$

$$P(\overline{B}) \cdot P(T) = \frac{9}{10} \cdot \frac{23}{200} = \frac{207}{2000} = 0{,}1035$$

Bild und Ton sind stochastisch abhängig, da Schnitt und Produkt verschieden sind. Klingt plausibel, da sich Bild und Ton mindestens teilweise den Übertragungsweg teilen.

13.7 Feierabend

Ich überlege, ob ich endlich Feierabend machen soll. Also, was soll ich tun? Richtig: Ich nehme eine Münze und Kopf steht für Dienstschluss. Tatsächlich wäre es mir lieber nach Hause zu fahren. So frage ich mich, wie oft ich die Münze mindestens werfen muss, um mit einer Wahrscheinlichkeit von mindestens 95% Kopf zu werfen.

Beim einmaligen Münzwurf ist $P(\text{Kopf}) = \frac{1}{2}$. Da das Ergebnis kleiner als 95% ist, erweitern wir das Diagramm um einen zusätzlichen Münzwurf und sehen uns alle Wege an, die zu Kopf führen. Wir fahren damit solange fort, bis wir eine Wahrscheinlichkeit von mindestens 95% ermittelt haben.

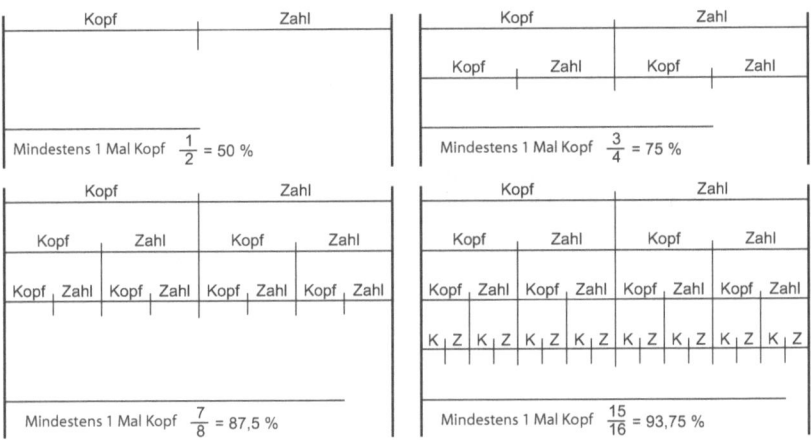

Diagramm 13.17: Die Wahrscheinlichkeit für mindestens einmal Kopf beträgt bei einem Wurf $\frac{1}{2}$, bei zwei $\frac{3}{4}$, bei drei $\frac{7}{8}$ und bei vier Würfen $\frac{15}{16}$.

Diagramm 13.17 zeigt, dass ich mit vier Würfen nicht auskomme. Aber beim fünften Mal liege ich über 95% (Diagramm 13.18). Daher muss ich die Münze fünf Mal werfen, um mit einer Wahrscheinlichkeit von mindestens 95% Kopf zu erhalten und Feierabend machen zu dürfen.

So zeigen die Diagramme etwas kompliziert das Prinzip. Rechnerisch kann man die Anzahl notwendiger Teilexperimente n über das Gegenereignis bestimmen (X = mindestens einmal Kopf bei n Würfen):

$$P(X) = 1 - P(\text{null Mal Kopf})^n$$
$$= 1 - \frac{1}{2}^n$$

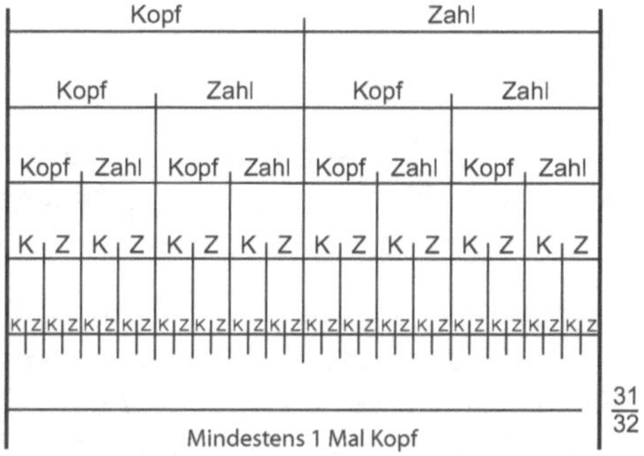

	Kopf			Zahl			
Kopf		Zahl		Kopf		Zahl	
Kopf	Zahl	Kopf	Zahl	Kopf	Zahl	Kopf	Zahl
K	Z	K	Z	K	Z	K	Z	K	Z	K	Z	K	Z	K	Z

Mindestens 1 Mal Kopf

$\frac{31}{32}$

Diagramm 13.18: Die Wahrscheinlichkeit für mindestens einmal Kopf bei fünf Würfen: $\frac{31}{32} \approx 97\% \geq 95\%$.

Aus $P(X) \geq 0{,}95$ folgt $P(\text{null Mal Kopf})^n = \frac{1}{2}^n < 0{,}05$.

$$\frac{1}{2}^n < 0{,}05$$

$$ln\left(\frac{1}{2}^n\right) < ln(0{,}05)$$

$$n \cdot ln\left(\frac{1}{2}\right) < ln(0{,}05)$$

$$n > \frac{ln\,0{,}05}{ln\,\frac{1}{2}} \approx 4{,}35$$

Im letzten Schritt ist zu bedenken, dass mit $ln\,\frac{1}{2} = -0{,}69$ durch eine negative Zahl geteilt wird. Daher ist das Ungleichheitszeichen umgedreht worden.

Da man nicht 4,35 Würfe ausführen kann, muss man mindestens 5 Mal werfen, um die geforderte Sicherheit zu haben. Wir erhalten damit das gleiche Ergebnis wie Diagramm 13.18.

13.8 Das Taxiproblem

Es ist spät geworden und ich will nach Hause. Da ich zum Autofahren zu müde bin, bestelle ich mir ein Taxi und erinnere mich an folgende Aufgabe:[2]

> *Ein Taxi ist in ein Unfall verwickelt, der bei Dunkelheit passiert.*
> *Es gibt zwei Taxi-Gesellschaften in der betreffenden Stadt. Die*
> *einen haben blaue (15%), die anderen grüne Taxis (85%).*

[2]D. Kahneman, A. Tversky. *Subjective probability: A judgment of representativeness.* Cognitive Psychology 3: 430–454, 1972.

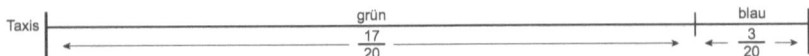

Diagramm 13.19: Erster Konstruktionsschritt: Es gibt zwei verschiedene Taxi-Gesellschaften mit $85\% = \frac{17}{20}$ grünen und $15\% = \frac{3}{20}$ blauen Wagen.

Ein Zeuge identifiziert das am Unfall beteiligte Taxi als blau. Ein Gerichtsarzt hat das Sehvermögen des Zeugen geprüft und festgestellt, dass der Zeuge in nur 80% aller Fälle Farben korrekt erkennt. Was ist die Wahrscheinlichkeit dafür, dass das am Unfall beteiligte Taxi tatsächlich blau war, wie der Zeuge ausgesagt hat?

Es ist zu unterscheiden, was es tatsächlich gibt und was der Zeuge wahrnimmt. Diagramm 13.19 zeigt zunächst, dass es 85% grüne und 15% blaue Taxis gibt. Damit sind die ersten vier Sätze erfasst (für das Diagramm rechnen wir alle Angaben in die Bruchschreibweise um). Weiter heißt es:

Ein Zeuge identifiziert das am Unfall beteiligte Taxi als blau. Ein Gerichtsarzt hat das Sehvermögen des Zeugen geprüft und festgestellt, dass der Zeuge in nur 80% aller Fälle Farben korrekt erkennt.

In 80% aller Fälle erkennt der Zeuge Farben korrekt. Das trifft insbesondere für den Fall zu, dass er ein grünes Taxi beobachtet. Dieses identifiziert er in 80% aller Fälle korrekt als grün. Das bedeutet P(nimmt grün wahr | ist tatsächlich grün) = 80% (Diagramm 13.20).

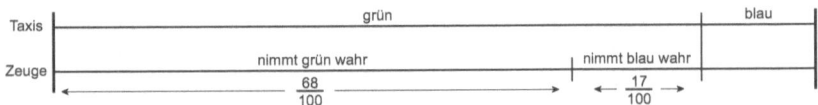

Diagramm 13.20: Zweiter Konstruktionsschritt: Der Zeuge nimmt $80\% = \frac{4}{5}$ der grünen Wagen korrekt als grün wahr, $\frac{17}{20} \cdot \frac{4}{5} = \frac{68}{100}$, und damit nimmt er $20\% = \frac{1}{5}$ der grünen fälschlicherweise als blau wahr, $\frac{17}{20} \cdot \frac{1}{5} = \frac{17}{100}$.

Gehen wir zu den blauen Taxis rechts im Diagramm. Da dort nur wenig Platz ist, um die Längen direkt an die Ereignisse zu schreiben, wie wir das gerade bei den grünen Taxis gemacht haben, spendieren wir hierfür separate Ereignisse: In 80% aller Fälle erkennt der Zeuge korrekt, dass es sich um ein blaues Taxi handelt, wenn es tatsächlich auch ein Blaues war (Diagramm 13.21). Dagegen erkennt der Zeuge in 20% aller Fälle ein grünes Taxi, wenn es tatsächlich ein Blaues war.

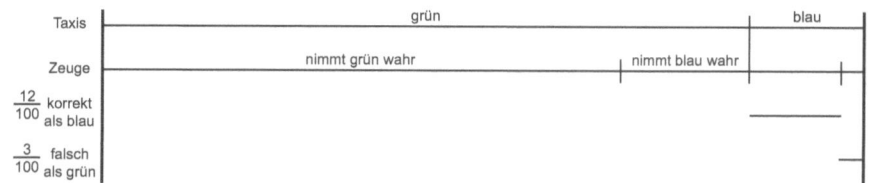

Diagramm 13.21: Der Zeuge nimmt 80% der blauen Wagen korrekt als blau wahr, $\frac{3}{20} \cdot \frac{4}{5} = \frac{12}{100}$, und 20% der blauen fälschlicherweise als grün, $\frac{3}{20} \cdot \frac{1}{5} = \frac{3}{100}$.

Es bleibt:

> *Was ist die Wahrscheinlichkeit dafür, dass das am Unfall beteiligte Taxi tatsächlich blau war, wie der Zeuge ausgesagt hat?*

Der Zeuge sagt aus, er hätte einen blauen Wagen gesehen. Dies entspricht dem Segment **Zeuge nimmt blau wahr** in Diagramm 13.22; tatsächlich kann es grün oder blau sein. Diese Aussage des Zeugen ist gegeben. Dass das Auto tatsächlich blau war, wenn der Zeuge dies aussagt, gibt Segment **Zeuge sagt korrekt blau** in Diagramm 13.22 wieder. Damit ist die Wahrscheinlichkeit für **Zeuge sagt korrekt blau** bedingt durch **Zeuge nimmt blau wahr**, was im Diagramm dem folgenden Verhältnis entspricht $\frac{\text{Zeuge sagt korrekt blau}}{\text{Zeuge nimmt blau wahr}}$ oder auch:

$$P(\text{sagt korrekt blau} \mid \text{nimmt blau wahr}) = \frac{P(\text{sagt korrekt blau} \cap \text{nimmt blau wahr})}{P(\text{nimmt blau wahr})}$$

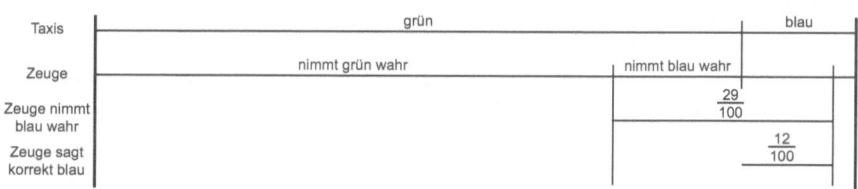

Diagramm 13.22: Zeuge nimmt blau wahr, $\frac{17}{100} + \frac{12}{100} = \frac{29}{100}$, und was davon tatsächlich blau ist entspricht $\frac{12}{100}$. Dann ist die Wahrscheinlichkeit, dass das Taxi tatsächlich blau war: $\frac{\frac{12}{100}}{\frac{29}{100}} = \frac{12}{100} \cdot \frac{100}{29} = \frac{12}{29} \approx 0{,}41$.

Ich entscheide mich für ein blaues Taxi und mache Feierabend.

Kapitel 14

Monty Hall in Strichen

Das berüchtigte Monty-Hall-Dilemma stellt eine Denksportaufgabe dar, an der sich Anfang der 1990er Jahre diverse renommierte Wissenschaftler die Zähne ausgebissen haben.[1] Ihre Lösung scheint offensichtlich. Jedoch stellt sich diese dem Anschein nach richtige Lösung, die von vielen favorisiert wurde, als falsch heraus:

> *Sie nehmen an einer Spielshow teil, bei der Sie eine von drei verschlossenen Türen auswählen sollen. Hinter einer Tür wartet der Preis, ein Auto, hinter den beiden anderen stehen Ziegen.*
>
> *Sie zeigen auf eine Tür, sagen wir Nummer 1. Sie bleibt vorerst geschlossen. Der Moderator weiß, hinter welcher Tür sich das Auto befindet. Mit den Worten 'Ich zeige Ihnen mal was' öffnet er eine andere Tür, zum Beispiel Nummer 3 und eine Ziege schaut ins Publikum. Er fragt: 'Bleiben Sie bei Nummer 1 oder wählen Sie Nummer 2?'*

Zwei Türen bleiben vorerst verschlossen. Hinter einer ist das Auto, hinter der anderen eine weitere Ziege. Soll der Kandidat bei seiner Wahl bleiben oder wechseln? Hinter welcher Tür ist mit größerer Wahrscheinlichkeit das Auto?

Viele denken, beide Möglichkeiten wären gleichermaßen wahrscheinlich. Schließlich gibt es nur diese beiden Möglichkeiten und sonst nichts. Im Folgenden lernen wir jedoch, dass es besser ist, wenn der Kandidat wechselt!

---

[1] Craig F. Whitaker: Ask Marilyn. In: Parade Magazine, p. 16, September 9th, 1990. Eine ausführliche und unterhaltsame Darstellung des Ziegenproblems, wie es im deutschsprachigen Raum heißt, findet sich in Gero von Randow: Das Ziegenproblem - Denken in Wahrscheinlichkeiten. Rowohlt, 1992, Neuauflage 2004.

14.1 Ein diagrammatischer Lösungsweg

Gehen wir die Aufgabenstellung noch einmal durch:

Sie nehmen an einer Spielshow teil, bei der Sie eine von drei verschlossenen Türen auswählen sollen. Hinter einer Tür wartet der Preis, ein Auto, hinter den beiden anderen stehen Ziegen.

Der Ereignisraum teilt sich in drei gleich lange Segmente auf (Diagramm 14.1).

Sie zeigen auf eine Tür, sagen wir Nummer 1.

Diese Wahl entspricht einem ersten Teilexperiment. Dieses wird durch Diagramm 14.1 repräsentiert, da man eine der drei Möglichkeiten wählen kann.

Sie bleibt vorerst geschlossen.

Obwohl die Tür verschlossen bleibt, ist das erste Teilexperiment damit beendet. Das ist insofern entscheidend, als der Fortlauf des Spiels von dieser Wahl mitbestimmt wird. Der Moderator fährt in Abhängigkeit dieser Wahl fort:

Der Moderator weiß, hinter welcher Tür sich das Auto befindet. Mit den Worten 'Ich zeige Ihnen mal was' öffnet er eine andere Tür, zum Beispiel Nummer 3 und eine Ziege schaut ins Publikum.

An dieser Stelle müssen wir unser Diagramm erweitern. Hat der Kandidat die Tür ausgewählt, hinter der das Auto steht, kann der Moderator irgendeine der beiden verbleibenden Ziegen-Türen öffnen. Hat der Kandidat jedoch eine Ziegen-Tür gewählt, ist die Wahl des Moderators festgelegt: In diesem Fall bleibt ihm nichts anderes übrig, als die andere Ziegen-Tür zu öffnen. Die Tür, hinter der sich das Auto verbirgt, will er ja verschlossen halten, um dem Kandidaten nicht zu verraten, wo das Auto ist. Diagramm 14.2 zeigt in der zweiten Zeile, welche Möglichkeiten dem Moderator zum Öffnen bleiben, je nachdem welche Tür der Kandidat ausgewählt hat.

Da der Moderator weiß, wo sich das Auto befindet, wird er nicht diejenige Tür öffnen, hinter der sich das Auto verbirgt. Wir haben es auf jeden Fall bei Experiment zwei (der Wahl des Moderators) nicht mit einem Experiment zu tun, das losgelöst von Experiment eins betrachtet werden kann (der ersten

Diagramm 14.1: Die Ausgangslage definiert drei verschlossene Türen.

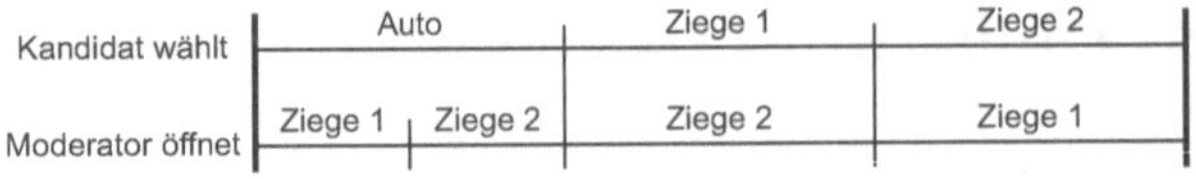

Kandidat wählt	Auto		Ziege 1	Ziege 2
Moderator öffnet	Ziege 1	Ziege 2	Ziege 2	Ziege 1

Diagramm 14.2: Zweiter Konstruktionsschritt: Der Moderator öffnet nach Wahl des Kandidaten eine Tür. Der Moderator öffnet aber nur eine Tür, die der Kandidat nicht gewählt hat und hinter der nicht das Auto steht.

Wahl des Kandidaten). Denn der Moderator will eine Ziegen-Tür öffnen. Die drei Ereignisräume in Experiment zwei sind durch den Ausgang des ersten Experiments bedingt (Diagramm 14.2): Zeigt der Kandidat auf die Tür, hinter der das Auto steht, hat der Moderator zwei Möglichkeiten; zeigt er auf die Tür, hinter der eine der Ziegen steht, muss der Moderator die andere Ziegen-Tür öffnen – ihm bleibt keine Wahl.

Er fragt: 'Bleiben Sie bei Nummer 1 oder wählen Sie Nummer 2?'

Nun steht der Kandidat vor der zweiten Wahl. Diesmal gibt es aber nur zwei geschlossene Türen: Hinter einer ist das Auto, hinter der anderen eine Ziege. Blicken wir auf Diagramm 14.3, um zu sehen was passiert, wenn der Kandidat bei seiner Wahl bleibt. In $\frac{1}{3}$ der Fälle hat er die richtige Wahl getroffen, jedoch in $\frac{2}{3}$ der Fälle nicht. Genauer gesagt: Hat der Kandidat im ersten Experiment auf die Auto-Tür gezeigt, so ist es tatsächlich vorteilhaft bei dieser Wahl zu bleiben. Hat der Kandidat auf eine Ziegen-Tür gezeigt, so ist es von Nachteil, wenn er bei seiner Wahl bleibt. Hat der Kandidat auf die andere Ziegen-Tür gezeigt, so ist es ebenfalls von Nachteil, wenn er bei seiner Wahl bleibt.

Kandidat wählt	Auto		Ziege 1	Ziege 2
Moderator öffnet	Ziege 1	Ziege 2	Ziege 2	Ziege 1
Kandidat bleibt beim Auto				
Kandidat bleibt bei einer der Ziegen				

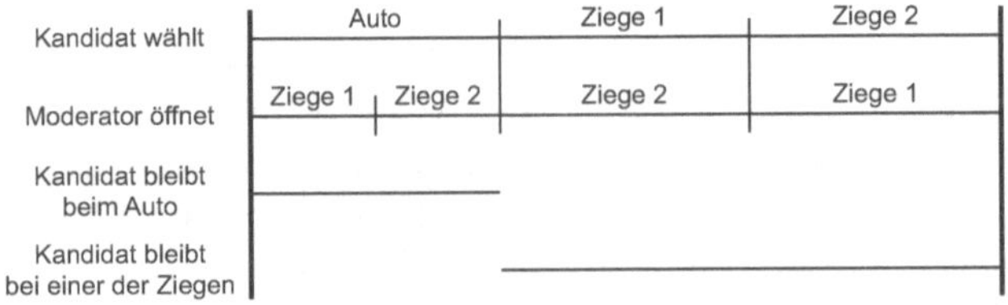

Diagramm 14.3: Was passiert, wenn der Kandidat bei seiner Wahl bleibt.

Mit Hilfe des Diagramms 14.4 prüfen wir was passiert, wenn der Kandidat seine Wahl ändert. In $\frac{2}{3}$ der Fälle ist die Änderung seiner Wahl von Vorteil, in $\frac{1}{3}$ der Fälle nicht. Hat der Kandidat im ersten Experiment auf die Auto-Tür gezeigt, so führt die Änderung seiner Wahl zu einer der Ziegen. Andersherum führt die Änderung seiner Wahl in zwei Fällen zur Auto-Tür, wenn der Kandidat im ersten Experiment eine der beiden Ziegen-Türen gewählt hatte.

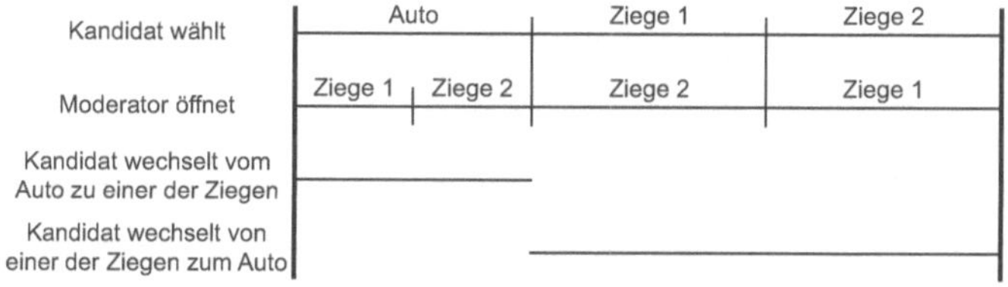

Kandidat wählt	Auto		Ziege 1	Ziege 2
Moderator öffnet	Ziege 1	Ziege 2	Ziege 2	Ziege 1
Kandidat wechselt vom Auto zu einer der Ziegen	————————			
Kandidat wechselt von einer der Ziegen zum Auto			—————————————	

Diagramm 14.4: Was passiert, wenn der Kandidat seine Wahl ändert.

Die Diagramme 14.3 und 14.4 belegen, dass der Kandidat lieber wechseln sollte, will er das Auto haben. Die Wahrscheinlichkeit, dass er das Auto bekommt, wenn er bei seiner Wahl bleibt, ist $\frac{1}{3}$. Dagegen ist die Wahrscheinlichkeit $\frac{2}{3}$, dass er das Auto bekommt, wenn er die Tür wechselt. Man sollte allerdings auch bedenken, dass der Wechsel nicht garantiert, sondern nur mit einer erhöhten Wahrscheinlichkeit zum Erfolg führt.

14.2 Falls der Moderator keine Tür öffnet...

Der Kandidat sollte also wechseln, da der Moderator eine Tür öffnet und damit etwas verrät. Würde der Moderator keine Tür öffnen, würde der Kandidat bei einem Wechsel in $\frac{4}{6} = \frac{2}{3}$ aller Fälle eine Niete erwischen (Diagramm 14.5).

Kandidat wählt	Auto		Ziege 1		Ziege 2	
Kandidat wechselt	Ziege 1	Ziege 2	Auto	Ziege 2	Auto	Ziege 1
Ungünstige Fälle beim Wechsel	————		————		————	

Diagramm 14.5: Der Moderator öffnet keine Tür. Was passiert beim Wechsel?

Bleibt der Kandidat bei seiner Wahl, wenn der Moderator keine Tür öffnet, ist die Situation genauso ungünstig wie beim Wechsel (Diagramm 14.6). Aber Vorsicht: Diagramme 14.5 und 14.6 beschreiben unterschiedliche Experimente, bei denen die 2. Stufe verschieden ist. Daher darf man beide Ergebnisse nicht addieren, um zu überprüfen, ob ihre Summe 1 ergibt.

Dass beide Experimente ungünstig sind, ist insofern plausibel, als der Kandidat keinen Informationsgewinn hat, wenn der Moderator keine Tür öffnet. Diesen hat der Kandidat jedoch in der Originalversion des Spiels. In dieser öffnet der Moderator eine Tür und verrät damit, hinter welcher der Türen eine der Ziegen steht.

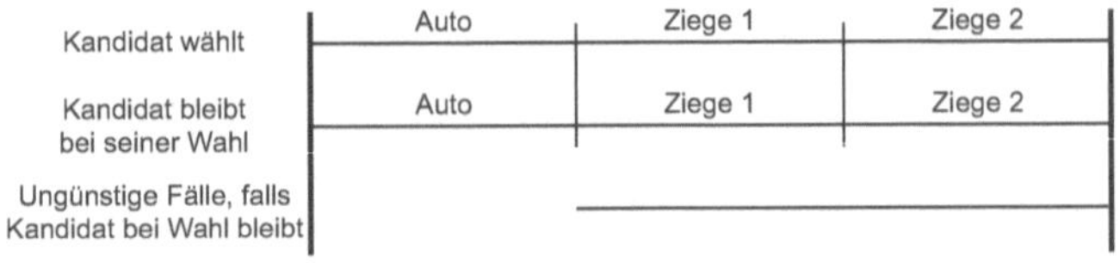

Kandidat wählt	Auto	Ziege 1	Ziege 2
Kandidat bleibt bei seiner Wahl	Auto	Ziege 1	Ziege 2
Ungünstige Fälle, falls Kandidat bei Wahl bleibt			

Diagramm 14.6: Der Moderator öffnet keine Tür. Was passiert, wenn der Kandidat bei seiner Wahl bleibt?

14.3 Folgen verschiedener Experimente

Wir haben es tatsächlich mit einer Folge von drei Experimenten zu tun, wobei das dritte Experiment in unserer Lösung als Inspektionsschritt modelliert wird. Zudem sind diese Experimente verschieden: Der Kandidat hat zunächst drei Möglichkeiten; danach hat der Moderator abhängig von der Wahl des Kandidaten entweder eine oder zwei Möglichkeiten; schließlich hat der Kandidat am Ende jedesmal zwei Möglichkeiten. Das entspricht weder einem einfachen Urnenmodell noch einer Bernoulli-Kette und sorgt daher für Verwirrung.

Man neigt eben dazu, dieses zu übersehen: das Spiel entspricht einer Folge von drei Experimenten. Stattdessen mögen viele Menschen glauben, es handle sich um unabhängige Experimente, die nichts miteinander zu tun haben. Dann wäre die Wahrscheinlichkeit für **Auto** und **Ziege** in der Tat gleich (im letzten Experiment), da es dann ja nur diese beiden Ergebnisse gäbe. Wir haben es jedoch mit einer Folge zu tun, weil der Moderator im zweiten Experiment in Abhängigkeit des Ausgangs des ersten Experiments handelt und entsprechend bestimmte Voraussetzungen für das dritte Experiment schafft, indem er wohlüberlegt eine der verschlossenen Türen öffnet. Hierbei handelt es sich in keinem Fall um diejenige Tür, hinter der sich das Auto verbirgt; aber auch nicht um diejenige, die der Kandidat in Experiment eins ausgewählt hat.

Wenn man die Aufgabenstellung liest, konzentriert man sich auf die letzte Tatsache:

Er fragt: 'Bleiben Sie bei Nummer 1 oder wählen Sie Nummer 2?'

Automatisch vereinfachen wir die Situation, indem wir nur noch am Ende sehen, dass es zwei Möglichkeiten gibt. Alles was davor war wird ausgeblendet und es wird das dritte Teilexperiment unabhängig von allem davor wahrgenommen: Es gibt zwei geschlossene Türen und hinter einer dieser Türen befindet sich der Preis: ein Auto.

Das lässt sich verallgemeinern: Man sieht häufig nur das aktuelle Geschehen (Experiment drei). Was früher war, wird vergessen oder als unwichtig eingestuft (Experiment eins und zwei). Man denke also immer daran, dass es vielleicht frühere *Experimente* oder Geschehnisse gab, die zu berücksichtigen sind. Wenn man dies macht, verfügt man zumindestens über mehr Information und kommt daher in der Regel zu genaueren Ergebnissen.

14.4 Der Inspektionsschritt

Vorsicht ist bei der Inspektion des Diagramms geboten. Denn die Aufgabe lautet: *'Bleiben Sie bei Nummer 1 oder wählen Sie Nummer 2?'*. Für beide Möglichkeiten muss überprüft werden, wie hoch die Wahrscheinlichkeit ist, richtig zu liegen. Nur so kann man diejenige Tür wählen, hinter der mit höherer Wahrscheinlichkeit das Auto steht. Daher ist das Diagramm genau genommen zweimal zu inspizieren: für den Fall, dass der Kandidat bei seiner Wahl bleibt und für den anderen Fall, dass er die Tür wechselt.

Diese beiden Inspektionsschritte sind in den Diagrammen 14.3 und 14.4 dargestellt. In 14.4 existieren mehrere Fälle, in denen die Änderung der Wahl zum Auto führen. Wechselt der Kandidat, führt dies in einem Fall vom Auto zu einer der Ziegen, jedoch in zwei Fällen von einer der Ziegen zum Auto. Dies ist besser als der umgekehrte Fall, der in Diagramm 14.3 dargestellt wird.

Somit lernen wir aus dem Ziegenproblem, dass der Inspektionsschritt mehrteilig sein kann. Es kann notwendig sein, dass wir mehrere Wege im Diagramm darstellen müssen. Das ist beispielsweise immer dann erforderlich, wenn danach gefragt wird, welche von mehreren Alternativen die höhere Wahrscheinlichkeit hat. Auch kann es vorkommen, dass mehrere alternative Wege für die endgültige Lösung miteinander kombiniert werden müssen.

14.5 Eine kombinatorische Lösung

Hiermit ist gemeint, systematisch alle möglichen Kombinationen durchzuspielen. Hierzu führen wir zunächst ein neues *Experiment* ein: Dieses besteht darin, dass der Moderator zunächst das Auto hinter einer der drei Türen versteckt (siehe Diagramm 14.7). Das Verstecken des Autos kommt der Kenntnis gleich, hinter welcher Tür es sich befindet.

Moderator versteckt das Auto hinter:	Tür 1	Tür 2	Tür 3

Diagramm 14.7: Der Moderator versteckt das Auto hinter einer Tür.

Als nächstes hat der Kandidat für jede Möglichkeit, die der Moderator für das Verstecken des Autos hatte, wiederum drei Möglichkeiten für seine erste Wahl (Diagramm 14.8).

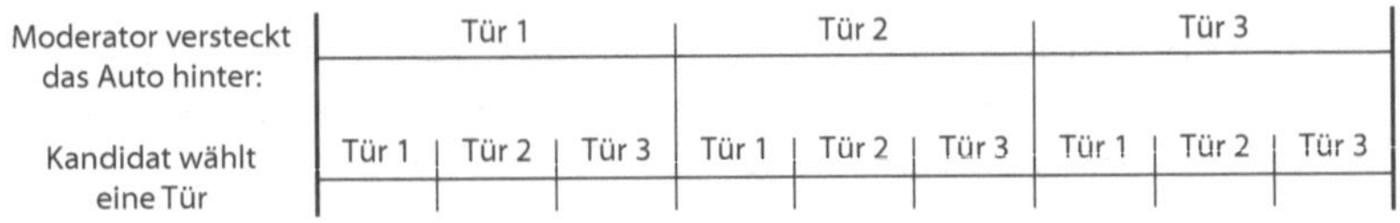

Moderator versteckt das Auto hinter:	Tür 1			Tür 2			Tür 3		
Kandidat wählt eine Tür	Tür 1	Tür 2	Tür 3	Tür 1	Tür 2	Tür 3	Tür 1	Tür 2	Tür 3

Diagramm 14.8: Kandidat zeigt auf eine Tür, die verschlossen bleibt.

Zu diesem Zeitpunkt gibt es nach wie vor drei verschlossene Türen. Dies gilt für jede der neun Möglichkeiten, nach denen das Spiel verlaufen kann (Diagramm 14.9). Von diesen Türen muss der Moderator eine öffnen.

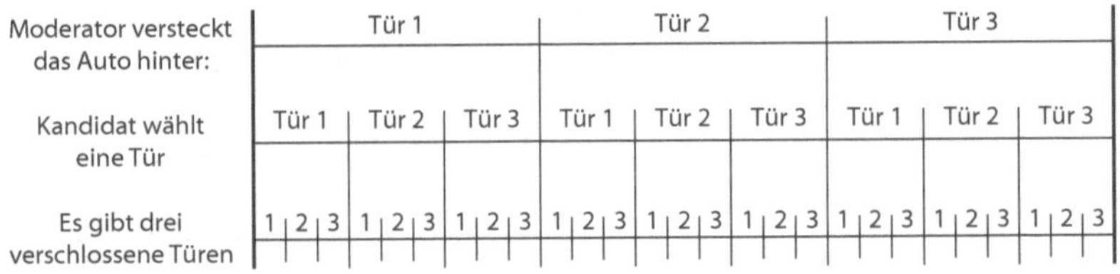

Moderator versteckt das Auto hinter:	Tür 1			Tür 2			Tür 3		
Kandidat wählt eine Tür	Tür 1	Tür 2	Tür 3	Tür 1	Tür 2	Tür 3	Tür 1	Tür 2	Tür 3
Es gibt drei verschlossene Türen	1 2 3	1 2 3	1 2 3	1 2 3	1 2 3	1 2 3	1 2 3	1 2 3	1 2 3

Diagramm 14.9: Drei verschlossene Türen für jede der neun Möglichkeiten.

Der Moderator darf nur bestimmte Türen öffnen: hinter denen sich nicht das Auto befindet und die der Kandidat nicht gewählt hat (Diagramm 14.10).

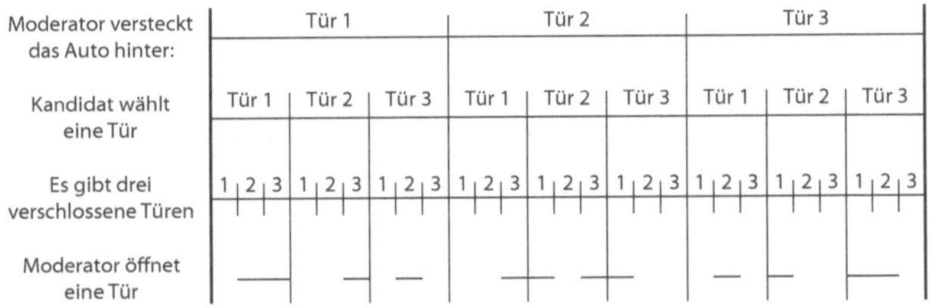

Moderator versteckt das Auto hinter:	Tür 1			Tür 2			Tür 3		
Kandidat wählt eine Tür	Tür 1	Tür 2	Tür 3	Tür 1	Tür 2	Tür 3	Tür 1	Tür 2	Tür 3
Es gibt drei verschlossene Türen	1 2 3	1 2 3	1 2 3	1 2 3	1 2 3	1 2 3	1 2 3	1 2 3	1 2 3
Moderator öffnet eine Tür	—	—	—	—	—	—	—	—	—

Diagramm 14.10: Türen, die der Moderator öffnen darf.

Angenommen der Kandidat bleibt bei seiner Wahl. Dann gibt es drei Möglichkeiten, dass der Kandidat das Auto gewinnt: immer wenn die erste Wahl die Tür war, hinter der das Auto steht (vorletzte Zeile in Diagramm 14.11).

Angenommen der Kandidat wechselt die Tür. Dann gibt es sechs Möglichkeiten, dass der Kandidat das Auto gewinnt: immer dann, wenn die erste Wahl eine Tür war, hinter der eine Ziege steht (letzte Zeile in Diagramm 14.11).

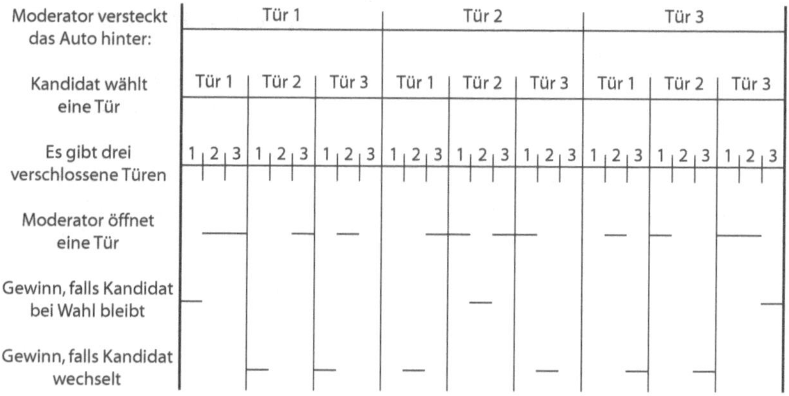

Moderator versteckt das Auto hinter:	Tür 1			Tür 2			Tür 3		
Kandidat wählt eine Tür	Tür 1	Tür 2	Tür 3	Tür 1	Tür 2	Tür 3	Tür 1	Tür 2	Tür 3
Es gibt drei verschlossene Türen	1 2 3	1 2 3	1 2 3	1 2 3	1 2 3	1 2 3	1 2 3	1 2 3	1 2 3
Moderator öffnet eine Tür									
Gewinn, falls Kandidat bei Wahl bleibt									
Gewinn, falls Kandidat wechselt									

Diagramm 14.11: Gewinnmöglichkeiten, falls Kandidat nicht wechselt (vorletzte Zeile) oder falls Kandidat wechselt (letzte Zeile).

Offensichtlich gibt es mehr erfolgreiche Fälle, wenn der Kandidat die Tür wechselt (sechs Fälle in der letzten Zeile in Diagramm 14.11), als wenn er bei seiner Wahl bleibt (drei Fälle in der vorletzten Zeile in Diagramm 14.11). Daher sollte er lieber wechseln, um die Wahrscheinlichkeit zu erhöhen, dass er gewinnt. Wohlgemerkt: Wenn er wechselt gewinnt er nicht mit Sicherheit. Lediglich seine Gewinnchance steigt ein Stückchen.

14.6 Eine sprachliche Lösung

Oder genügt Ihnen eine sprachliche Lösung des Problems? Zum Beispiel: Der Kandidat weiß, dass der Moderator die Tür kennt, hinter der sich das Auto befindet. Daher kann der Kandidat davon ausgehen, dass der Moderator in allen Fällen, in denen der Kandidat auf eine Ziegentür im ersten Experiment gezeigt hat, verrät, wo das Auto ist (nämlich hinter derjenigen Tür, die der Moderator nicht öffnet und die der Kandidat nicht ausgewählt hat).

Da der Kandidat jedoch nicht weiß, ob er im ersten Experiment eine Ziege ausgewählt hat, verrät der Moderator nicht so viel, dass der Kandidat mit Sicherheit die Lösung kennt. Jedoch kann der Kandidat davon ausgehen, dass er im ersten Experiment in 2 von 3 Fällen eine Ziegentür ausgewählt hat. Insofern ist der Wechsel *wahrscheinlicher* erfolgreich – wohlgemerkt: *wahrscheinlicher*, nicht *mit Sicherheit*.

14.7 Ein Grund für das Ziegenproblem

Ein entscheidender Grund für die Schwierigkeit des Ziegenproblems liegt darin, dass die beiden Konzepte *Wissen* und *nicht Wissen* in der Aufgabenstellung vermischt werden. Der Moderator weiß, wo sich die Ziege befindet und öffnet mit diesem Wissen eine Tür, hinter der eine Ziege steht. Der Kandidat weiß dagegen zunächst gar nichts. Erst nachdem der Moderator eine Tür geöffnet hat, verfügt der Kandidat über *Halbwissen*: hinter welcher Tür die eine Ziege steht.

Dies ist jedoch nicht alles, was der Kandidat weiß! Man übersieht leicht, dass der Moderator gerade eine bestimmte Tür aufgemacht hat, abhängig durch die erste Wahl des Kandidaten. Mit einer höheren Wahrscheinlichkeit ist der Moderator gezwungen eine bestimmte Tür zu öffnen als die freie Wahl zu haben. Für den Kandidaten verhält es sich dagegen so: Dieser hat mit einer höheren Wahrscheinlichkeit zu Anfang eine Tür mit Ziege gewählt und sollte nun lieber wechseln.

14.8 Konstruktion versus Inspektion

Noch ein Wort zu den beiden Problemlösungsphasen. Sobald etwas in der Aufgabenstellung passiert (der Moderator versteckt das Auto hinter einer der Türen oder der Kandidat entscheidet sich für eine Tür), spricht viel dafür, dass eine neue bedingte Zeile ins Diagramm aufgenommen werden muss. Das ist Teil des Konstruktionsschrittes.

Wenn nur Möglichkeiten zu überprüfen sind (soll der Kandidat bei seiner Wahl bleiben oder wechseln?), dann müssen die entsprechenden Ereignisse hervorgehoben werden (am besten auf Extrazeilen, manchmal genügen Pfeile zur Kennzeichnung von Pfaden). Letzteres ist Teil des Inspektionsschrittes, der die Hervorhebung interessierender Ereignisse bedeutet.

Im Zweifelsfall sollte möglichst viel Arbeit in eine genaue Konstruktion gesteckt werden, um die gegebenen Informationen zu analysieren und im Diagramm möglichst vollständig widerzuspiegeln. Auch kann sich hierbei herausstellen, dass eine Aufgabe unterspezifiziert ist, da es verschiedene diagrammatische Variationen gibt, die zu unterschiedlichen Lösungen führen (wie im Falle des Sitzbankbeispiels auf Seite 173).

Die kombinatorische Lösung aus Abschnitt 14.5 stellt ein Beispiel für eine möglichst genaue Konstruktion dar. Man sollte bedenken, dass sich die Inspektion immer nur bestimmte Zusammenhänge aus dem Diagramm heraussucht. Diese müssen daher mindestens implizit bereits in der Konstruktionsphase berücksichtigt worden sein.

Teil V

Experimente diagrammatisch und klassisch

Kapitel 15

Der klassische Weg

Dieses Kapitel ergänzt einige Details, die sich nicht harmonisch in den bisherigen Verlauf der vorausgehenden Kapitel einordnen. Es vervollständigt den Vergleich zwischen der konventionellen Mathematik und dem diagrammatischen Ansatz. Hierbei werden einige wichtige Begriffe vorgestellt, um dem Studierenden den Literaturbezug zu erleichtern.

Dieses Kapitel verdeutlicht auch den Unterschied zwischen dem diagrammatischen und klassischen Zugang. Für Letzteren ist vor allem kennzeichnend, dass es eine Vielzahl an teils mehrdeutigen Begriffen, vielen Tabellen und Diagrammen gibt – eine Sammlung von Konzepten, die dem Anfänger die Entscheidung schwer machen, was davon für eine bestimmte Aufgabenstellung relevant ist. Die vorgestellten Diagramme zeichnen sich dagegen dadurch aus, dass sie auf eine einzige Art und Weise all diese Konzepte widerspiegeln und Beziehungen zwischen diesen zeigen.

15.1 Die klassische Formel und Laplace

Die klassische Formel zur Berechnung einer Wahrscheinlichkeit lautet:

$$P(\mathsf{A}) = \frac{|\mathsf{A}|}{|\Omega|} \tag{15.1}$$

A repräsentiert das Ereignis, zum Beispiel Kopf, und $P(\mathsf{A})$ dessen Wahrscheinlichkeit. $|\mathsf{A}|$ steht für die Anzahl der Elementarereignisse mit der Qualität des Ereignisses A, in diesem Fall 1. $|\Omega|$ bezeichnet die Anzahl aller gleich wahrscheinlichen Elementarereignisse, in diesem Beispiel 2. Denn es gibt die beiden gleich wahrscheinlichen Elementarereignisse Kopf und Zahl.

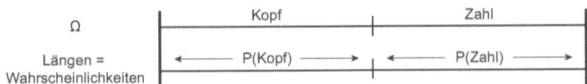

Diagramm 15.1: Wahrscheinlichkeit für Kopf und Zahl einer fairen Münze.

Wenn der Ereignisraum wie beim Münzwurf in gleich große Abschnitte aufgeteilt wird, hat jedes Elementarereignis dieselbe Wahrscheinlichkeit (Diagramm 15.1). In solchen Fällen spricht man von *Laplace-Experimenten*, die nach dem Mathematiker Pierre-Simon Laplace benannt sind. Sie teilen den Ereignisraum in gleich lange Abschnitte auf. Umgekehrt sieht man auf dem ersten Blick, dass man es nicht mit einem Laplace-Experiment zu tun hat, wenn das Diagramm in ungleich lange Abschnitte aufgeteilt ist.

Die Längen der Segmente entsprechen den Wahrscheinlichkeiten der zugehörigen Ereignisse. Wie bestimmen sich diese, wenn man nicht weiß, ob man es mit einem Laplace-Experiment zu tun hat? Gemäß einer gängigen Interpretation des Wahrscheinlichkeitsbegriffs stimmt die Wahrscheinlichkeit eines Ereignisses mit der relativen Häufigkeit überein, mit der das Ereignis eintritt. Dies gilt allerdings nur für sehr lange Versuchsreihen zur Bestimmung dieser Häufigkeit und steht im Zusammenhang mit dem *Gesetz der großen Zahlen*.

15.2 Ereignis und Ergebnis

Das vorliegende Buch beschränkt sich weitestgehend auf den Begriff des Ereignisses, dem ein Segment entspricht. Jedem Elementarereignis wird ein zusammenhängendes Segment zugeordnet; jedem Ereignis, das sich aus mehreren Elementarereignissen zusammensetzt, entweder ein zusammenhängendes oder ein nicht zusammenhängendes Segment. Die Mehrdeutigkeit des Begriffs des Elementarereignisses, entweder ein Versuchsausgang zu sein oder ein Ereignis mit genau einem Element, löst sich auf der diagrammatischen Ebene auf.

Die Schulmathematik nutzt ergänzend die Begriffe *Ergebnis* und *Ergebnisraum*. Das Ergebnis ist vom Ereignis zu unterscheiden, was zu sprachlich umständlichen Darstellungen führt. Ein Ergebnis ist zum Beispiel beim Würfeln die Zahl 1, das zugehörige Ereignis ist die Menge {1}. Ergebnisse werden eindeutig im Diagramm abgebildet und es bedarf keiner weiteren sprachlichen Unterscheidung. Die gesamte Darstellung wird vereinfacht, ohne Eindeutigkeit zu verlieren. Denn wie Diagramm 3.1 auf Seite 35 zeigt, ist das Konzept *Ergebnis* in der diagrammatischen Darstellung eindeutig für einstufige Experimente abgebildet und muss nicht explizit als zusätzliches Konzept hervorgehoben werden.

Dass nicht immer die Ergebnisse eindeutig auf Elementarereignisse abgebildet werden, zeigt folgendes Beispiel: Zwei Münzen werden geworfen und die Reihenfolge ist irrelevant. Der Ergebnisraum ist $\{WW, WZ, ZZ\}$. Es gilt $WZ = ZW$. Hieraus ergibt sich eine nicht Laplace'sche Wahrscheinlichkeitsverteilung: $P(WZ) = \frac{1}{2} \neq P(WW) = P(ZZ) = \frac{1}{4}$. In unseren Diagrammen wird dagegen die Unterscheidung *mit Beachtung der Reihenfolge* ($WZ \neq ZW$) und *ohne Beachtung der Reihenfolge* ($WZ = ZW$) erst im Inspektionsschritt gemacht. Der Konstruktionsschritt berücksichtigt diese Unterscheidung noch nicht und stellt damit sicher, dass nicht versehentlich falsche Wahrscheinlichkeiten zugrunde gelegt werden, etwa $P(WW) = P(WZ) = P(ZZ) = \frac{1}{3}$. Die möglichen Ergebnisse werden alle im Diagramm konstruiert und können für mehrstufige Experimente vertikal aus diesem abgelesen werden.

Falls dies in einem Zusammenhang notwendig ist, kann der Begriff *Ergebnis* im Sinne der klassischen Darstellung immer noch eingeführt werden. Zur Erklärung der Grundlagen ist dieser Begriff offensichtlich nicht erforderlich. Schließlich sollte nicht vergessen werden, dass der Begriff *Ergebnis* bereits in jeglichem mathematischen Zusammenhang eine andere elementare Bedeutung hat: Dieser Begriff steht dafür, was wir am Ende einer jeden Berechnung herausbekommen. Daher sollte, falls die Bedeutung unklar ist, lieber der Begriff *(Versuchs-)Ausgang* verwendet werden.

15.3 Die Axiome von Kolmogorow

Der russische Mathematiker Andrej Nicolajewitsch Kolmogorow hat 1933 ein Axiomensystem für die Wahrscheinlichkeitstheorie aufgestellt. Die folgenden Kolmogorow'schen Axiome werden implizit in den Kapiteln 2 und 3 erläutert:

Axiom I: $P(A) \geq 0$

Axiom II: $P(\Omega) = 1$

Axiom III: $A \cap B = \emptyset \Rightarrow P(A \cup B) = P(A) + P(B)$

Kapitel 2 erklärt die Spielregeln für Diagramme, nach denen wir nicht über die vertikalen Begrenzungen links und rechts hinausgehen dürfen. Dies steht in Verbindung mit Axiom II: Das denkbar längste Segment, das sichere Ereignis, verbindet beide Begrenzungen; alle anderen Segmente sind kürzer. Das diagrammatische Gegenstück zu Axiom I legt fest, dass unmögliche Ereignisse durch leere Segmente und alle anderen Wahrscheinlichkeiten durch längere Segmente dargestellt werden. Axiom III wurde neben anderen Verknüpfungen in Kapitel 3 beschrieben. Es lässt sich direkt aus dem Diagramm 15.2 ablesen. Die Sätze, die aus diesen Axiomen folgen, treten implizit in den darauf folgenden Kapiteln auf.

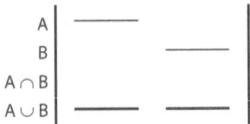

Diagramm 15.2: Veranschaulichung von Axiom III.

Dass man sich an Axiome hält, erfordert in der mathematischen Sprache abstrakter Symbole Disziplin. Dies führt zu einer hohen Fehleranfälligkeit. Die Diagramme erzwingen dagegen die Einhaltung der Axiome. Diagramm 15.3 illustriert dies: Der gesamte Ereignisraum hat immer die Länge 1. Alle anderen Längen stehen in Relation zu dieser Gesamtlänge und liegen zwangsläufig zwischen 0 und 1.

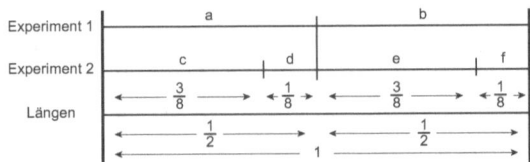

Diagramm 15.3: Längen der Segmente.

Die Bedingtheit in Experimentfolgen erfordert, dass man Längen von Ereignissen nicht nur ins Verhältnis zum gesamten Ereignisraum setzt, sondern auch zu Teilereignisräumen. So gilt für d in Diagramm 15.3, dass es zwar im gesamten Ereignisraum die Länge von $\frac{1}{8}$ hat. In einer Aufgabenstellung kann es jedoch heißen, dass d gleich $\frac{1}{4}$ von a sein soll, während a selber $\frac{1}{2}$ ist. Wie übersetzt man dies in die korrekte Länge von $\frac{1}{8}$ des Diagramms? Die Antwort liefert die Multiplikation von a mit d: $\frac{1}{2} \cdot \frac{1}{4} = \frac{1}{8}$. Die Multiplikation skaliert die Längen von Ereignissen in einem mehrstufigen Experiment. Das Produkt gleicht der Länge in Relation zum gesamten Ereignisraum.

15.4 Venn-Diagramme

Da Ereignisse Teilmengen eines Ereignisraums sind, liegt ihre Visualisierung durch Mengen nahe. Teilmengenbeziehungen werden häufig durch *Venn-Diagramme* dargestellt, benannt nach dem Mathematiker und Naturphilosophen John Venn (1834–1923) und eine Weiterführung der Diagramme des Mathematikers und Physikers Leonhard Euler (1707–1783). Sie sind übersichtlich, soweit man sich auf zwei oder drei Mengen beschränkt (Diagramm 15.4).

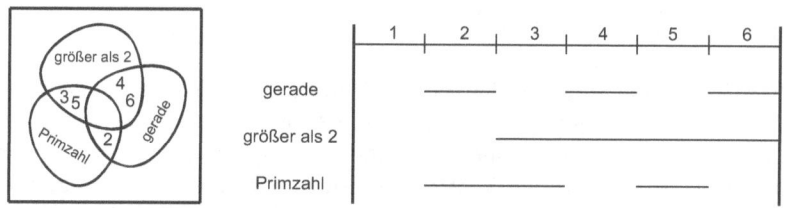

Diagramm 15.4: Venn-Diagramm versus Wahrscheinlichkeitsdiagramm.

In den Kapiteln 3 und 4 haben wir Mengenbeziehungen, dass heißt Beziehungen zwischen Ereignissen und deren Verknüpfungen, systematisch untersucht. Hierbei spielen insbesondere Überlappungen von Mengen eine wichtige Rolle.

Venn-Diagramme stellen Mengen zweidimensional dar und ihre Schnittbeziehungen durch Überlappungen (beispielsweise die Schnittmenge {4, 6} in Diagramm 15.4 links). Eindimensionale Darstellungen verzichten auf eine explizite Darstellung von Überlappungen, bleiben jedoch anders als Venn-Diagramme auch für mehr als 3 Mengen übersichtlich. Die zweite Dimension dient im Falle der Wahrscheinlichkeitsdiagramme der Bestimmung der Lagen der Mengen und damit der Ableitung des Schnitts (**gerade** und **größer als 2** schneiden sich bei 4 und 6 in Diagramm 15.4 rechts). Zwei Mengen auf dieselbe horizontale Bildzeile projiziert schneiden sich entweder oder nicht (wie in Diagramm 15.2).

In Diagramm 15.4 werden Venn-Diagramm und Wahrscheinlichkeitsdiagramm gegenübergestellt. Im Wahrscheinlichkeitsdiagramm sieht man auf dem ersten Blick, dass die 1 in keiner der Mengen vorkommt. Das ist nicht ganz so schnell im Venn-Diagramm zu erkennen. Man sollte mal versuchen, ein Venn-Diagramm zu zeichnen, das die Schnittbeziehungen von wenigstens vier Mengen darstellt. Wie sieht Diagramm 15.5 als Venn-Diagramm aus?

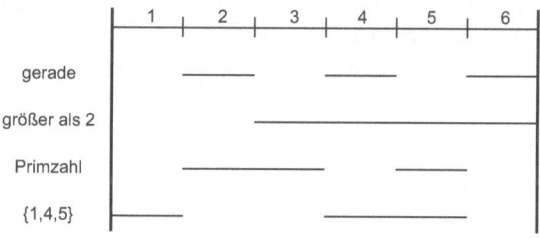

Diagramm 15.5: Wie sieht das analoge Venn-Diagramm aus?

15.5 Zufallsvariable

Die *Zufallsvariable*(*Zufallsgröße*) ist eine Funktion, die jedem Elementarereignis / Element der Ergebnismenge eine reelle Zahl zuordnet. Dies definiert eine Wertemenge reeller Zahlen, denen Wahrscheinlichkeiten zugeordnet werden. Diagramm 15.6 zeigt dies am Würfelbeispiel, in dem Elementarereignisse und Wertemenge zusammenfallen. Die Zufallsvariable X ordnet hier jedem Elementarereignis ω direkt eine Wahrscheinlichkeit zu:

$$\mathsf{X} : \omega \mapsto x = \omega \wedge P(\mathsf{X}(\omega)) = \frac{1}{6}, \omega = x = \{1, 2, 3, 4, 5, 6\} \tag{15.2}$$

Die Zuordnung der Werte der Zufallsvariable auf Wahrscheinlichkeiten ergibt die *Wahrscheinlichkeitsfunktion*. Die Zuordnung aller möglicher Teilmengen des Ergebnisraums auf Wahrscheinlichkeiten ergibt *die Wahrscheinlichkeitsverteilung / Verteilung / das Wahrscheinlichkeitsmaß*. Ähnliche Erwägungen wie im Falle des Begriffspaars *Ereignis* versus *Ergebnis* lassen sich auf das Begriffspaar *Wahrscheinlichkeitsverteilung* versus *Wahrscheinlichkeitsfunktion* anwenden. Die Wahrscheinlichkeitsverteilung stellt den allgemeineren Begriff dar, dessen Sonderfälle einelementiger Teilmengen auf den Definitionsbereich der Wahrscheinlichkeitsfunktion abgebildet werden können. Daher bezeichnen wir auch die Unterteilung des Ereignisraums als Verteilung.

Der Wahrscheinlichkeitsfunktion entspricht im Diagramm eine bestimmte Aufteilung des Ereignisraums in Abschnitte bestimmter Längen. Dies sind die Wahrscheinlichkeiten der Elementarereignisse in einem einstufigen Experiment. Alle Diagramme in diesem Buch zeigen Wahrscheinlichkeitsfunktionen. Genauer gesagt zeigen die mehrstufigen Experimente mehrere Wahrscheinlichkeitsfunktionen und wie diese miteinander in Beziehung stehen. Insbesondere ändern sich die Wahrscheinlichkeitsfunktionen für Experimente *ohne Zurücklegen*. In vielen Fällen handelt es sich um Gleichverteilungen. Diagramm 15.7 zeigt dagegen eine Normalverteilung. Wir sehen oben die klassische Darstellung von Verteilungen in Form eines Histogramms, das für jedes Elementarereignis (x-Achse) seine Häufigkeit (y-Achse) zeigt.

Interessant an den Wahrscheinlichkeitsdiagrammen ist, dass sie mit einer

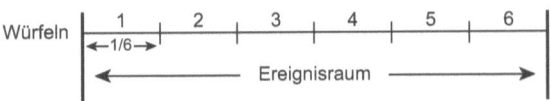

Diagramm 15.6: Die Zufallsvariable beim Würfeln ordnet im Diagramm jedem Elementarereignis eine Länge zu, die $\frac{1}{6}$ des Ereignisraums beträgt.

200

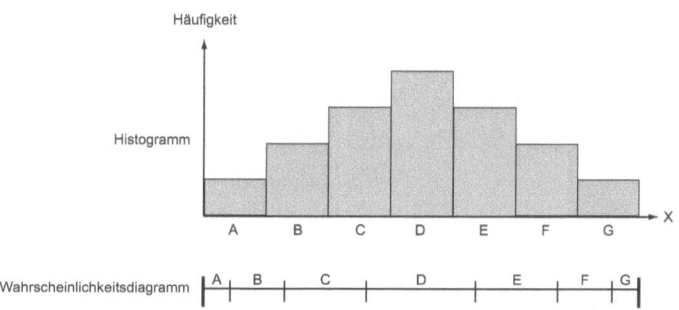

Diagramm 15.7: Approximation der Normalverteilung und das Diagramm.

Dimension auskommen. Manchmal mag ein Histogramm eine Ungleichverteilung deutlicher machen. Ein Mehrwert an Information liefert es jedoch nicht.

Für stetige Verteilungen, die auf metrischen Skalen angesiedelt sind (wie die Zeit und die anderen Beispiele aus Kapitel 11), reicht eine diskrete Histogrammdarstellung nicht mehr aus. Vielmehr benötigen wir eine *stetige Funktion / Dichtefunktion*, wie dies aus dem Gebiet der Analysis bekannt ist. Mit dieser können Wahrscheinlichkeiten mithilfe von Integralen bestimmt werden.

15.6 Bernoulli-Experimente

Von den Experimentfolgen / mehrstufigen Experimenten ist eine wichtige im 17. Jahrhundert von dem Mathematiker Jakob Bernoulli untersucht worden: Er interessierte sich für solche Experimente, für die es nur zwei Möglichkeiten gibt, Treffer oder Niete, und die nach ihm *Bernoulli-Experimente* genannt werden. Eine Folge solcher gleicher Experimente wird als *Bernoulli-Kette* bezeichnet, zum Beispiel das zweimalige Werfen einer Münze. Jedoch brauchen Bernoulli-Experimente keine Laplace-Experimente wie der Münzwurf sein. Die Wahrscheinlichkeit für Treffer darf eine andere sein als für Niete. Wenn $P(\text{Treffer}) = p$, dann gilt $P(\text{Niete}) = 1 - p$.

Diagramm 15.8 zeigt eine Bernoulli-Kette der Länge drei, wobei Kopf einem Treffer entspreche. Insgesamt zeigt dieses Diagramm sieben Bernoulli-Experimente: eines in der ersten Zeile (Experiment 1), zwei in der zweiten Zeile und 4 in der letzten Zeile. Mit Hilfe dieses Diagramms können wir bestimmen, wo genau in der Bernoulli-Kette Treffer sein sollen (z.B. nur an 2. oder 3. Stelle) und die Wahrscheinlichkeit hierfür bestimmen ($\frac{3}{8}$).

Häufig interessiert jedoch gar nicht, an genau welchen Stellen Treffer in der Bernoulli-Kette auftreten. Vielmehr möchte man die Wahrscheinlichkeit bestimmen, dass es eine bestimmte Anzahl an Treffern in der Bernoulli-Kette

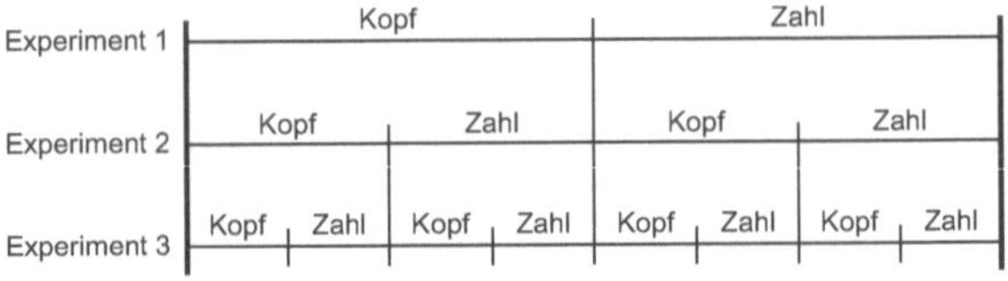
Experiment 1
Kopf
Zahl
Experiment 2
Kopf
Zahl
Kopf
Zahl
Experiment 3
Kopf
Zahl
Kopf
Zahl
Kopf
Zahl
Kopf
Zahl

Diagramm 15.8: Eine Bernoulli-Kette der Länge 3.

gibt. Wir kürzen die Länge der Bernoulli-Kette mit n ab, die Wahrscheinlichkeit für Treffer mit p und die Häufigkeit des Auftretens von Treffer mit k. Dann bezeichnet $B(n;p;k)$ die Wahrscheinlichkeit, dass eine Bernoulli-Kette der Länge n und der Trefferwahrscheinlichkeit p genau k Treffer beinhaltet.

Beispielsweise ist $B(3;\frac{1}{2};2)$ die Wahrscheinlichkeit, dass beim dreimaligen Münzwurf und der Trefferwahrscheinlichkeit $\frac{1}{2}$, Kopf genau zweimal eintritt. Diagramm 15.9 kann entnommen werden, dass es hierfür drei verschiedene Fälle gibt. Dies macht bei acht unterscheidbaren Fällen, die alle gleich wahrscheinlich sind, eine Wahrscheinlichkeit von $\frac{3}{8}$. Formal ist die Bernoulli-Formel anzuwenden, um auf $\frac{3}{8}$ zu kommen:

$$B(n;p;k) = \binom{n}{k} \cdot p^k \cdot (1-p)^{n-k} \tag{15.3}$$

heißt im vorliegenden Beispiel:

$$B\left(3;\frac{1}{2};2\right) = \binom{3}{2} \cdot \left(\frac{1}{2}\right)^2 \cdot \left(1-\frac{1}{2}\right)^1 = \frac{3!}{(3-2)!\cdot 2!} \cdot \left(\frac{1}{2}\right)^3 = \frac{6}{2} \cdot \frac{1}{8} = \frac{6}{16} = \frac{3}{8}$$

Die verschiedenen Wahrscheinlichkeiten, die man durch Variation des Parameters k in $B(n;p;k)$ erhält, ergeben eine Wahrscheinlichkeitsverteilung, die als *Binomialverteilung* bekannt ist. Da für eine solche Wahrscheinlichkeitsverteilung n und p gegeben sind, schreibt man auch $B(n;p;k) = B(k\,|\,n;p)$. Die

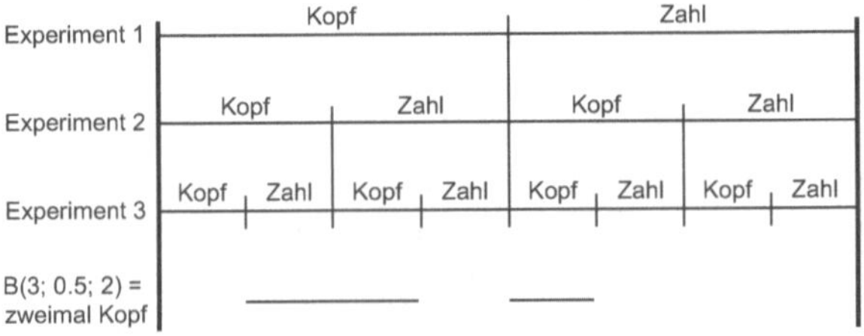
Experiment 1
Kopf
Zahl
Experiment 2
Kopf
Zahl
Kopf
Zahl
Experiment 3
Kopf
Zahl
Kopf
Zahl
Kopf
Zahl
Kopf
Zahl
B(3; 0.5; 2) =
zweimal Kopf

Diagramm 15.9: $B(3;\frac{1}{2};2) = \frac{3}{8}$

Bezeichnung der Verteilung bezieht sich auf die auftretenden Binomialkoeffizienten dieser Verteilung, also jenes $\binom{n}{k}$ in der obigen Formel.

Der Binomialkoeffizient $\binom{n}{k}$ gibt an, auf wie viele Arten man k Objekte aus einer Menge von n Objekten auswählen kann (ohne Wiederholung der Elemente, ohne Beachtung der Reihenfolge); wobei *Objekt* einen Treffer eines Bernoulli-Experiments meint. Anders gesagt ist $\binom{n}{k}$ die Anzahl k-elementiger Teilmengen einer n-elementigen Grundmenge. Es gibt $n = 3$ Bernoulli-Experimente und uns interessiert eine Folge mit zwei Treffern – von solchen Dreierfolgen mit zwei Treffern gibt es $\binom{3}{2} = \frac{6}{2} = 3$ Fälle.

In einem zweiten Beispiel ist wieder eine Bernoulli-Kette der Länge 3. Jetzt aber haben wir eine Urne mit drei Kugeln, wobei eine Kugel rot ist und die anderen zwei sind nicht rot. Letztere sind gelb und grün und stehen beide für Nieten. Die Wahrscheinlichkeit für rot ist $p = \frac{1}{3}$. Wir ziehen drei Kugeln und legen jedesmal die gezogene Kugel wieder zurück. Wir interessieren uns dafür, zweimal rot zu ziehen. Damit haben wir $B(3; \frac{1}{3}; 2)$. Dafür gibt es 6 Fälle, wie man aus Diagramm 15.10 herauslesen kann. Somit ist die gesuchte Wahrscheinlichkeit $\frac{6}{27} = \frac{2}{9}$, da es 27 Fälle gibt. Überprüfen wir, ob die Bernoulli-Formel zum selben Schluss kommt:

$$B\left(3; \frac{1}{3}; 2\right) = \binom{3}{2} \cdot \left(\frac{1}{3}\right)^2 \cdot \left(1 - \frac{1}{3}\right)^1 = \frac{6}{2} \cdot \frac{1}{9} \cdot \frac{2}{3} = \frac{12}{54} = \frac{6}{27} = \frac{2}{9}$$

Die Diagramme helfen, eine Experimentfolge als Bernoulli-Kette zu entlarven. Denn es lässt sich leicht überprüfen, ob die Bedingungen für Bernoulli-Ketten gelten. Dies betrifft die Experimentfolge gleicher Teilexperimente mit zwei möglichen Ereignissen (Treffer oder Niete) und die Wahrscheinlichkeit p, von der gefordert wird, dass sie von Teilexperiment zu Teilexperiment unverändert bleibt (Segmentanteil für Treffer bleibt in den Teilereignisräumen der Bernoulli-Kette gleich). Manchmal gibt es wie im letzten Beispiel mehr als zwei Ereignisse (rot, gelb, grün), die aber alle eindeutig dem Ereignis Treffer (rot) oder Niete (gelb, grün) zugeordnet werden können.

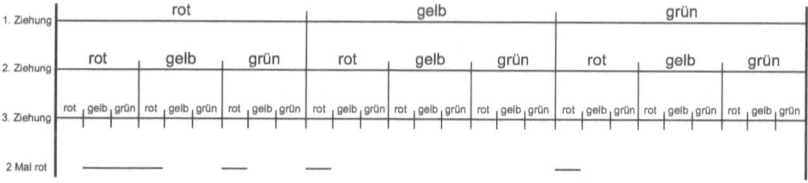

Diagramm 15.10: Dreimal wird eine Kugel aus einer Urne gezogen und wieder zurückgelegt. Zweimal rot entspricht $B(3; \frac{1}{3}; 2) = \frac{6}{27} = \frac{2}{9}$.

15.7 Kombinatorik

Neben der Anzahl $\binom{n}{k}$ aller k-elementigen Teilmengen aus einer Grundmenge mit n Elementen, gibt es weitere Fälle, die bestimmte Häufigkeiten besitzen. Die Auszählung dieser Häufigkeiten fällt in das Gebiet der *Kombinatorik*. Sind Wiederholungen erlaubt und die Reihenfolge ist relevant, gibt es

$$n^k \qquad (15.4)$$

Möglichkeiten. Ein Beispiel liefert Diagramm 15.10: Es werden drei Kugeln mit Zurücklegen aus einer Urne mit drei Kugeln gezogen, so dass Wiederholungen möglich sind. Hierfür gibt es $n^k = 27$ Möglichkeiten, wie das Diagramm auf der dritten Zeile zeigt.

Den nächsten Fall illustriert Diagramm 15.11. Wiederholungen dürfen auftreten, die Reihenfolge spielt diesmal aber keine Rolle. Hier sind alle Mehrfachvorkommen von Trippeln auf der letzten Zeile gestrichen worden. Es gibt folgende Anzahl an Möglichkeiten:

$$\binom{n+k-1}{k} = \binom{3+3-1}{3} = \binom{5}{3} = \frac{5!}{(5-3)! \cdot 3!} = \frac{5!}{2! \cdot 3!} = 10 \qquad (15.5)$$

Treten keine Wiederholungen auf und die Reihenfolge spielt eine Rolle, dann gibt es bei $n = 3$ und $k = 3$

$$\frac{n!}{(n-k)!} = \frac{3!}{0!} = 6 \qquad (15.6)$$

Fälle. Diagramm 15.12 zeigt ein Beispiel.

Kombinatorik in Diagrammen

Nach Konstruktion des Diagramms kann ermittelt werden, worauf es bei der Aufgabenstellung ankommt. Hieraus leitet sich die entsprechende kombinatorische Formel her.

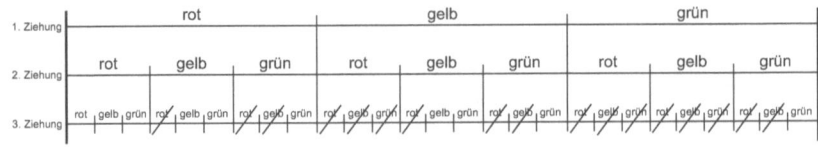

Diagramm 15.11: Dreimal wird eine Kugel aus einer Urne gezogen und wieder zurückgelegt. In der Urne befinden sich drei verschieden farbige Kugeln. 10 Möglichkeiten bleiben übrig, wenn alle Trippel gestrichen werden, die doppelt vorkommen, falls die Reihenfolge nicht relevant ist.

1. Ziehung	rot		gelb		grün	
2. Ziehung	gelb	grün	rot	grün	rot	gelb
3. Ziehung	grün	gelb	grün	rot	gelb	rot

Diagramm 15.12: Dreimal wird eine Kugel aus einer Urne gezogen und nicht zurückgelegt. Es gibt 6 Fälle.

Diagramm 15.13 zeigt die besprochenen vier wichtigsten kombinatorischen Formeln anhand des Beispiels dreier unterscheidbarer Kugeln ($n = 3$), von denen zwei gezogen werden ($k = 2$). Hierbei heißen *Variationen* Anordnungen, bei denen die Reihenfolge relevant ist, während in *Kombinationen* Reihenfolgen keine Rolle spielen. Es werden unterschieden:

- Variation ohne Wiederholung (Permutation genannt, falls $k = n$)

- Variation mit Wiederholung

- Kombination ohne Wiederholung

- Kombination mit Wiederholung

Achtung: die Fälle *ohne Wiederholung* erfordern nach unseren diagrammatischen Regeln eigentlich andere Diagramme, in denen bei der zweiten Ziehung doppelte Fälle nicht mehr auftreten (= *ohne Zurücklegen*). Die gewählte Darstellung in Diagramm 15.13 dient lediglich der Gegenüberstellung der kombinatorischen Möglichkeiten.

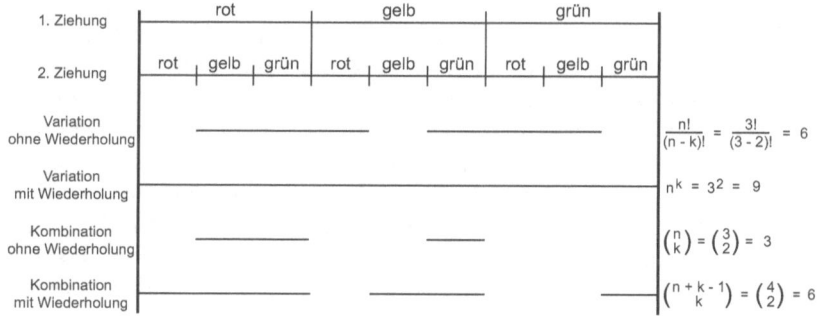

Diagramm 15.13: Aus einer Urne mit drei Kugeln werden zwei gezogen. Die vier wichtigsten kombinatorischen Möglichkeiten werden gegenübergestellt.

Während die Unterscheidung von Experimenten *mit* und *ohne Zurücklegen* im Konstruktionsschritt zu berücksichtigen ist, wird erst im Inspektionsschritt die Unterscheidung *mit* und *ohne Beachtung der Reihenfolge* getroffen. Beide Unterscheidungen bestimmen die kombinatorische Vielfalt an Möglichkeiten, die in einem Experiment auftreten können.

Der klassische Ansatz zur Wahrscheinlichkeitstheorie führt die Kombinatorik als ein Gebiet auf, mit dem man die Anzahl an Möglichkeiten gesondert berechnet. Der diagrammatische Ansatz integriert dagegen verschiedene Aspekte der Kombinatorik in bestimmten Phasen während der Konstruktion und Inspektion. Für mehrstufige Experimente gilt etwa, dass im Konstruktionsschritt zunächst alle Variationen aufgeführt werden. Die Inspektion berücksichtigt entweder alle Variationen oder sucht sich nur die interessierenden Kombinationen heraus, falls die Reihenfolge irrelevant ist.

15.8 Kombinatorische Reduktion

Zahlreiche Aufgaben handeln von sehr vielen Fällen, die zu berücksichtigen sind. Entsprechend aufwendig wäre die Konstruktion der zugehörigen Diagramme. Jedoch lassen sich Aufgaben vereinfachen, so dass die diagrammatische Konstruktion handhabbar wird. Eine Analyse des Diagramms ermöglicht dann nicht nur die vereinfachte Aufgabe zu lösen, sondern aus dem Diagramm einen allgemeinen Lösungsweg abzuleiten. Dies betrifft insbesondere die Frage nach den kombinatorisch notwendigen Berechnungen. Dies soll am Beispiel des *Geburtstagsparadoxons*[1] gezeigt werden:

> *Wie hoch ist die Wahrscheinlichkeit, dass in einer Klasse mit 25 Schülern mindestens zwei Schüler am selben Tag Geburtstag haben?*

Diese Aufgabe wird deshalb als Paradoxon bezeichnet, weil die meisten Menschen intuitiv glauben, dass dies bei 365 Tagen im Jahr sehr unwahrscheinlich ist, obwohl die Wahrscheinlichkeit tatsächlich deutlich über 50% liegt.

Um herauszufinden, wie man auf die Lösung kommt, vereinfachen wir das Problem wie folgt. Wir arbeiten nur mit kleinen Zahlen, indem unser imaginäres Jahr aus nur drei Tagen besteht und es in der Klasse nur zwei Schüler gibt. Entsprechend konstruieren wir das Diagramm 15.14, dem wir direkt die gesuchte Lösung ablesen können: In drei von neun Fällen haben die beiden Schüler am selben Tag Geburtstag. Dies entspricht einer Wahrscheinlichkeit von $\frac{3}{9} = \frac{1}{3}$.

---

[1] Richard von Mises. *Über Aufteilungs- und Besetzungswahrscheinlichkeiten*. Revue de la Faculté de Sciences de l'Université d'Istanbul N.S., 4.: 145–163, 1938-1939.

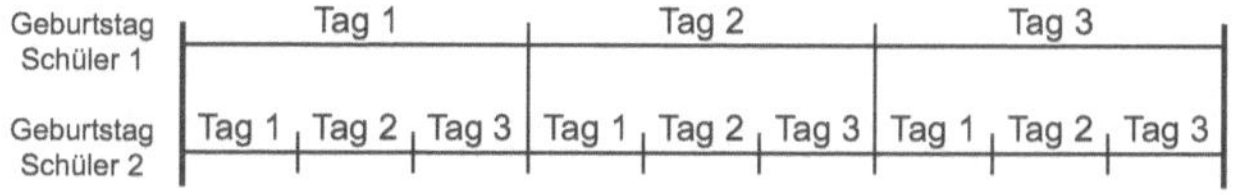

Geburtstag Schüler 1: Tag 1 | Tag 2 | Tag 3

Geburtstag Schüler 2: Tag 1 | Tag 2 | Tag 3 | Tag 1 | Tag 2 | Tag 3 | Tag 1 | Tag 2 | Tag 3

Diagramm 15.14: Der erste Schüler hat an einem von drei Tagen Geburtstag. Der zweite Schüler hat ebenfalls an einem dieser drei Tage Geburtstag.

Wie aber hilft uns dies, das ursprüngliche Problem zu lösen? Wir sehen uns das Diagramm etwas genauer an und lernen, dass es Wiederholungen gibt, z.B. das Tupel (Tag 1, Tag 1). Außerdem spielt die Reihenfolge eine Rolle: Es ist (Tag 1, Tag 2) von (Tag 2, Tag 1) zu unterscheiden, da (Tag 1, Tag 2) aussagt, dass Schüler 1 am Tag 1 Geburtstag hat und umgekehrt im Falle von (Tag 2, Tag 1) Schüler 2 am Tag 1.

In Diagramm 15.15 illustrieren wir auf einer extra Zeile, dass wir es mit Variationen mit Wiederholung zu tun haben, um alle möglichen Fälle zu erfassen (so wie in Diagramm 15.13). Die entsprechende Formel schreiben wir rechts mit an das Diagramm (siehe Gleichung 15.4 auf Seite 204). So haben wir die Grundgesamtheit aller Fälle bestimmt. Im vereinfachten Beispiel ist $n = 3$ die Anzahl der Tage und $k = 2$ die Anzahl der Schüler.

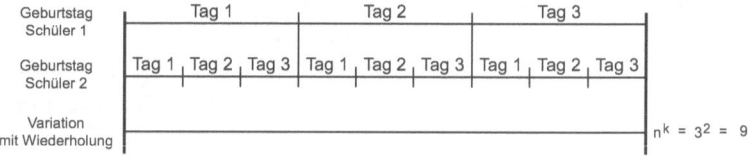

Diagramm 15.15: Der erste Schüler hat an einem von drei Tagen Geburtstag. Der zweite Schüler hat ebenfalls an einem dieser drei Tage Geburtstag. Zusammen ergibt dies neun Variationen (mit Wiederholung des Tages).

Gefragt sind diejenigen Tage, an denen beide Schüler zugleich Geburtstag haben. Genaugenommen, wenn wir die Originalaufgabe nehmen, an denen mindestens zwei Schüler Geburtstag haben. Dies ist im vorliegenden Beispiel zwar dasselbe, jedoch wollen wir unseren Lösungsweg verallgemeinern. Da *mindestens zwei am selben Tag* bei vielen Schülern viele Fälle einschließt, wie etwa *drei am selben Tag* oder allgemein *k am selben Tag*, sollten wir überprüfen, ob nicht das Gegenereignis einfacher zu berechnen ist.

Dieses steht dafür, dass *weniger als zwei Schüler am selben Tag* Geburtstag haben. Diagramm 15.16 zeigt, dass sechs Möglichkeiten verbleiben, wenn wir die doppelten Fälle herausnehmen, die dem Gegenereignis entsprechend verboten sind.

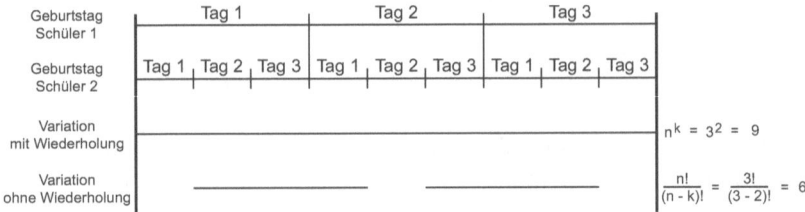

Geburtstag Schüler 1	Tag 1			Tag 2			Tag 3		
Geburtstag Schüler 2	Tag 1	Tag 2	Tag 3	Tag 1	Tag 2	Tag 3	Tag 1	Tag 2	Tag 3
Variation mit Wiederholung									$n^k = 3^2 = 9$
Variation ohne Wiederholung									$\frac{n!}{(n-k)!} = \frac{3!}{(3-2)!} = 6$

Diagramm 15.16: Der erste Schüler hat an einem von drei Tagen Geburtstag. Der zweite Schüler hat ebenfalls an einem dieser drei Tage Geburtstag. Zusammen gibt es sechs Variationen, wenn Wiederholungen der Geburtstage ausgeschlossen werden, also jeder an einem anderen Tag Geburtstag hat.

Die Inspektion des Diagramms 15.16 zeigt, dass das Gegenereignis den Variationen ohne Wiederholung entspricht. Auch hierfür gab es eine Formel, die wir im Diagramm festhalten (Gleichung 15.6 auf Seite 204). Das Ergebnis des Gegenereignisses müssen wir allerdings noch von 1 subtrahieren, um auf das interessierende Ergebnis zu kommen: $1 - \frac{2}{3} = \frac{1}{3}$.

Diese Argumentation formal gefasst:

$$\frac{interessierende\ Fälle}{alle\ Fälle} = 1 - \frac{Gegenereignis}{alle\ Fälle}$$
$$= 1 - \frac{Variationen\ ohne\ Wiederholung}{Variationen\ mit\ Wiederholung}$$
$$= 1 - \frac{\frac{n!}{(n-k)!}}{n^k}$$
$$= 1 - \frac{\frac{3!}{(3-2)!}}{3^2}$$
$$= 1 - \frac{6}{9} = 1 - \frac{2}{3} = \frac{1}{3}$$

Da wir die allgemeinen kombinatorischen Formeln identifiziert haben, können wir einen beliebigen Fall für n und k betrachten. In der Originalaufgabenstellung gilt $n = 365$ und $k = 25$ (das entspricht einem Diagramm mit 25 Zeilen, wobei die k. Zeile 365^k Ereignisse aufweist). Dies ergibt:

$$1 - \frac{\frac{n!}{(n-k)!}}{n^k} = 1 - \frac{\frac{365!}{(365-25)!}}{365^{25}} = 0{,}569 = 56{,}9\%$$

Dies ist die gesuchte Wahrscheinlichkeit, dass in einer Klasse mit 25 Schülern mindestens zwei Schüler am selben Tag Geburtstag haben.

15.9 Kontingenztabellen

Kontingenztabellen zeigen Häufigkeiten von Merkmalen und deren Verknüpfungen über die Konjunktion (und-Verknüpfung). Ein Spezialfall sind *Vierfeldertafeln* mit zwei Merkmalen und jeweils zwei Ausprägungen. Links in Diagramm 15.17 ist ein Beispiel mit den beiden Merkmalen Geschlecht und Rauchgewohnheit. Die Ausprägungen sind Männer und Frauen beziehungsweise Raucher und Nichtraucher. Während bisher durchgängig relative Häufigkeiten angegeben wurden, werden in Vierfeldertafeln gelegentlich auch absolute Häufigkeiten betrachtet.

	Männer	Frauen	Summe
Raucher	10	80	90
Nichtraucher	90	20	110
Summe	100	100	200

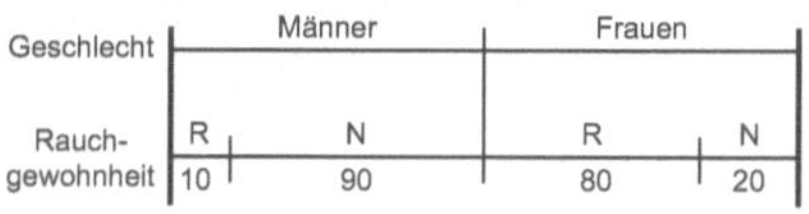

Geschlecht	Männer		Frauen	
Rauch-gewohnheit	R	N	R	N
	10	90	80	20

Diagramm 15.17: Beispiel einer Vierfeldertafel (links) und das dazugehörige Wahrscheinlichkeitsdiagramm (rechts).

Dieselbe Situation zeigt das Diagramm rechts. Bei Bedarf könnte man hier die Summen auf separaten Zeilen aufführen, das heißt als Ereignisse Summe Männer, Summe Frauen, Summe Raucher und Summe Nichtraucher.

Vorteil des Wahrscheinlichkeitsdiagramms ist seine Erweiterbarkeit auf n Dimensionen. Diagramm 15.18 zeigt dafür ein Beispiel. Man kann sich leicht vorstellen, dass diese Verallgemeinerung auch funktioniert, wenn es mehr als zwei Ausprägungen pro Merkmal gibt.

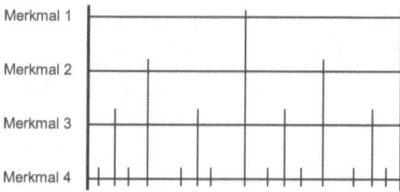

Diagramm 15.18: Verallgemeinerung der Vierfeldertafel auf vier Merkmale mit jeweils zwei Ausprägungen.

Ein weiterer Vorteil der Wahrscheinlichkeitsdiagramme besteht in der Normierung der Häufigkeiten. Dass die Summen der einzelnen Merkmale nicht stimmen, ist in diesen Diagrammen nicht möglich, soweit ihre relativen Häufigkeiten durch die entsprechenden Segmentlängen repräsentiert werden.

15.10 Baumdiagramme

Baumdiagramme stellen mehrstufige Zufallsexperimente dar. Es gibt eine direkte Abbildung zwischen Wahrscheinlichkeitsdiagrammen und Baumdiagrammen, wie Diagramm 15.19 zeigt. Denn auch Wahrscheinlichkeitsdiagramme zeichnen sich durch die explizite Darstellung der Mehrstufigkeit von Experimenten aus.

Der wesentliche Unterschied besteht darin, dass Baumdiagramme sich auf die Angabe beschränken, welche Ereignisse auf einer Ebene möglich sind und welche Möglichkeiten sich auf der jeweils nächsten Ebene anschließen. Neben dieser Information kodieren Wahrscheinlichkeitsdiagramme zusätzlich die zugehörigen Wahrscheinlichkeitswerte durch die Segmentlängen, mit denen Baumdiagramme explizit annotiert werden müssen.

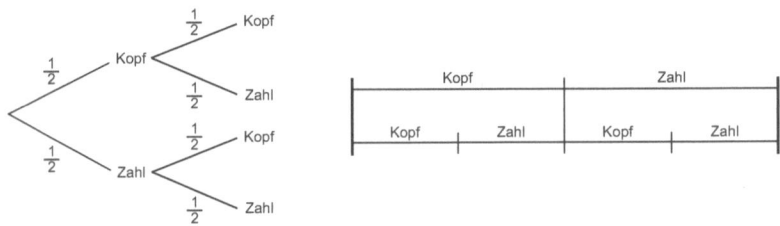

Diagramm 15.19: Baumdiagramm und Wahrscheinlichkeitsdiagramm.

Desweiteren stellen Wahrscheinlichkeitsdiagramme die Bedingtheit aufeinanderfolgender Teilexperimente dar: Ein Folgeexperiment wird mit den vertikalen Grenzen des vorausgehenden Ereignisses verbunden und damit ein neuer Teilereignisraum abgesteckt. Bäume bleiben in ihrer Struktur immer gleich.

Das zweite Beispiel in Diagramm 15.20 hebt diese Unterschiede noch mehr hervor. Es zeigt wie die ungleichen Wahrscheinlichkeiten im Wahrscheinlichkeitsdiagramm direkt abgebildet werden. Das Baumdiagramm visualisiert diese Unterschiede nicht diagrammatisch, weshalb es abgesehen von den Annotationen so aussieht wie das Baumdiagramm in Diagramm 15.19.

In Baumdiagrammen sind die Wahrscheinlichkeiten explizit anzugeben und die *Verzweigungsregel* ist zu beachten: Die von einem Knoten ausgehenden Zweige tragen Wahrscheinlichkeiten, deren Summe gleich 1 ist. Nur bei Einhalten der Verzweigungsregel können die Pfadregeln angewendet werden:

1. Pfadregel: Die Wahrscheinlichkeit, dass ein bestimmter Pfad im Baumdiagramm durchlaufen wird (Pfadwahrscheinlichkeit), ist gleich dem Produkt der Wahrscheinlichkeiten entlang des Pfades (*Produktregel*).

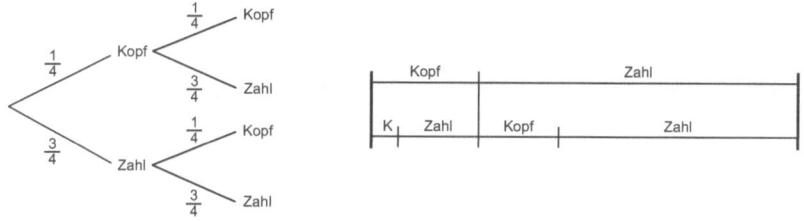

Diagramm 15.20: Baumdiagramm und Wahrscheinlichkeitsdiagramm.

2. Pfadregel: Die Wahrscheinlichkeit eines zusammengesetzten Ereignisses ist gleich der Summe der Wahrscheinlichkeiten aller Pfade, die im Baumdiagramm zu diesem Ereignis führen (*Summenregel*).

Die Verzweigungsregel wird automatisch von Wahrscheinlichkeitsdiagrammen sichergestellt. Denn der Abstand zwischen den Begrenzungen links und rechts entspricht der normierten Länge 1. Dies gilt genauso für alle Teilereignisräume.

Die 1. Pfadregel ergibt sich aus der resultierenden Länge des interessierenden Abschnitts des letzten Experiments einer Folge. Diese Länge entspricht dem gesuchten Produkt. Analog zur 2. Pfadregel werden die Teilabschnitte des letzten Experiments einer Folge im Wahrscheinlichkeitsdiagramm addiert, die zu dem zusammengesetzten Ereignis gehören.

Die Überlagerung von Baumdiagramm und Wahrscheinlichkeitsdiagramm illustriert deren strukturelle Ähnlichkeit (Diagramm 15.21). Die Beschränkung von Wahrscheinlichkeitsdiagrammen auf horizontale und vertikale Segmente unterstützt eine übersichtliche Darstellung. Dagegen können die Verbindungssegmente zwischen den Knoten (Ereignissen) eines Baums beliebig orientiert sein, was die Darstellung wesentlich komplexer erscheinen lässt.

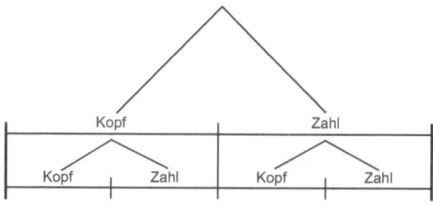

Diagramm 15.21: Ähnlichkeit von Baum- und Wahrscheinlichkeitsdiagramm.

15.11 Die totale Wahrscheinlichkeit

Als Vorbereitung zur Bayes'schen Formel betrachten wir die *totale Wahrscheinlichkeit*, die in der herkömmlichen Darstellung durch folgenden Ausdruck angegeben wird:

$$P(\mathsf{B}) = \Sigma_{j=1}^{n} P(\mathsf{B} \mid \mathsf{A_j}) \cdot P(\mathsf{A_j}) \tag{15.7}$$

Es wird die Wahrscheinlichkeit des Ereignisses B berechnet, indem von den bedingten Wahrscheinlichkeiten $P(\mathsf{B} \mid \mathsf{A_j})$ für alle j von 1 bis n ausgegangen wird. Diagramm 15.22 stellt dies diagrammatisch dar.

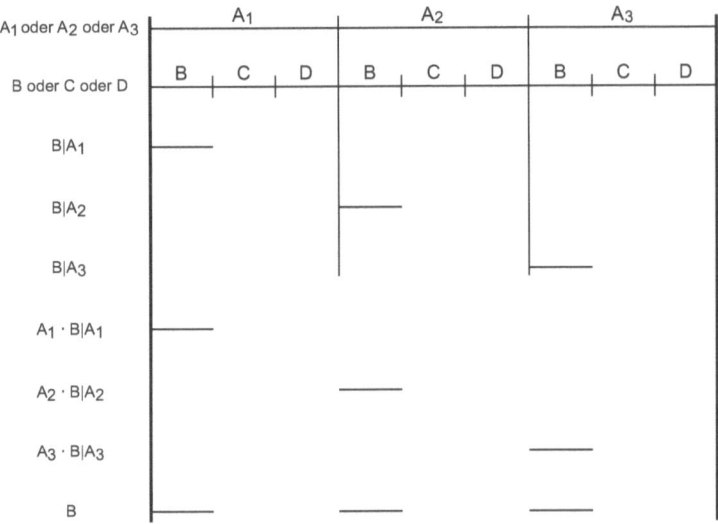

Diagramm 15.22: Die totale Wahrscheinlichkeit ist nichts anderes als die Berechnung der Wahrscheinlichkeit des Ereignisses B, gegeben sämtliche bedingte Wahrscheinlichkeiten für B.

15.12 Die Bayes'sche Formel

Mit Hilfe der *Bayes'schen Formel* werden Hypothesen überprüft:

$$P(\mathsf{A_i} \mid \mathsf{B}) = \frac{P(\mathsf{B} \mid \mathsf{A_i}) \cdot P(\mathsf{A_i})}{\Sigma_{j=1}^{n} P(\mathsf{B} \mid \mathsf{A_j}) \cdot P(\mathsf{A_j})} \tag{15.8}$$

Sie ist nach dem englischen Mathematiker Thomas Bayes benannt, der vermutlich als erster vor 1762 die Bedeutung der Bedingtheit in Experimentfolgen erkannt hat – die Grundstruktur der Diagramme dieses Buches.

In Kapitel 8.6 auf Seite 88 haben wir ein Beispiel kennengelernt. Das Ergebnis von $\frac{1}{3}$ kann mit der Bayes'schen Formel bestätigt werden.

A_j: A_1 = Urne I und A_2 = Urne II.

B: rote Kugel

Die a-priori Wahrscheinlichkeiten sind $P(A_1) = \frac{1}{2}$ und $P(A_2) = \frac{1}{2}$. Die bedingten Wahrscheinlichkeiten lauten: $P(B \mid A_1) = \frac{1}{4}$ und $P(B \mid A_2) = \frac{1}{2}$. Setzen wir diese Werte in die Bayes'sche Formel ein:

$$P(A_1 \mid B) = \frac{P(B \mid A_1) \cdot P(A_1)}{\Sigma_{j=1}^{n} P(B \mid A_j) \cdot P(A_j)} = \frac{\frac{1}{4} \cdot \frac{1}{2}}{\frac{1}{4} \cdot \frac{1}{2} + \frac{1}{2} \cdot \frac{1}{2}} = \frac{\frac{1}{8}}{\frac{1}{8} + \frac{1}{4}} = \frac{\frac{1}{8}}{\frac{3}{8}} = \frac{1}{3}$$

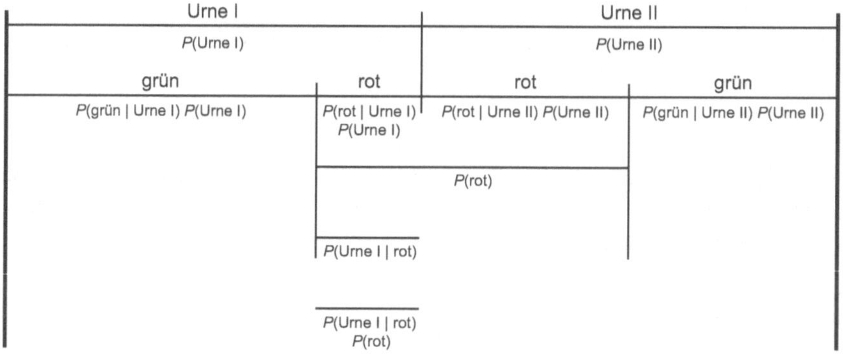

Urne I		Urne II	
P(Urne I)		P(Urne II)	
grün	rot	rot	grün
P(grün | Urne I) P(Urne I)	P(rot | Urne I) P(Urne I)	P(rot | Urne II) P(Urne II)	P(grün | Urne II) P(Urne II)
	P(rot)		
	P(Urne I | rot)		
	P(Urne I | rot) P(rot)		

Diagramm 15.23: Die Wahrscheinlichkeit für Urne I, gegeben dass rot gezogen wurde: $P(\text{Urne I} \mid \text{rot})$.

Wir erhalten also dasselbe Resultat wie im Falle der diagrammatischen Lösung. Diagramm 15.23 verdeutlicht diesen Fall, indem erklärend alle bedingten Wahrscheinlichkeiten im Diagramm angegeben werden. Insbesondere bestätigt dies Diagramm, dass gilt:

$$P(\text{Urne I} \mid \text{rot}) \cdot P(\text{rot}) = P(\text{rot} \mid \text{Urne I}) \cdot P(\text{Urne I}) = \frac{1}{8} \qquad (15.9)$$

Die totale Wahrscheinlichkeit steht im Nenner der Bayes'schen Formel:

$$\Sigma_{j=1}^{n} P(B \mid A_j) \cdot P(A_j) \qquad (15.10)$$

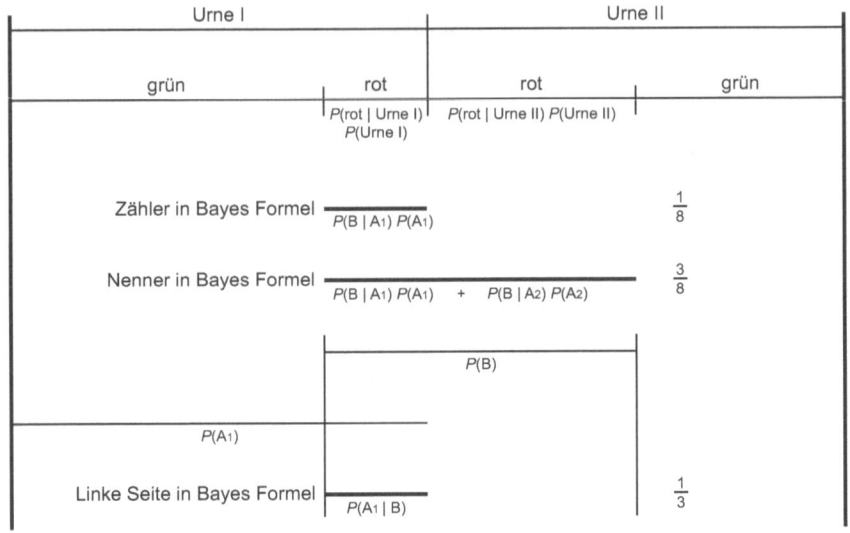

Diagramm 15.24: Die Bayes'sche Formel im Diagramm (fette Segmente):
$$P(\mathsf{Urne}_1 \mid \mathsf{rot}) = P(\mathsf{A}_1 \mid \mathsf{B}) = \frac{Z\ddot{a}hler\ in\ Bayes\ Formel}{Nenner\ in\ Bayes\ Formel} = \frac{\frac{1}{8}}{\frac{3}{8}} = \frac{1}{8} \cdot \frac{8}{3} = \frac{1}{3}.$$

Die totale Wahrscheinlichkeit entspricht dem Wert, zu dem wir das interessierende Ereignis ins Verhältnis setzen müssen. Diagramm 15.24 zeigt, wo die Bayes'sche Formel im Diagramm steckt.

15.13 Ähnlichkeit von Aufgaben

Vergleichen Sie Diagramm 13.4 auf Seite 172 mit Diagramm 13.22 auf Seite 183. Die Diagramme zeigen eine Analogie: In beiden Fällen gibt es eine zweistufige Experimentfolge, die Definition eines (Teil-)Ereignisraums und ein Ereignis innerhalb dieses neuen Ereignisraums. Dessen relative Länge beziehungsweise Wahrscheinlichkeit ist zu bestimmen. Nur die Anzahl der Ereignisse und die Aufteilung des Ereignisraums sind verschieden.

Der Lösungsweg beider Probleme ist aber offensichtlich derselbe und führt über Bayes. Daher auch deren Ähnlichkeit zu Diagramm 15.24. Die Diagramme verdeutlichen die abstrakte Struktur hinter den Aufgabenstellungen. Dies erleichtert deren Vergleich. Geht man bloß von den Aufgabenstellungen aus, ist es schwierig, solche Ähnlichkeiten zu entdecken. Genauso empfiehlt es sich, kreuz und quer durch dieses Buch zu blättern und die Diagramme zu vergleichen. Überall sind Ähnlichkeiten zu entdecken, die nicht zufällig sind.

Kapitel 16

Der diagrammatische Weg

Dieses Kapitel fasst die Verwendung der Wahrscheinlichkeitsdiagramme zusammen. Es ist kompakt gehalten, damit man einen schnellen Überblick bekommt. Daher kann dieses Kapitel auch als Kurzanleitung verstanden werden.

Zunächst gibt es eine Übersicht aller Experimente und Diagramme. Im Anschluss wird getrennt, was Teil des Konstruktions- und Inspektionsschrittes ist. Diese Unterscheidung erleichtert den Gebrauch der Diagramme.

16.1 Übersicht

Abbildung 16.1 gibt eine Übersicht der verschiedenen Diagrammarten. Die in den Kästchen verwendeten Nummern stimmen mit den Kapiteln beziehungsweise Teilen des Buches überein, in denen die entsprechenden Diagramme erklärt werden. Unterschieden werden Einzelexperimente (I), Folgen von Experimenten (II) und Verteilungen in Experimenten (III). Die Teile IV und V bleiben in dieser Abbildung unberücksichtigt, da Teil IV nur eine Sammlung von Beispielen und Teil V die Gegenüberstellung der klassischen mit der diagrammatischen Methodik sowie diese Übersicht enthält.

Einzelexperimente (I: 2, 3, 4)

Bei einem Einzelexperiment wird der Ereignisraum gemäß der möglichen Elementarereignisse aufgeteilt. Interessierende Ereignisse werden in separaten Zeilen durch entsprechende Segmente dargestellt (2). Diese Ereignisse können entsprechend der Rechenregeln der Mengenlehre verknüpft werden (3, 4). Denn Ereignisse sind nichts anderes als Mengen von Elementarereignissen.

Experimentfolgen (II: 5, 6, 7, 8, 12)

In Experimentfolgen werden beliebig viele Einzelexperimente in einer bestimmten Reihenfolge untereinander aufgeführt. Dabei werden aufeinanderfolgende Experimente miteinander verbunden, indem ein Folgeexperiment unter bestimmte Elementarereignisse des vorhergehenden Experiments gehängt wird. Dies modelliert die Bedingtheit in Folgen. Es werden im Weiteren alle möglichen Experimentfolgen beschrieben.

Gleichheit in Folgen (5, 12)

Es wird dasselbe Experiment mehrmals durchgeführt. Besteht es aus zwei Ereignissen (Kopf oder Zahl), werden unter beiden Ereignissen wiederum beide Ereignisse für die zweite Ausführung des Experiments aufgeführt.

Ein elementarer Fall sind Folgen, in denen dasselbe Experiment häufig ausgeführt wird. Im Anschluss werden bestimmte Ereignisse verrechnet und es entstehen Summen, Durchschnitte oder Anteile von Ereignissen. Letztere folgen einer Normalverteilung, die die Grundlage für weitere Experimente bildet. Der zentrale Grenzwertsatz kommt zum Zug.

Verschiedenheit in Folgen (7, 8)

Es gibt drei Gründe, warum aufeinanderfolgende Experimente verschieden sind: Das zweite Folgeexperiment ist ein anderes (erst Münzwurf, dann Würfeln), die Wahrscheinlichkeiten ändern sich beim zweiten Experiment (mein Papierkorbwurf wird immer zielsicherer) oder es handelt sich um ein Experiment *ohne Zurücklegen* (Kugeln aus der Urne ziehen). Diese drei Fälle schließen sich nicht gegenseitig aus.

Verteilungen in Experimenten (III: 9, 10, 11, 12)

Jedes Experiment basiert auf einer bestimmten Verteilung der Wahrscheinlichkeiten. Diese Verteilung ist entweder bekannt oder unbekannt. Im letzteren Fall hat man die Möglichkeit zum Beispiel durch Alternativtests oder Signifikanztests die Verteilung zu erraten. Unter den bekannten Verteilungen unterscheidet man diskrete (wie beim Würfelwurf kann man alle Elementarereignisse aufzählen) und stetige Verteilungen (man muss die interessierenden Ereignisse Messen, wie etwa die Zeit oder Längen).

In allen Arten von Experimenten werden auf separaten Zeilen interessierende Ereignisse aufgeführt. Diese werden entsprechend der Aufgabenstellung verknüpft. Die Aufführung dieser Ereignisse und ihre Verknüpfungen sind Teil des Inspektionsschrittes.

16.2 Konstruktion

Es stellt sich die Frage, was im Konstruktions- und was erst im Inspektionsschritt zu berücksichtigen ist. Hierfür gibt es klare Regeln. Wenn man sich an diese Regeln hält, wird einem die Handhabung insbesondere komplexerer Problemstellungen einfacher fallen.

Das Zeichnen von Folgen von Experimenten stellt den wesentlichen Teil des Konstruktionsschrittes dar. Aufeinanderfolgende Experimente einer Folge werden von oben nach unten im Ereignisraum angeordnet, in der zeitlichen Reihenfolge ihres Auftretens. Bei Gleichzeitigkeit spielt die Reihenfolge keine Rolle. Man sollte sich in diesem Fall jedoch einmal für eine Reihenfolge entscheiden und dann bei dieser Entscheidung bleiben.

Mehrstufige Experimente bestehen aus einer Folge von Teilexperimenten. Jedes von ihnen teilt den Ereignisraum individuell auf: Es besteht aus einer Anzahl von Elementarereignissen, die diese Aufteilung bestimmen. Hierbei wird ein Teilexperiment E_2 durch das vorhergehende Teilexperiment E_1 bedingt. So wird Teilexperiment E_2 entsprechend der Anzahl der Elementarereignisse in E_1 auf der zweiten Zeile aufgeführt. Anstelle von E_2 können unter verschiedenen Ergebnissen von E_1 unterschiedliche Teilexperimente E_i stehen.

Ändern sich die Wahrscheinlichkeiten im folgenden Teilexperiment führt dies zu entsprechend längeren oder kürzeren Segmenten der betroffenen Elementarereignisse. Sich ändernde Wahrscheinlichkeiten, die aufgrund von Abhängigkeiten innerhalb von Folgen auftreten, teilen den Ereignisraum anders als im vorausgehenden Experiment auf. Dies impliziert auch die Unterscheidung von Experimenten *mit* und *ohne Zurücklegen*: Abhängig von bereits gezogenen Objekten stehen für das folgende Teilexperiment nur noch weniger Objekte zur Verfügung, was die Wahrscheinlichkeitsverteilung ändert.

Zusammenfassend gesagt betrifft die Konstruktion

- die Aneinanderreihung aufeinanderfolgender Teilexperimente einer Folge, strikt von oben nach unten in der richtigen zeitlichen Ordnung,

- die Aufteilung des Ereignisraums jedes Teilexperiments bedingt durch vorausgehende Teilexperimente,

- die Aufteilung des Ereignisraums jedes Teilexperiments aufgrund der Unterscheidung von Experimenten *mit* und *ohne Zurücklegen* oder aufgrund anderer Abhängigkeiten, die die Wahrscheinlichkeiten im Folgeexperiment verändern.

Damit sind die beiden Konzepte der Bedingtheit (mittlerer Fall) und der Abhängigkeit (letzter Fall) im Konstruktionsschritt zu berücksichtigen.

Verschiedene Experimente, die nicht in eine Folge gehören, werden entweder in verschiedenen Diagrammen dargestellt oder dürfen nicht über vertikale Segmente der Bedingtheit verbunden werden, falls sie im selben Diagramm gegenübergestellt werden. Denn sie bedingen sich nicht gegenseitig. Sehr wohl dürfen sie sich die äußersten vertikalen Begrenzungen teilen, da alle Experimente über dasselbe normierte Segment der Länge 1 definiert sind.

16.3 Inspektion

Die beiden Fälle *mit* und *ohne Beachtung der Reihenfolge* sind Teil des Inspektionsschrittes. Das heißt die Konstruktion ist unabhängig von dieser Unterscheidung. So können Fragestellungen für beide Fälle mit denselben Diagrammen beantwortet werden.

Um die Wahrscheinlichkeit für eine bestimmte Folge zu ermitteln (*mit Beachtung der Reihenfolge*), muß man sich von oben nach unten von Teilexperiment zu Teilexperiment bewegen. Die Längen der Segmente der untersten Teilexperimente bestimmen die Wahrscheinlichkeit der entsprechenden Folge. Im Falle der Bedingtheit kann es jedoch auch notwendig sein, die Wahrscheinlichkeit nicht in Bezug zum gesamten Ereignisraum zu messen, sondern in Bezug zu einem bestimmten Teil des Ereignisraums, von dem sicher ist, das dieser Teil eingetroffen ist (zum Beispiel im Falle des Taxiproblems).

Spielt die Reihenfolge keine Rolle, dann muss man alle Folgen heraussuchen, die aus den geforderten Ereignissen bestehen. Hierbei kann man die Folgen mittels der in den Kapiteln 3 und 4 eingeführten Operationen verknüpfen. Ihr Aufschreiben in gesonderten Zeilen ist zu empfehlen; mindestens bei komplexeren Problemstellungen. Dies ist wohlgemerkt nicht Teil des Konstruktionsschrittes, der zu diesem Zeitpunkt schon abgeschlossen ist. Denn hierbei werden keine neuen Teilexperimente eingeführt, sondern lediglich relevante Ereignisse identifiziert und ihre Verknüpfungen der Übersicht wegen auf gesonderten Zeilen repräsentiert.

Zusammenfassend gesagt betrifft die Inspektion

- die Fälle *mit* und *ohne Beachtung der Reihenfolge*,

- Verknüpfungen,

- Bestimmung der Wahrscheinlichkeiten von Folgen.

Konstruktions- und Inspektionsschritt sollten immer genau auseinandergehalten werden. Eine Designmaxime zur Konstruktion der Diagramme lautet, dass sowenig wie möglich und nur soviel wie nötig konstruiert werden sollte. Was nicht direkt die Experimentfolge definiert, ist Teil des Inspektionsschrittes.

16.4 Hinweise zur Nutzung der Diagramme

Auch wenn die Abschnitte 16.2 und 16.3 klare Regeln zur Unterscheidung beider Problemlösungsphasen vorgestellt haben, kann man mit der Verlagerung der Definitionen von Experimenten und Ereignissen Variationen der diagrammatischen Darstellung ausprobieren, um sich einem komplizierten Problem anzunähern. So werden in Kapitel 14 beispielsweise verschiedene Lösungen für das Monty-Hall-Dilemma angeboten. Die kombinatorische Lösung zeigt etwa, entgegen der im vorherigen Abschnitt vorgeschlagenen Designmaxime des Minimalismus, wie die Konstruktion erweitert werden kann (wo der Moderator das Auto versteckt). Dies kann durchaus wie in diesem Fall mehr Klarheit schaffen.

Hat man mit einer Vorgehensweise Probleme, versucht man es auf eine andere Weise: Kann man einen Inspektionsschritt als Teil der Folge definieren? Oder, ist es sinnvoll, ein Teilexperiment als die Betrachtung von Ereignissen der anderen Teilexperimente in den Inspektionsschritt zu verlagern? Wie auch in der symbolischen Mathematik gibt es in der Regel auch mehrere diagrammatische Lösungswege.

Wie auch immer man verfährt, mit Hilfe der Diagramme wird im Wesentlichen bestimmt, was bei einer gegebenen Aufgabenstellung auszurechnen ist. Man könnte die Diagramme jedesmal so genau konstruieren, dass alle Verhältnisse zwischen den Längen der dargestellten Ereignisse mit den entsprechenden Wahrscheinlichkeiten übereinstimmen. Dann kann man im Inspektionsschritt die entscheidenden Längen mit dem Lineal bestimmen, das heißt aus dem Diagramm ablesen anstatt etwas auszurechnen. Das klingt verlockend, macht die Konstruktion allerdings recht müheselig.

Stattdessen empfehle ich, die Diagramme lediglich zu benutzen, um die gegebenen Informationen einer Aufgabenstellung zu sortieren und um herauszufinden, was man ausrechnen muss; mit oder ohne Hilfe der kombinatorischen Reduktion aus Abschnitt 15.8. Dazu sind Diagramme nur grob zu skizzieren.

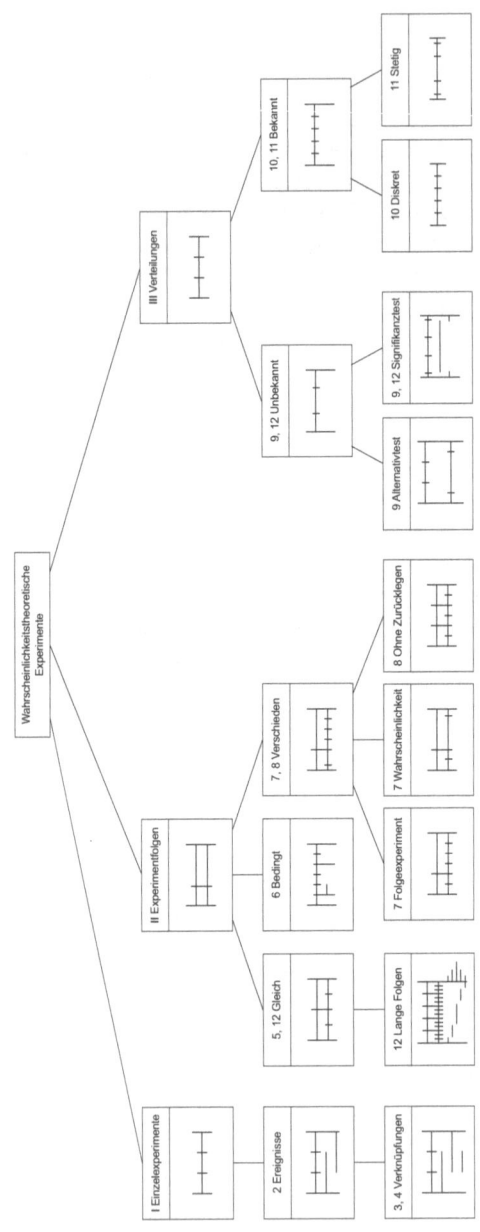

Abbildung 16.1: Alle Diagramme, die im Konstruktionsschritt unterschieden werden müssen. Es sind die zugehörigen Kapitelnummern angegeben.

Epilog

Im Gegensatz zu bloßen Visualisierungen unterliegt das vorliegende diagrammatische System dem Geltungsbereich einer formalen Semantik und damit der Eindeutigkeit einer mathematischen Sprache:

> Björn Gottfried: *Set space diagrams.* Journal of Visual Languages & Computing, 25 (4), 518–532, 2014.

Eine Evaluierung in der Mengenlehre zeigt, dass Studierende schneller sind und weniger Fehler machen als mit herkömmlichen Venn-Diagrammen:

> Björn Gottfried: *A comparative study of linear and region based diagrams.* Journal of Spatial Information Science, 10, 3–20, 2015.

Diese Ergebnisse bestätigen diejenigen von Peter C.-H. Cheng:

> *Probably Good Diagrams for Learning: Representational Epistemic Recodification of Probability Theory.* TOPICS, 3(3), 475–498, 2011.

Lineare Diagramme als Alternative zu den bekannten Euler- und Venn-Diagrammen stammen bereits aus Bayes Zeit (1702-1761):

> Johann Heinrich Lambert: *Neues Organon oder Gedanken über die Erforschung und Bezeichnung des Wahren und dessen Unterscheidung vom Irrthum und Schein.* Leipzig: Wendler, 1764.

Noch davor hat bereits Gottfried Wilhelm Leibniz (1646-1716) lineare Diagramme den auf Regionen basierten vorgezogen, so Ian Spence in:

> *No humble pie: The origins and usage of a statistical chart.* Journal of Educational and Behavioral Statistics, 30(4), 353–368, 2005.

Lineare Diagramme sind allgemein, übersichtlich und einfach handhabbar. Dies zeigt auch eine über die Inhalte dieses Buches entwickelte App:

> diagramware.com

Auf dieser Seite werden auch Fehler dokumentiert, die sich möglicherweise in dieses Buch eingeschlichen haben.

Stichwortverzeichnis

Zeitfracht Medien GmbH
Ferdinand-Jühlke-Straße 7
99095 Erfurt, Deutschland
produktsicherheit@kolibri360.de